计算机科学与技术丛书

数据结构

费如纯 刘丽华 胡楠◎主编

赵杨川 王彦明 吴吉红◎副主编

清华大学出版社

北京

内 容 简 介

在编写计算机程序解决实际问题之前,应该首先建立针对该问题的逻辑模型,包括相关数据的组织结构和处理算法,本书就是针对如何有效地组织数据以及如何设计处理算法而编写的。本书采用通俗易懂的语言,结合大量图示和实例,帮助读者理解和掌握数据结构相关的基本概念、基础知识和主要算法。第 2 章、第 5 章和第 6 章还针对最典型的线性结构、树结构和图结构给出了综合性较强的应用案例,以帮助读者综合运用所学知识解决实际问题。本书用 C 和 Java 两种程序设计语言来描述相关的存储结构和处理算法,使学生能够掌握数据结构的面向过程和面向对象程序设计方法。

本书适合作为高等院校计算机类专业"数据结构"课程的教材,也适合作为相关领域工作人员的参考图书。

图书在版编目(CIP)数据

数据结构 / 费如纯,刘丽华,胡楠主编. -- 北京:清华大学出版社,2025. 7.
(计算机科学与技术丛书). -- ISBN 978-7-302-69672-8

Ⅰ. TP311.12

中国国家版本馆 CIP 数据核字第 20250YY491 号

策划编辑:盛东亮
责任编辑:薛 阳
封面设计:李召霞
责任校对:郝美丽
责任印制:杨 艳

出版发行:清华大学出版社
    网   址:https://www.tup.com.cn,https://www.wqxuetang.com
    地   址:北京清华大学学研大厦 A 座   邮   编:100084
    社 总 机:010-83470000   邮   购:010-62786544
    投稿与读者服务:010-62776969,c-service@tup.tsinghua.edu.cn
    质量反馈:010-62772015,zhiliang@tup.tsinghua.edu.cn
    课件下载:https://www.tup.com.cn,010-83470236
印 装 者:涿州汇美亿浓印刷有限公司
经   销:全国新华书店
开   本:185mm×260mm 印 张:20.5   字   数:501 千字
版   次:2025 年 8 月第 1 版   印   次:2025 年 8 月第 1 次印刷
印   数:1~1500
定   价:65.00 元

产品编号:106207-01

前言

PREFACE

"数据结构"是高等院校计算机类专业及其他相关专业的一门必修的专业核心基础课程,主要讲解数据的各种逻辑结构和存储结构,以及对每种结构的处理算法,使学生能够使用数据结构和算法的基本分析和设计方法,提高学生分析和解决实际问题的能力,也为学生学习后续专业课程奠定基础。

本书内容涉及集合、线性结构、树结构和图结构4种逻辑结构,以及查找和排序方法,学习内容较多,对初学者也有较高的难度。在学习"数据结构"这门课程时,应牢固掌握有关的基本概念、基础知识和主要算法,深刻理解数据组织和处理的思想方法,学会针对具体问题建立有效的逻辑模型,培养分析和解决实际问题的能力。在学习过程中,对于每个具体内容,都要深入思考"3W",即 What(是什么)、How(怎么做)和 Why(为什么),切记不要死记硬背,要学会将狭义问题广义化,复杂问题简单化,不同问题统一化,形象问题抽象化,灵活运用,举一反三。

全书共8章,第1章讲解数据结构、算法和算法分析的基本概念,第2章讲解线性表的逻辑结构、存储结构和处理算法,第3章讲解栈和队列这两种特殊的线性结构,第4章讲解串、数组和广义表的基本概念和基础知识,第5章讲解二叉树、树和森林的逻辑结构、存储结构和处理算法,第6章讲解图的逻辑结构、存储结构和处理算法,第7章讲解查找表的组织方式以及查找算法,第8章讲解常用的排序算法。每章之后都有习题,其中,第2章和第5章还借应用案例讲解了集合的线性结构和树结构的实现方法。

本书用通俗易懂的语言,结合大量图示和实例来讲解数据结构的基本概念、基础知识和处理算法,帮助读者理解和掌握相关内容,其中,在第2章、第5章和第6章还给出了应用案例;注重讲解数据结构和算法的分析设计方法,使读者能够理解数据结构和算法为什么如此设计。本书算法比较全面,并且用 C 和 Java 两种程序设计语言来描述相关的存储结构和处理算法,这两种语言正是面向过程程序设计语言和面向对象程序设计语言的典型代表,使读者能够掌握数据结构的面向过程和面向对象程序设计方法。

本书由费如纯、刘丽华和胡楠主编,赵杨川、王彦明和吴吉红副主编。本书第6章由费如纯编写,第5章由刘丽华编写,第2章由胡楠编写,第7章由王彦明编写,第1章和第3章由赵杨川编写,第4章和第8章由吴吉红编写。

本书在编写过程中,参阅了大量图书和网络资料,在此向有关作者表示最诚挚的谢意!由于编者水平有限,本书中难免存在疏漏或不足之处,恳请广大读者批评指正。

编 者

2025 年 4 月

目 录

CONTENTS

第1章

绪　　论

本章主要讲述数据结构和算法的基本概念,包括数据元素、数据项、数据对象、数据结构、逻辑结构、物理结构和算法等,以及算法的时间复杂度和空间复杂度的分析方法,为后续学习奠定基础。

1.1　数据结构有什么用

谈到"数据结构有什么用"这个问题,先来看看日常生活和工作中遇到的一些问题。

家里有很多书籍,如果分门别类地将书籍摆放在书柜里,而不是胡乱摆放,找书的效率将大大提高。学校图书馆的图书数量与家里的书籍数量相比,称得上是海量了,如果图书馆书库里的图书胡乱摆放,一位同学想要借一本《数据结构》,恐怕花费半天时间都不一定找得到。类似地,校园各个超市里的货物、院系档案室里的教学科研档案都应该分类上架,个人计算机里的文档资料、学校全体师生信息也应该有良好的组织结构,才能提高管理效率。类似的例子还有很多。

使用计算机对大量数据进行处理,也需要对数据有良好的组织方式才能提高存储和处理效率,一般将数据的组织方式称为结构。

除了良好的结构以外,还应该采用良好的数据处理方法,方法不同,性能可能天差地别。日常生活中,要做一件事,要达到某一目标,方式方法至关重要。例如,从北京出发去哈尔滨看冰雪大世界,参观731罪证陈列馆,可以乘坐京哈线高铁直达哈尔滨,也可以乘飞机先到莫斯科,再转到哈尔滨,选择不同的方式方法和路线,需要付出的时间和金钱代价可能有很大的差别。

学习"数据结构"这门课程,就是要学会面对程序问题时,如何设计出合适的数据结构及相应的算法,尽可能降低数据处理所需的时间和存储空间。

著名的瑞士计算机科学家 Niklaus Wirth(1934—2024 年,Pascal 之父,1984 年图灵奖得主)曾提出一个著名公式:算法+数据结构=程序。在使用计算机解决一个具体问题时,一般要经历如图 1.1 所示的三个步骤。

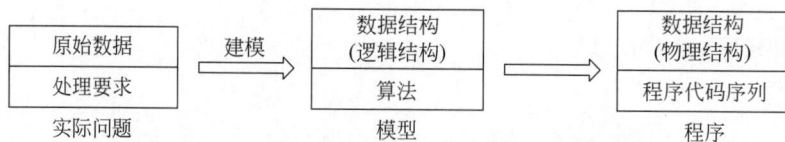

图 1.1　解决问题的步骤

通过建模,将原始数据按照某种方式组织起来,建立数据的逻辑结构,设计满足处理要求的算法,然后将数据的逻辑结构转换为适当的物理结构(存储结构),将算法转换为基于该物理结构的程序,运行该程序即可解决对应的实际问题。

深刻理解了数据结构的思想和方法,能够使复杂问题简单化,形象问题抽象化,不同问题统一化,具体问题形式化,做到触类旁通,举一反三。例如,通过建立模型,可以将华容道游戏、迷宫问题、一笔画问题和棋类游戏等诸多问题都抽象、统一为图结构上的遍历问题。

1.2　基本概念

在开始学习数据结构之前,首先要理解一些基本概念,把数据结构拆成两个词,从数据和结构两方面引入数据结构的一些基础性概念和术语。

1.2.1　数据

1. 数据的定义

数据(**data**)是指描述客观事物的数值、字符以及所有能输入计算机并被计算机程序所处理的符号的总称。

输入计算机并进行处理的整数、实数和字符等都是数据,还有平时通过计算机或手机所浏览、观看和阅读的网页、视频、歌曲、小说和 Office 文档等,都要转换为适当的数据表示,在计算机或手机等设备的存储器中存储,通过网络进行传输,由处理机(处理器)进行加工运算。

2. 数据元素和数据项

数据元素(**data element**)是数据的基本单位,是数据集合中的个体,通常作为一个整体进行处理,有时又称为**结点**(**node**)或**记录**(**record**)。

数据项(**data item**)是数据的不可分割的、具有独立意义的最小单位,有时又称为**字段**或**域**(**field**)。

例如,描述一名学生的完整信息的记录就是一个数据元素,该数据元素由学号、姓名、性别、出生日期和政治面貌等多个数据项构成;描述一个像素颜色的 RGB 三元组也是一个数据元素,其中的 R、G、B 分量是三个数据项。

3. 数据对象

数据对象(**data object**)是具有相同特性的数据元素的集合,是数据的一个子集。例如,一所高校的所有在校生的数据元素集合就构成一个数据对象,其中每名学生的信息都用一个数据元素来描述,不同学生的数据元素都具有相同的特性,都由学号、姓名、性别、出生日期和政治面貌等多个数据项构成。

1.2.2 数据结构

数据结构(data structure)是指相互之间存在一种或多种特定关系的数据元素的集合。

数据结构这一术语强调的是结构。数据结构是带结构的数据元素的集合,结构就是指数据元素之间存在的关系。

数据结构具有两个层面的表现形式：逻辑结构和物理结构。

1. 逻辑结构

逻辑结构(logical structure)是指数据元素之间抽象化的相互关系,与数据的存储无关,独立于计算机,它是从具体问题抽象出来的数学模型。

逻辑结构由两个要素构成,一是数据元素集合,二是关系集合。

逻辑结构可以用二元组形式来描述：逻辑结构 $=<D,R>$,其中,D 是数据元素的集合,$D=\{e_0,e_1,\cdots,e_{n-1}\}$,$R$ 是数据元素之间关系的集合,$R=\{<u,v>|u\in D,v\in D\}$。

逻辑结构也可以用图形的形式来描述：用一个点(常用圆圈形式)来表示一个数据元素,用一条线来表示一对数据元素之间的关系。

按照数据元素之间相互关系的性质来分,逻辑结构可以分为集合、线性结构、树结构和图结构 4 种类型。

- **集合**(set)中的数据元素之间不存在关系。
- **线性结构**(linear structure)中的数据元素之间存在 1:1 的关系,数据元素按严格的次序排列,相邻两个数据元素中前一个数据元素是后一个数据元素的直接前趋,后一个数据元素是前一个数据元素的直接后继。
- **树结构**(tree structure)的数据元素之间存在 1:N 的关系,该结构有严格的层次结构,每一个数据元素都可能与相邻下一层的多个数据元素存在关系,但仅可能与相邻上一层的一个数据元素存在关系。
- **图结构**(graph structure)的数据元素之间存在 M:N 的关系,任意两个数据元素之间都可能存在关系。

数据的 4 种逻辑结构如图 1.2 所示。

日常生活中这 4 种逻辑结构的例子也比比皆是,例如,购物袋里有洗发水、香皂、牙膏和牙刷,这就是一个集合;核酸检测时人们顺序排起的一列长队、多节车厢组成的高速列车就是线性结构;企事业单位的多级组织结构、计算机硬盘里的文件夹及文件组织就是树结构;公路交通网、铁路网和因特网就是图结构。

2. 物理结构

物理结构(physical structure)是指数据元素及其关系在计算机存储器中的存储表示,也称为**存储结构**(storage structure)。

存储结构主要分为顺序存储结构和链式存储结构两种类型。

- **顺序存储结构**(sequential storage structure)的所有数据元素占用一组地址连续的存储空间,借助数据元素在存储器中的相对位置来表示数据元素之间的逻辑关系。
- **链式存储结构**(linked storage structure)的所有数据元素占用一组地址不一定连续的存储空间,借助指示数据元素存储地址的指针来表示数据元素之间的逻辑关系。

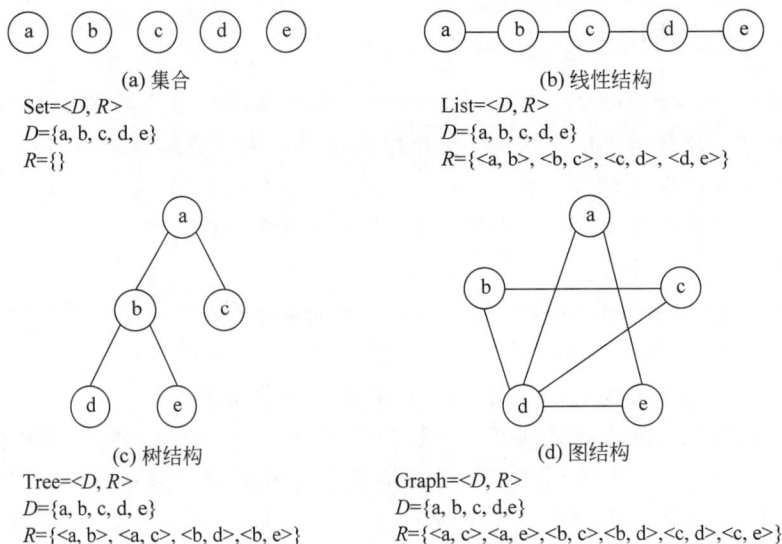

(a) 集合
Set=<*D*, *R*>
D={a, b, c, d, e}
R={}

(b) 线性结构
List=<*D*, *R*>
D={a, b, c, d, e}
R={<a, b>, <b, c>, <c, d>, <d, e>}

(c) 树结构
Tree=<*D*, *R*>
D={a, b, c, d, e}
R={<a, b>, <a, c>, <b, d>, <b, e>}

(d) 图结构
Graph=<*D*, *R*>
D={a, b, c, d,e}
R={<a, c>, <a, e>, <b, c>, <b, d>, <c, d>, <c, e>}

图 1.2　4 种逻辑结构示例

例如,一个具有三个数据元素 a_0, a_1, a_2 的线性表的顺序存储结构和链式存储结构如图 1.3 所示。

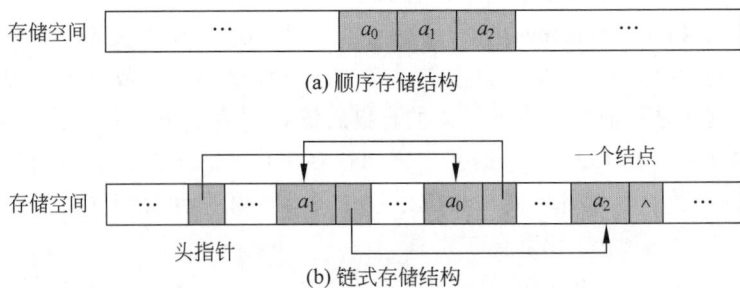

图 1.3　顺序存储结构和链式存储结构示例

相同的逻辑结构可以用不同的存储结构来实现。逻辑结构和存储结构都相同,但操作不同(操作的实现依赖于存储结构),则数据结构不同,例如,栈和队列,其逻辑结构均为线性结构,即便均采用顺序存储结构(顺序栈和顺序队列),或者均采用链式存储结构(链式栈和链式队列),但栈和队列的操作是不同的,决定了栈和队列是不同的数据结构。

1.2.3　数据类型

数据类型(**data type**)是一组性质相同的数据元素的集合,以及定义于这个集合上的一组操作的总称。例如,程序设计语言中的整型(C/C++或 Java 里的 int),它的数据元素集合包含一系列连续的整数(通常是[−2 147 483 648,2 147 483 647]区间的整数),定义在这个集合上的操作有加减乘除四则运算以及模运算。

数据类型隐藏了计算机硬件及其特性的差异,也隐藏了定义在其上的操作实现细节,用户只需要知道一个数据类型如何使用即可,完全不用关心数据元素如何编码、如何存储以及如何实现相关的操作。

数据类型分为原子类型、结构类型和抽象数据类型。

- **原子类型**（atomic type）的数据元素具有单一的值，不可再分，例如，布尔型、字符型、整型和实型等数据类型。
- **结构类型**（structural type）由多个成员构成，每个成员的类型可以是原子类型，也可以是结构类型，结构类型的数据元素由多个数据项组成，例如，学号、姓名、性别和生日等数据项。C/C++里的结构体类型即属于此种类型。
- **抽象数据类型**（abstract data type）是指一个数学模型以及定义在该数学模型上的一组操作。抽象数据类型需要由用户定义，通过已有数据类型来实现。抽象数据类型包含三部分：数据对象、关系集合和操作集合。

抽象数据类型可以更容易地描述现实世界，例如，用线性表来描述学生信息表，用树来描述企事业单位的组织结构，用图来描述铁路网。抽象数据类型通过信息隐藏和数据封装，将外部特性和内部实现细节相分离，对用户隐藏其内部实现细节，只留有限的对外接口，用户通过该接口来使用该数据类型。抽象数据类型如图1.4所示。

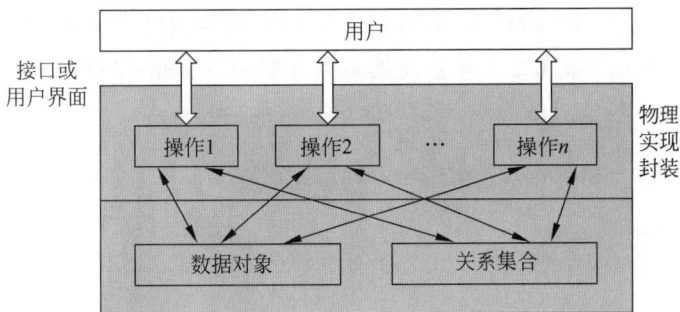

图 1.4 抽象数据类型

1.3 算法及性能分析

1.3.1 算法

要解决一个具体问题，需要首先建立数学模型，即确定其数据结构和算法，二者均是影响问题解决难度和性能的关键因素。

算法（algorithm）是为了解决某类问题而规定的一个有限长的操作序列（步骤）。

例如，求一元二次方程的根，可以有如下算法（操作序列）。

(1) 输入一元二次方程 $ax^2+bx+c=0$ 的三个系数 a、b 和 c（假设 $a \neq 0$）。

(2) 计算判别式 $\Delta = b^2 - 4ac$。

(3) 根据判别式 Δ 的符号进行如下操作。

① 如果 $\Delta = 0$，则方程有一个实根 $-b/(2a)$。

② 如果 $\Delta > 0$，则方程有两个实根 $(-b \pm \sqrt{\Delta})/(2a)$。

③ 如果 $\Delta < 0$，则方程有两个虚根，其中，实部为 $-b/(2a)$，虚部为 $\pm \sqrt{-\Delta}/(2a)$。

一个算法通常具有如下特性。

- 输入：一个算法通常要输入待处理数据。
- 输出：一个算法通常要输出数据处理的结果。

- 有穷性：一个算法的步骤数量是有限的，每个步骤的执行时间也是有限的，整个算法也需在有限时间内完成。
- 可行性：一个算法的每个步骤都是可以实现的，从而整个算法也是可以实现的。
- 确定性：一个算法的每个步骤的定义都是确切、无歧义的，对于特定的输入，其对应的输出是唯一的。（对于非确定性算法，例如随机算法，本特性要求可放宽。）

衡量一个算法的优劣，通常有如下标准。

- 正确性：一个算法在合理输入下，在有限时间内得到正确结果。
- 可读性：一个算法应当便于人们理解和交流。
- 健壮性：一个算法对于非法输入数据，能够正确地做出响应及处理。
- 高效性：一个算法执行时应当占用尽可能少的时间和空间等资源。

1.3.2　算法描述

本书中后面要讨论很多的算法，采用 C 语言和 Java 语言的语法来描述各种算法。

例如，输出具有 n 个元素的一维数组的最大元素和最小元素值的算法描述如下。

```
// 如果用 Java 描述则将 ElemType array[ ]写为 ElemType[ ] array
void outputMaxMin(ElemType array[ ], int n) {
    ElemType max = array[0], min = array[0];
    for(int i = 1; i < n; i ++) {
        if(array[i] > max) {
            max = array[i];
        }
        else if(array[i] < min) {
            min = array[i];
        }
    }
    output(max, min);
}
```

注：上述算法描述中的 output 函数表示显示输出，未具体化，在编程实现时需要用具体的输出函数来替代。

在本书中各章节的各种算法描述中，主要关注的是数据处理的方法和过程，可能会忽略某些细节，有关约定如下。

（1）非严格语法。

在算法描述中所使用的语法是不严格的，在实际上机编程时不能照搬照抄。

（2）不使用标准库。

为了能够反映数据处理的根本方法和过程，在对算法进行描述时均采用基础语法，而不使用标准库，例如标准模板库 STL 等。读者可自行查阅相关资料学习 STL 的使用。

（3）数据元素的类型。

在对各种数据结构进行描述时，不可避免地要描述数据元素的类型，统一用 ElemType 表示数据元素的类型，用 KeyType 表示关键字的类型，在实际应用中需要根据实际问题用具体的数据类型来替换，数据元素的类型可能是基本类型或者构造类型，也可能是面向对象的类。

（4）比较运算。

算法中经常涉及元素值或关键字值的比较操作,例如,相等、不相等、大于、大于或等于、小于和小于或等于等关系运算。

在实际应用中,只有基本类型(例如整型、实型和字符型等)的数据之间可以直接使用关系运算符进行比较,而字符串、结构体等数据是不能直接进行比较的。

如果一个数据元素是某个类实例化的一个对象,往往需要在类中定义 equals、compare 等方法,通过这些方法来实现两个数据元素或关键字的比较。

为了使算法描述更加清晰直观,在算法中直接用==、!=、<、<=、>和>=等关系运算符进行数据元素或关键字之间的比较,在编程实现时请自行替换为合适的语法。

（5）输出。

有些算法需要输出数据处理结果,在无法确定输出数据的具体类型时统一使用 output 函数进行数据的输出,未具体化,防止过度关注输出操作的细节,在编程实现时请自行替换为合适的语法。

（6）访问。

在树(森林)的遍历、图的遍历等算法中,都会涉及结点的访问操作,统一用 visit 函数来表示,忽略访问结点的具体操作细节,在编程实现时请自行替换为合适的语法。

（7）忽略一些简单操作。

在后面的很多算法描述中,由于一些基本的、简单的操作并非算法的核心、关键要素,可能并未给出这些操作的具体实现。

（8）与空指针或0的比较。

很多算法都涉及一个指针与空指针 NULL 的比较,或者一个数值与0的比较,原本在C语言中,这些比较运算可以简写,例如,p!=NULL 或 p!=0 可简写为 p,p==NULL 或 p==0 可简写为!p,但为了表述更清晰直观,一般没有采用简写形式。

（9）复合语句。

无论是C语言还是Java语言,如果一个分支或者循环体是多条语句构成的复合语句,则应该放在{}中,单条语句构成的分支或者循环体可以省略{},但从良好的习惯角度考虑,将单条语句构成的分支或者循环体也放在了{}中。

1.3.3　性能分析

一个算法的性能主要体现在两个方面:时间和空间。解决同一个问题可能存在多种不同的算法,不同算法获得结果需要的处理时间和存储空间是不同的。

1. 衡量算法性能的方法

衡量算法性能的方法有事后统计法和事前分析估算法。事后统计法就是先将算法实现,然后实测出其时间和空间开销,但实测结果与运行环境密切相关,容易掩盖算法的优劣。事前分析估算法关注算法的本质,通过分析时间复杂度和空间复杂度来评估算法的优劣。

2. 问题规模

不考虑软硬件等环境因素,算法所需的时间和空间与问题规模密切相关。例如,对一百个数值进行排序所需的时间和空间明显少于对一万个数值的排序。

问题规模就是算法求解问题需要的输入量多少的度量,是问题大小的本质表示,一般用

整数 n 表示。

对于不同问题,问题规模 n 的含义是不同的,例如,对于一个整数的各个组成数字进行处理,问题规模 n 就是数字的位数;对于排序问题,问题规模 n 就是参与排序的记录数;对于矩阵运算,问题规模 n 就是矩阵的阶数;对于树的操作,问题规模 n 就是树的结点个数;对于图的操作,问题规模 n 就是图的顶点数或边(弧)数。

3. 时间复杂度

一个算法的执行时间大致等于其所有语句执行时间之和,而每一条语句的执行时间是该语句执行一次所需时间与重复执行次数的乘积。

将一条语句的重复执行次数称为语句频度,假定每条语句执行一次所需时间都是单位时间,则一个算法的执行时间可以用各个语句频度之和来衡量。

例如,求 $n(n>0)$ 的阶乘的算法如下(语句频度均已标注在语句后面)。

```
fac = 1;                    //语句频度:1
i = 1;                      //语句频度:1
while(i <= n) {             //语句频度:n+1(关系运算 i<=n 的频度)
    fac = fac * i;          //语句频度:n
    i ++;                   //语句频度:n
}
```

上述算法的语句频度之和为 $3n+3$。

通过事前分析估算法来衡量算法性能时,关注的是算法执行时间随着问题规模增长的趋势,因此,往往只考虑问题规模足够大时,用算法基本语句执行次数在渐近意义下的阶来衡量算法的性能。

一般来说,一个算法的所有基本语句总的执行次数是问题规模 n 的一个函数 $f(n)$,则算法的执行时间表示为 $T(n)=O(f(n))$,其中,"O"表示数量级,它表示随着问题规模 n 的增长,算法执行时间的增长率与 $f(n)$ 的增长率相同,这称为算法的**时间复杂度**(time complexity)。

$f(n)$ 是多项相加的表达式,一般地,在表示时间复杂度时,将 $f(n)$ 中"当 n 趋近无穷大时与某项相比结果是无穷小的项"忽略,即只保留 $f(n)$ 中的最高阶项,且将常数系数按 1 处理,例如:

(1) $f(n)=10$,则时间复杂度 $=O(1)$。

(2) $f(n)=5n+13$,则时间复杂度 $=O(n)$。

(3) $f(n)=3n^2+5n+4$,则时间复杂度 $=O(n^2)$。

(4) $f(n)=3\times2^n+20n^3+5$,则时间复杂度 $=O(2^n)$。

常见的时间复杂度有(由低到高排列)以下几种。

(1) 常数阶: $O(1)$。

(2) 对数阶: $O(\log n)$。

(3) 线性阶: $O(n)$。

(4) 线性对数阶: $O(n\log n)$。

(5) 平方阶: $O(n^2)$。

(6) 立方阶: $O(n^3)$。

(7) 指数阶: $O(a^n)$。

（8）阶乘阶：$O(n!)$。

在解决实际问题时，如果一个算法的时间复杂度为非多项式阶（指数阶或阶乘阶），则当问题规模 n 较大时，往往在计算上是不可行的，因为它所需的时间将是一个天文数字。

注：本书某些算法的时间复杂度为 $O(\log_2 n)$ 或者 $O(n\log_2 n)$，但对数的底对执行时间数量级的评估没有本质影响，因此将对数的底忽略而写为 $\log n$。

算法的时间复杂度又分为最好时间复杂度、最坏时间复杂度和平均时间复杂度，其中，最好时间复杂度是在最好情况下的时间复杂度，最坏时间复杂度是在最坏情况下的时间复杂度，平均时间复杂度是在所有可能的输入情况下，算法时间复杂度的加权平均值。

例如，在具有 n 个元素的数组 array 中查找元素 x，找到则输出 x 在数组中的下标，否则输出 -1，算法如下。

```
i = 0;
while(i < n && array[i] != x) {
    i ++;
}
output(i == n ? -1 : i);
```

在最好的情况下，array[0] 即等于 x，则最好时间复杂度为 $O(1)$，但在最坏的情况下，array[0]～array[$n-2$]均不等于 x，只有 array[$n-1$]等于 x，或者 array 的 n 个元素均不等于 x，此时，需要将 x 与 array 数组中的每个元素都进行一次比较，才能得到结果，则最坏时间复杂度为 $O(n)$。在平均情况下，上述算法的平均时间复杂度也是 $O(n)$。

通常采用最坏时间复杂度和平均时间复杂度来衡量一个算法的时间性能，不能用最好时间复杂度，因为最好时间复杂度仅针对极特殊的理想情况，不具有代表性。

4. 空间复杂度

空间复杂度（space complexity）是算法所需存储空间的度量。空间复杂度用 $S(n)=O(f(n))$ 表示，其中，$f(n)$ 是规模为 n 时算法所需存储空间的函数。与时间复杂度类似，也将 $f(n)$ 中的低次项和常数系数忽略。

一个算法的原始输入数据所占的存储空间与算法无关，因此，分析一个算法的空间复杂度时仅考虑算法所需的辅助存储空间。例如，对于在一个数组 array 中查找某个元素 x 的算法，无论问题规模 n 如何变化，其所需辅助存储空间均是一个常量，因此，其空间复杂度为 $O(1)$。

一般情况下，对于一个问题，设计出时间复杂度和空间复杂度俱佳的所谓的"两全其美"的算法是很不容易的，往往一种算法的时间复杂度低但空间复杂度高，而另一种算法的时间复杂度高但空间复杂度低。在实际应用中，要综合考虑时间复杂度和空间复杂度，寻求用最适合的算法来解决实际问题。一般情况下，衡量算法优劣通常优先考虑时间复杂度。

小结

本章的知识点归纳总结如下。

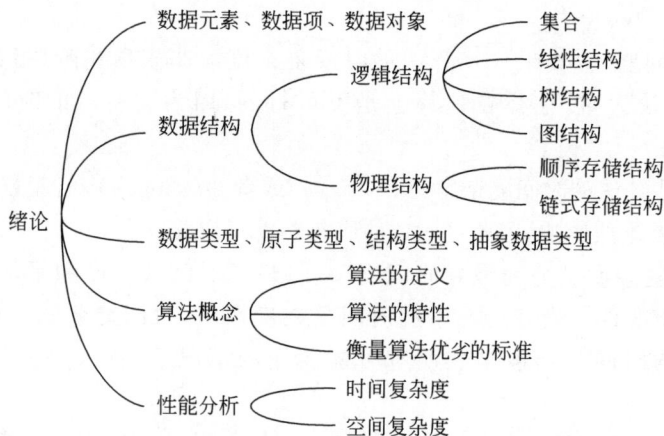

```
                                 ┌── 数据元素、数据项、数据对象      ┌── 集合
                                 │                              │── 线性结构
                                 │              ┌── 逻辑结构──────┤── 树结构
                                 │              │                └── 图结构
                                 ├── 数据结构────┤
                                 │              │              ┌── 顺序存储结构
                                 │              └── 物理结构──────┤
           绪论 ──────────────────┤                              └── 链式存储结构
                                 ├── 数据类型、原子类型、结构类型、抽象数据类型
                                 │              ┌── 算法的定义
                                 ├── 算法概念────┤── 算法的特性
                                 │              └── 衡量算法优劣的标准
                                 │              ┌── 时间复杂度
                                 └── 性能分析────┤
                                                └── 空间复杂度
```

习题 1

分析如下算法的功能及其时间复杂度。

1. 算法 1

```
int s = 0, t = 1;
for(int i = 1; i <= n; i ++) {
    t = t * i;
    s = s + t;
}
```

2. 算法 2

```
for(i = 2; i < n; i ++) {
    if(n % i == 0) break;
}
r = (i == n ? 1 : 0);
```

3. 算法 3（假设 a 是整数数组）

```
for(i = 0; i < n; i ++) {
    for(j = 0; j < i; j ++) {
        if(a[i] == a[j]) break;
    }
    if(j == i) {
        printf("%d\n", a[i]);      //Java 用 System.out.println(a[i]);
    }
}
```

4. 算法 4

```
for(i = 0; i < n; i ++) {
    for(j = 0; j < n; j ++) {
        s = 0;
        for(k = 0; k < n; k ++) {
            s = s + a[i][k] * b[k][j];
        }
        c[i][j] = s;
    }
}
```

5. 算法 5

```
s = 0;
for(k = 1; k <= n; k ++) {
    if(n % k == 0) {
        s = s + k;
    }
}
```

6. 算法 6

```
i = 0;
j = n - 1;
while(i < j) {
    while(i < j && a[i] < x) i ++;
    while(i < j && a[j] >= x) j -- ;
    if(i < j) {
        t = a[i];
        a[i] = a[j];
        a[j] = t;
    }
}
```

第2章

线 性 表

从本章开始学习最简单也是最常用的一种数据结构：线性结构。在日常生活中能够见到各种各样的线性结构。例如，一节节车厢组成的列车，一个个铁环连成的铁索，一粒粒珠子串成的珠串，一页页纸张订成的书籍，等等，它们都有一个共同的特点，那就是有严格的先后次序。作为世界第一的制造大国，我国各个工厂的生产流水线也有这个特点，从原材料开始，先后经过多道工序的加工，最终产出一件件成品。"义新欧"中欧班列所经过的国内外站点也能构成线性结构。本章主要讲述线性表的基本概念，给出线性表的顺序存储结构和链式存储结构以及相关的操作算法。

2.1 基本概念

2.1.1 线性表的概念

线性表（linear list）是由 $n(n \geq 0)$ 个数据特性相同的数据元素构成的有限序列，通常记为 $(a_0, a_1, a_2, \cdots, a_{n-1})$。线性表中的数据元素个数 n 称为**表长**，当 $n=0$ 时称该线性表为**空表**。

线性表中的每一个数据元素都具有相同的数据类型，比如都是整型，如(32，24，56，78)；也可以都是字符型，如('a'，'b'，'c'，'d')；也可以都是同一个结构类型，如({"20241101001"，"李明"}，{"20241202004"，"张梅"})。

非空的线性表 $(a_0, a_1, a_2, \cdots, a_{n-1})$ 中的数据元素之间有着严格的次序要求，每个数据元素在线性表中都有其唯一的**序号**，例如，规定 a_0 的序号为 0，a_1 的序号为 1，$\cdots$，a_{n-1} 的序号为 $n-1$。

非空的线性表 $(a_0, a_1, a_2, \cdots, a_{n-1})$ 中存在唯一的一个被称为**表头**(首元)的数据元素 a_0，存在唯一的一个被称为**表尾**(尾元)的数据元素 a_{n-1}，对于任意的 $i=0, 1, 2, \cdots, n-2$，a_i 称为 a_{i+1} 的**直接前趋**（immediate predecessor），a_{i+1} 称为 a_i 的**直接后继**（immediate successor）。首元素不存在直接前趋，尾元素不存在直接后继。

根据线性表的定义，有的读者可能有一个疑问：这不就是我学过的一维数组？下面来看线性表与一维数组的区别。

- 一维数组是一种具体的数据结构,而线性表是一种抽象数据类型。
- 一维数组占用连续的存储空间进行存储,相邻元素的地址也是相邻的,而线性表是一种抽象的逻辑结构,其物理表示依赖于存储结构,可以是顺序存储结构(用数组来实现),也可以是链式存储结构(占用不连续的存储空间,通过指针建立相邻两个数据元素之间的关系)。
- 对于一维数组,可以通过下标对数组元素进行随机访问,而对于线性表则不一定能够通过序号对数据元素进行随机访问,例如,链式存储结构的线性表,只能根据当前元素找到其直接前趋或直接后继。

2.1.2　抽象数据类型

下面给出线性表的抽象数据类型。

```
ADT List {
    数据对象：D = {a_i | a_i ∈ ElementSet, i = 0,1,2,…,n-1,n≥0}
    数据关系：R = {<a_i, a_{i+1}> | a_i, a_{i+1} ∈ D, i = 0,1,2,…,n-2,n≥0}
    基本操作：
        init()：初始化空表。
        destroy()：销毁线性表,释放动态分配给线性表的存储空间。
        getSize()：返回线性表的表长。
        insert(i, e)：将数据元素 e 插入在线性表序号为 i 的位置。
        remove(i)：删除线性表中序号为 i 的数据元素。
        removeAll(e)：删除线性表中所有与 e 相同的数据元素。
        update(i, e)：将线性表中序号为 i 的数据元素更新为 e。
        get(i)：返回线性表中序号为 i 的数据元素。
        indexOf(e)：返回数据元素 e 在线性表 L 中的位置,如果 e 不存在则返回 -1。
        clear()：将线性表清空。
}
```

在上述抽象数据类型的定义中,仅定义了一部分操作,在实际应用中,应该根据实际需要,自行定义有关操作。

2.2　顺序表

2.2.1　基本概念

所谓**顺序表**(sequence list)就是采用顺序存储结构的线性表,即用一组地址连续的存储空间从低地址到高地址按照序号依次存储线性表的数据元素,通常用数组来描述。

顺序表具有如下特点。

- 逻辑上相邻的数据元素,其存储空间也是相邻的。
- 数据元素的逻辑顺序与物理顺序一致。
- 对任意一个数据元素均可以按照其序号计算出存储地址,从而进行随机访问。
- 进行数据元素的插入或删除操作可能需要进行某些数据元素的移动操作。

假设顺序表 $(a_0, a_1, a_2, \cdots, a_{n-1})$ 中数据元素 a_i 的存储地址为 $\mathrm{LOC}(a_i)$,每个数据元素占用 s 个存储单元,则

$$\text{LOC}(a_{i+1}) = \text{LOC}(a_i) + s \qquad (0 \leqslant i \leqslant n-2)$$
$$\text{LOC}(a_i) = \text{LOC}(a_0) + i \times s \qquad (0 \leqslant i \leqslant n-1)$$

其中,$\text{LOC}(a_0)$通常称为顺序表的**起始地址**(start address)。

顺序表的存储结构如图 2.1 所示。

地址	数据元素	数据元素的序号
$\text{LOC}(a_0)$	a_0	0
$\text{LOC}(a_0)+s$	a_1	1
$\vdots$	$\vdots$	$\vdots$
$\text{LOC}(a_0)+(n-2)\times s$	a_{n-2}	$n-2$
$\text{LOC}(a_0)+(n-1)\times s$	a_{n-1}	$n-1$

图 2.1 顺序表的存储示例

2.2.2 插入与删除操作

1. 插入操作

假设一个顺序表最大允许长度为 MAXSIZE,实际的表长为 n,则在 i 号位置插入一个数据元素 e 的过程如下。

(1) 如果表已满($n==\text{MAXSIZE}$),则按"溢出"异常处理并结束。

(2) 如果 i 越界($i<0$ 或者 $i>n$),则按"越界"异常处理并结束。

(3) 将序号为 i 直至 $n-1$ 的数据元素依次向后移动一个位置。

(4) 将 e 赋值给序号为 i 的数据元素。

(5) 表长增 1。

插入操作最少需要 0 次数据元素的移动(当 $i==n$ 时),最多需要 n 次数据元素的移动(当 $i==0$ 时),因此得最好时间复杂度为 $O(1)$,最坏和平均时间复杂度均为 $O(n)$。

上述过程中步骤(3)和步骤(4)的操作如图 2.2 所示。

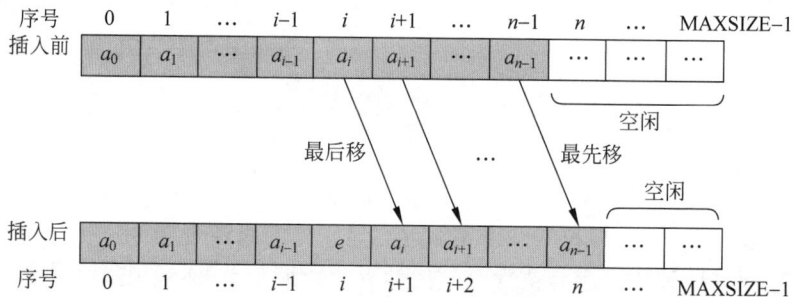

图 2.2 在 i 号位置插入数据元素 e

2. 删除操作

假设一个顺序表最大允许长度为 MAXSIZE,实际的表长为 n,则删除序号为 i 的数据元素的过程如下。

(1) 如果 i 越界($i<0$ 或者 $i>n-1$),则按"越界"异常处理并结束。

(2) 将序号为 $i+1$ 直至 $n-1$ 的数据元素依次向前移动一个位置。

(3) 表长减 1。

删除操作最少需要 0 次数据元素的移动(当 $i=n-1$ 时),最多需要 $n-1$ 次数据元素的移动(当 $i=0$ 时),因此得最好时间复杂度为 $O(1)$,最坏和平均时间复杂度均为 $O(n)$。

上述过程步骤(2)的操作如图 2.3 所示。

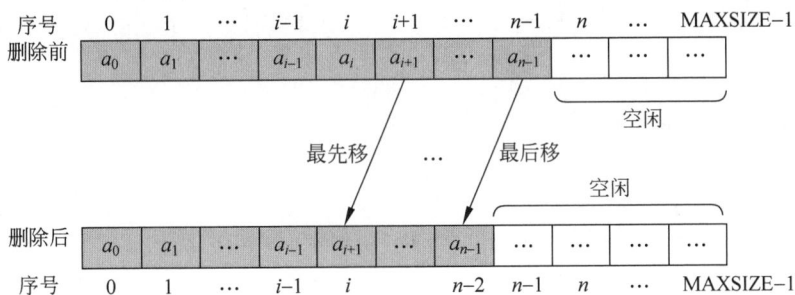

图 2.3　删除序号为 i 的数据元素

2.2.3　数据类型及算法描述

算法 2.1　顺序表及其算法。

顺序表存储结构及算法的 C 语言描述如下。

```
#define MAXSIZE         100                 //定义线性表的最大长度
typedef struct {
    ElemType elements[MAXSIZE];             //数据元素数组
    int size;                               //实际的表长
} SequenceList;

//初始化空表,时间复杂度 O(1)
void init(SequenceList * list) {
    list -> size = 0;
}

//返回表长,时间复杂度 O(1)
int getSize(SequenceList * list) {
    return list -> size;
}

//在 i 号位置插入数据元素 e,时间复杂度 O(n)
int insert(SequenceList * list, int i, ElemType e) {
    if(i < 0 || i > list -> size || list -> size == MAXSIZE) {
        return 0;
    }
    for(int k = list -> size - 1; k >= i; k -- ) {
        list -> elements[k + 1] = list -> elements[k];
    }
    list -> elements[i] = e;
    list -> size ++;
    return 1;
}

//删除序号为 i 的数据元素,时间复杂度 O(n)
int remove(SequenceList * list, int i) {
    if(i < 0 || i >= list -> size) {
        return 0;
    }
```

```
            for(int k = i + 1; k < list -> size; k ++) {
                list -> elements[k - 1] = list -> elements[k];
            }
            list -> size -- ;
            return 1;
        }


        //删除所有与 e 相同的数据元素,时间复杂度 O(n)
        void removeAll(SequenceList * list, ElemType e) {
            int len = 0;
            for(int i = 0; i < list -> size; i ++) {
                if(list -> elements[i] != e) {
                    list -> elements[len ++] = list -> elements[i];
                }
            }
            list -> size = len;
        }


        //将序号为 i 的数据元素更新为 e,时间复杂度 O(1)
        int update(SequenceList * list, int i, ElemType e) {
            if(i < 0 || i >= list -> size) {
                return 0;
            }
            list -> elements[i] = e;
            return 1;
        }


        //返回序号为 i 的数据元素,假设 i 不越界,时间复杂度 O(1)
        ElemType get(SequenceList * list, int i) {
            return list -> elements[i];
        }


        //返回首个与 e 相同的元素的序号,如果 e 不存在则返回 - 1,时间复杂度 O(n)
        int indexOf(SequenceList * list, ElemType e) {
            for(int i = 0; i < list -> size; i ++) {
                if(list -> elements[i] == e) {
                    return i;
                }
            }
            return - 1;
        }


        //清空顺序表,时间复杂度 O(1)
        void clear(SequenceList * list) {
            list -> size = 0;
        }


        //将所有数据元素颠倒位置,时间复杂度 O(n)
        void reverse(SequenceList * list) {
            for(int i = 0; i < list -> size / 2; i ++) {
                ElemType tmp;
                tmp = list -> elements[i];
                list -> elements[i] = list -> elements[list -> size - 1 - i];
                list -> elements[list -> size - 1 - i] = tmp;
            }
        }
```

顺序表存储结构及算法的 Java 语言描述如下。

```java
public class SequenceList {
    private final int MAXSIZE = 100;      //定义线性表的最大长度
    private ElemType[] elements;          //数据元素数组
    private int size;                     //实际的表长

    //构造方法,初始化空表
    public SequenceList() {
        elements = new ElemType[MAXSIZE];
        size = 0;
    }

    //返回表长,时间复杂度 O(1)
    public int getSize() {
        return size;
    }

    //在 i 号位置插入数据元素 e,时间复杂度 O(n)
    public boolean insert(int i, ElemType e) {
        if(i < 0 || i > size || size == MAXSIZE) {
            return false;
        }
        for(int k = size - 1; k >= i; k -- ) {
            elements[k + 1] = elements[k];
        }
        elements[i] = e;
        size ++;
        return true;
    }

    //删除序号为 i 的数据元素,时间复杂度 O(n)
    public boolean remove(int i) {
        if(i < 0 || i >= size) {
            return false;
        }
        for(int k = i + 1; k < size; k ++) {
            elements[k - 1] = elements[k];
        }
        size -- ;
        return true;
    }

    //删除所有与 e 相同的数据元素,时间复杂度 O(n)
    public void removeAll(ElemType e) {
        int len = 0;
        for(int i = 0; i < size; i ++) {
            if(elements[i] != e) {
                elements[len ++] = elements[i];
            }
        }
        size = len;
    }

    //将序号为 i 的数据元素更新为 e,时间复杂度 O(1)
    public boolean update(int i, ElemType e) {
        if(i < 0 || i >= size) {
```

```
            return false;
        }
        elements[i] = e;
        return true;
    }

    //返回序号为 i 的数据元素,假设 i 不越界,时间复杂度 O(1)
    public ElemType get(int i) {
        return elements[i];
    }

    //返回首个与 e 相同的元素的序号,若不存在则返回 -1,时间复杂度 O(n)
    public int indexOf(ElemType e) {
        for(int i = 0; i < size; i ++) {
            if(elements[i] == e) {
                return i;
            }
        }
        return -1;
    }

    //清空顺序表,时间复杂度 O(1)
    public void clear() {
        size = 0;
    }

    //将所有数据元素颠倒位置,时间复杂度 O(n)
    public void reverse() {
        for(int i = 0; i < size / 2; i ++) {
            ElemType tmp;
            tmp = elements[i];
            elements[i] = elements[size - 1 - i];
            elements[size - 1 - i] = tmp;
        }
    }
}
```

2.3 动态链表

2.3.1 基本概念

1. 动态链表

动态链表(dynamic linked list)是指用一组地址任意的存储单元来存储数据元素的线性表,对于每个数据元素,除了存储数据元素本身的信息以外,还要存储指向其直接后继或直接前趋的指针。

2. 结点

链表中用于存储数据元素本身信息以及指针的存储单元称为**结点**(node),结点中存储数据元素信息的域称为**数据域**(data field),存储指针的域称为**指针域**(pointer field)或**链接域**(link field)。结点所占存储空间是根据需要临时分配及释放的。

3. 单链表和双向链表

动态链表通常有两类:单链表和双向链表。**单链表**(single linked list)的结点中只有一个指针域,一般用来指向该结点的直接后继;**双向链表**(double linked list)的结点中具有两个指针域,一个用来指向该结点的直接后继,另一个用来指向该结点的直接前趋。

在本章中,用 data 来定义结点的数据域,用 next 来定义指向直接后继结点的链接域,用 prior 来定义指向直接前趋结点的链接域。

4. 头指针

无论是单链表还是双向链表,往往需要用一个**头指针**(head pointer)指向第一个结点。在本章中,用 head 来定义头指针。空表的头指针为空指针。

非空的单链表和双向链表如图 2.4 所示,其中,"^"表示空指针。

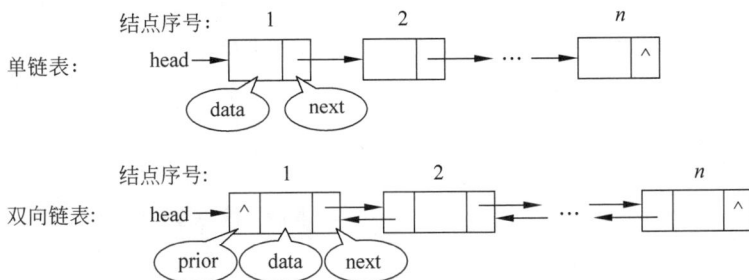

图 2.4 非空的单链表和双向链表示例

5. 动态链表的特点

动态链表具有如下特点。

- 逻辑上相邻的数据元素,其存储空间不一定相邻。
- 数据元素的逻辑顺序与物理顺序可能不一致。
- 不能对数据元素进行随机访问,往往需要从首结点开始,沿着各结点指针扫描链表来对各个结点进行访问。
- 进行数据元素的插入或删除操作不需要进行其他数据元素的移动操作,其他数据元素所在结点的地址不会发生改变。

如果把动态链表比作一个环环相连的环扣链条,插入一个新结点就相当于把原有的某一个环扣解开后加入新的一环,再将相关环扣接上;删除一个结点就相当于把某一环从链条中摘除;无论是插入还是删除,都要确保操作后新的链条依然是环环相连的,不能间断。

链式结构的一个典型实例是泸定桥上的一条条铁链。这个泸定桥就是曾经谱写"中国工农红军 22 勇士飞夺泸定桥"英勇事迹的铁索桥。泸定桥共有 13 条一百多米长的铁链,每条铁链由接近一千个铁环相扣组成,其中每一条铁链就好比一个链表,每个铁环就好比链表中的一个结点。

2.3.2 单链表

1. 结点结构

动态单链表的结点结构用 C 语言描述如下。

```
typedef struct node {
    ElemType data;                      //数据域
    struct node * next;                 //指针域
} SLinkNode;
```

用 Java 语言描述如下。

```
public class SLinkNode {
    private ElemType data;                    //数据域
    private SLinkNode next;                    //链接域
    //构造方法
    public SLinkNode() {
        this(null, null);
    }
    public SLinkNode(ElemType data, SLinkNode next) {
        this.data = data;
        this.next = next;
    }
    public ElemType getData() {                //取数据域的值
        return data;
    }
    public void setData(ElemType data) {       //更新数据域的值
        this.data = data;
    }
    public SLinkNode getNext() {               //取链接域的值
        return next;
    }
    public void setNext(SLinkNode next) {      //更新链接域的值
        this.next = next;
    }
}
```

2. 不带附设头结点的单链表

按照前面所讲内容,如果表为空,则头指针为空指针;如果表非空,则头指针指向首元结点。这样的配置对于插入和删除操作是不便的,下面以单链表为例进行说明。

1) 插入操作

如果在单链表中插入一个新结点,设其指针为 node,则在第一个结点之前插入与在某个结点之后插入的操作是有区别的,头指针有可能不变也可能改变。

在第一个结点之前插入新结点将改变头指针 head 的值,如图 2.5(a)所示,其操作如下。

C 语言:

```
node->next = head;
head = node;
```

Java 语言:

```
node.setNext(head);
head = node;
```

在 i 号结点($i>1$)之前插入新结点,需要先获得 $i-1$ 号结点的指针 pre,然后将新结点插入在 pre 所指结点与 i 号结点之间,头指针不变,如图 2.5(b)所示,其操作如下。

C 语言:

```
node->next = pre->next;
pre->next = node;
```

Java 语言:

```
node.setNext(pre.getNext());
pre.setNext(node);
```

(a) 在第一个结点之前插入新结点

(b) 在 i 号结点 ($i>1$) 之前插入新结点

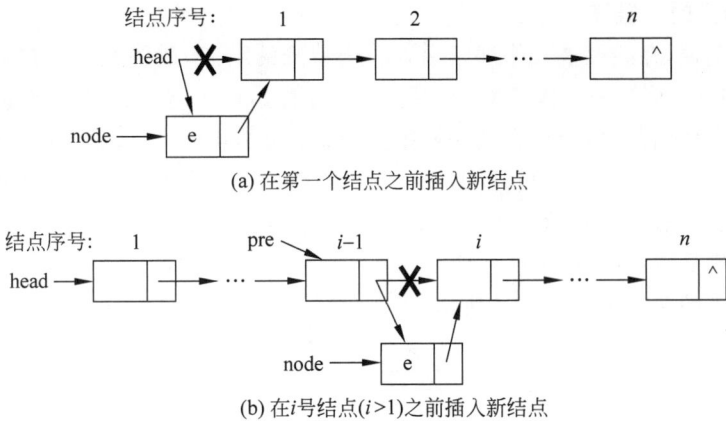

图 2.5　动态单链表的插入操作示例

2) 删除操作

如果要删除第一个结点,则需将头指针 head 指向第二个结点,并释放原第一个结点,如图 2.6(a)所示,其操作如下。

C 语言:

```
node = head;
head = head->next;
free(node);
```

Java 语言:

```
head = head.getNext();
```

如果要删除的结点为 i 号结点($i>1$),设其指针为 node,需要先获得 $i-1$ 号结点的指针 pre,然后跨过 i 号结点,直接在 $i-1$ 号结点与 $i+1$ 号结点之间建立链接关系,并释放原 i 号结点,头指针不变,如图 2.6(b)所示,其操作如下。

C 语言:

```
pre->next = node->next;
free(node);
```

Java 语言:

```
pre.setNext(node.getNext());
```

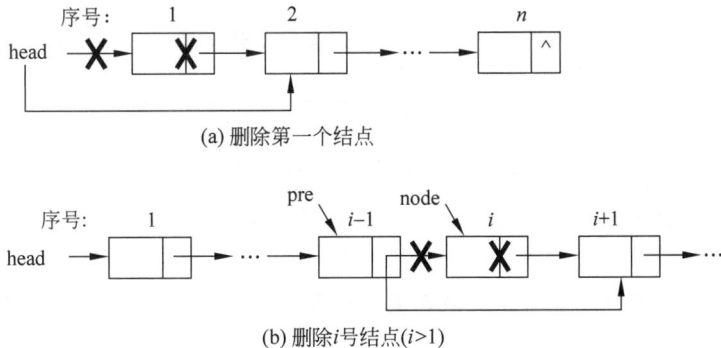

(a) 删除第一个结点

(b) 删除 i 号结点($i>1$)

图 2.6　动态单链表的删除操作示例

3．带头结点的单链表

为了操作简便，在线性链表中通常引入一个特殊的结点，放置在首元结点之前，称为**头结点**（head node）。从链表结构角度，可以将头结点称为首元结点的直接前趋结点。头结点的数据域可不存任何信息，也可存储一些附加信息；头结点的指针域指向首元结点。可见，即便是逻辑上的空表，其链表也将存在一个指针域为空指针的头结点。为了便于讨论，从头结点开始将所有结点从 0 开始进行编号，其中，头结点的序号为 0，实际的首元结点序号为 1，其余结点的序号以此类推。

带有头结点的单链表如图 2.7 所示。

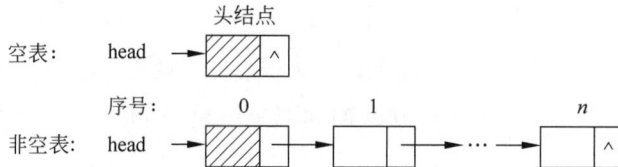

图 2.7　带有头结点的单链表示例

对于动态链表，附设一个头结点的优势如下。

- 对于各种基本操作，头结点指针保持不变。
- 保证空表和非空表处理的一致性。如果没有头结点，空表的头指针为空指针，空表和非空表的很多操作是不一致的。如果附设头结点，无论是空表还是非空表，头指针均指向头结点，空表和非空表的很多操作算法是一致的。
- 在首元位置和其他位置进行插入或删除操作的一致性。附设头结点后，任何一个实际数据元素结点都存在直接前趋结点，插入或删除操作不用区分操作位置是首元位置还是其他位置。

带头结点的单链表的插入与删除操作如图 2.8 所示。

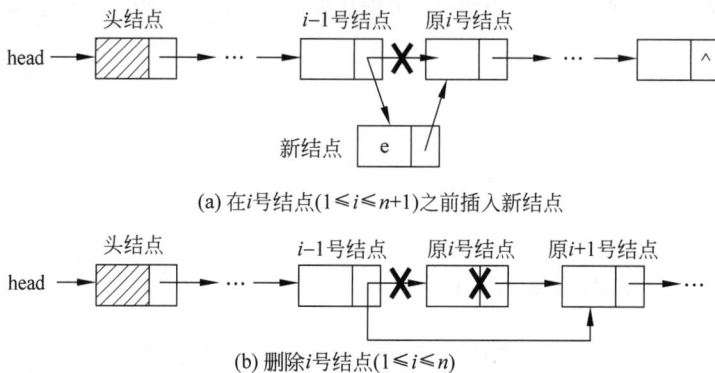

(a) 在 i 号结点（$1 \leqslant i \leqslant n+1$）之前插入新结点

(b) 删除 i 号结点（$1 \leqslant i \leqslant n$）

图 2.8　带头结点的单链表的插入与删除操作示例

本章后面所讲的对单链表的操作都默认针对带头结点的单链表。

4．基本操作

算法 2.2　动态单链表类型定义及其基本操作。

用 C 语言描述如下。

```
typedef struct {                              //类型定义
    SLinkNode * head;                         //头指针
```

```
    int size;                      //表长
} SLinkList;

//初始化空表,时间复杂度 O(1)
void init(SLinkList * list) {
    //申请头结点
    list->head = (SLinkNode *)malloc(sizeof(SLinkNode));
    list->head->next = NULL;
    list->size = 0;
}

//清空单链表,使之成为空表,时间复杂度 O(n)
void clear(SLinkList * list) {
    SLinkNode * next, * p = list->head->next;
    while(p != NULL) {
        next = p->next;
        free(p);
        p = next;
    }
    list->size = 0;
}

//销毁单链表,释放所占存储空间,时间复杂度 O(n)
void destroy(SLinkList * list) {
    clear(list);
    free(list->head);
}

//取表长,时间复杂度 O(1)
int getSize(SLinkList * list) {
    return list->size;
}

//获得 i 号结点指针,i = 0, 1, …, size,i 位置非法则返回 NULL,时间复杂度 O(n)
SLinkNode * locate(SLinkList * list, int i) {
    if(i < 0 || i > list->size) {
        return NULL;
    }
    SLinkNode * p = list->head;
    int idx = 0;
    while(idx < i) {
        p = p->next;
        idx ++;
    }
    return p;
}

//将 i 号结点元素更新为 e,i = 1, 2, …,成功则返回 1,否则返回 0
//时间复杂度 O(n)
int update(SLinkList * list, int i, ElemType e) {
    if(i <= 0 || i > list->size) {
        return 0;
    }
    SLinkNode * p = locate(list, i);
    p->data = e;
    return 1;
}
```

```
//在 i 号结点位置插入新元素 e,i = 1, 2, …,成功则返回 1,否则返回 0
//时间复杂度 O(n)
int insert(SLinkList * list, int i, ElemType e) {
    if(i <= 0 || i > list->size + 1) {
        return 0;
    }
    SLinkNode * pre = locate(list, i-1);    //获得 i-1 号结点指针
    SLinkNode * node = (SLinkNode * )malloc(sizeof(SLinkNode));
    node->data = e;
    node->next = pre->next;
    pre->next = node;
    list->size ++;
    return 1;
}

//删除 i 号结点,i = 1, 2, …,成功则返回 1,否则返回 0,时间复杂度 O(n)
int remove(SLinkList * list, int i) {
    if(i <= 0 || i > list->size) {
        return 0;
    }
    SLinkNode * pre = locate(list, i-1);    //获得 i-1 号结点指针
    SLinkNode * node = pre->next;
    pre->next = node->next;
    free(node);
    list->size -- ;
    return 1;
}

//删除所有数据域值为 e 的结点,时间复杂度 O(n)
void removeAll(SLinkList * list, ElemType e) {
    SLinkNode * pre = list->head, * p = head->next;
    while(p != NULL) {
        if(p->data == e) {
            pre->next = p->next;
            free(p);
            list->size -- ;
        }
        else {
            pre = p;
        }
        p = pre->next;
    }
}

//获得数据域值为 e 的首个结点序号,不存在则返回 0,时间复杂度 O(n)
int indexOf(SLinkList * list, ElemType e) {
    SLinkNode * p = list->head->next;
    int idx = 1;
    while(p != NULL && p->data != e) {
        p = p->next;
        idx ++;
    }
    return p == NULL ? 0 : idx;
}

//将所有元素颠倒顺序,时间复杂度 O(n)
//方法是将所有元素结点依次插入头结点之后
void reverse(SLinkList * list) {
```

```
    SLinkNode * p = list -> head -> next;
    list -> head -> next = NULL;
    while(p != NULL) {
        SLinkNode * next = p -> next;
        p -> next = list -> head -> next;
        list -> head -> next = p;
        p = next;
    }
}
```

用 Java 语言描述如下。

```
public class SLinkList {                        //类的定义
    private SLinkNode head;                      //头结点
    private int size;                            //表长
    public SLinkList() {                         //构造方法
        head = new SLinkNode();
        size = 0;
    }

    //清空单链表,使之成为空表,时间复杂度 O(1)
    public void clear() {
        head.setNext(null);
        size = 0;
    }

    //取表长,时间复杂度 O(1)
    public int getSize() {
        return size;
    }

    //获得 i 号结点,i = 0, 1, …, size,i 位置非法则返回 null,时间复杂度 O(n)
    public SLinkNode locate(int i) {
        if(i < 0 || i > size) {
            return null;
        }
        SLinkNode p = head;
        int idx = 0;
        while(idx < i) {
            p = p.getNext();
            idx ++;
        }
        return p;
    }

    //将 i 号结点元素更新为 e,i = 1, 2, …,成功则返回 true,否则返回 false
    //时间复杂度 O(n)
    public boolean update(int i, ElemType e) {
        if(i <= 0 || i > size) {
            return false;
        }
        SLinkNode p = locate(i);
        p.setData(e);
        return true;
    }

    //在 i 号结点位置插入新元素 e,i = 1, 2, …,成功则返回 true,否则返回 false
    //时间复杂度 O(n)
```

```java
public boolean insert(int i, ElemType e) {
    if(i <= 0 || i > size + 1) {
        return false;
    }
    SLinkNode pre = locate(i - 1);          //获得 i - 1 号结点
    SLinkNode node = new SLinkNode(e, pre.getNext());
    pre.setNext(node);
    size ++;
    return true;
}

//删除 i 号结点,i = 1, 2, …,成功则返回 true,否则返回 false,时间复杂度 O(n)
public boolean remove(int i) {
    if(i <= 0 || i > size) {
        return false;
    }
    SLinkNode pre = locate(i - 1);          //获得 i - 1 号结点
    SLinkNode node = pre.getNext();
    pre.setNext(node.getNext());
    size -- ;
    return true;
}

//删除所有数据域值为 e 的结点,时间复杂度 O(n)
public void removeAll(ElemType e) {
    SLinkNode pre = head, p = head.getNext();
    while(p != null) {
        if(p.getData() == e) {
            pre.setNext(p.getNext());
            size -- ;
        }
        else {
            pre = p;
        }
        p = pre.getNext();
    }
}

//获得数据域值为 e 的首个结点序号,不存在则返回 0,时间复杂度 O(n)
public int indexOf(ElemType e) {
    SLinkNode p = head.getNext();
    int idx = 1;
    while(p != null && p.getData() != e) {
        p = p.getNext();
        idx ++;
    }
    return p == null ? 0 : idx;
}

//将所有元素颠倒顺序,时间复杂度 O(n)
//方法是将所有元素结点依次插入头结点之后
public void reverse() {
    SLinkNode p = head.getNext();
    head.setNext(null);
    while(p != null) {
        SLinkNode next = p.getNext();
        p.setNext(head.getNext());
```

```
            head.setNext(p);
            p = next;
        }
    }
}
```

5．单向循环链表

单向循环链表是指单链表中尾结点的指针域不是空指针，而是指向头结点，如图 2.9 所示，其中，空表的头结点也是尾结点。

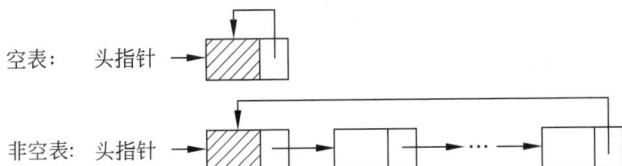

图 2.9 带有头结点的单向循环链表示例

前面用 C 语言或 Java 语言描述的单链表基本操作都针对的是非循环的单链表，对于单向循环链表，只需将非循环单链表算法中的空指针(C 语言的 NULL 或 Java 语言的 null)替换为头指针 head 即可。

6．单链表操作算法举例

以下算法很多都涉及单链表的遍历。单链表的遍历就是对单链表中的结点从头到尾依次进行访问。

算法 2.3 单链表的遍历。

该算法的 C 语言描述如下。

```
void traverse(SLinkList * list) {
    SLinkNode * cur = list->head->next;
    while(cur != NULL) {
        //对 cur 所指结点进行访问,需根据具体问题具体实现
        visit(cur);
        cur = cur->next;
    }
}
```

该算法的 Java 语言描述如下(应定义在 SLinkList 类中)。

```
public void traverse() {
    SLinkNode cur = head.getNext();
    while(cur != null) {
        //对 cur 所指结点进行访问,需根据具体问题具体实现
        visit(cur);
        cur = cur.getNext();
    }
}
```

在对单链表进行遍历的过程中，可能需要根据访问到的结点是否满足某个条件，决定是否进行某种操作，包括插入和删除操作。

如果需要在访问到的结点之前进行插入操作，或者删除该结点，则在获得当前结点的指针以外，还需要获得该结点的直接前趋结点指针。为此，需要定义 cur 指向当前结点，而 pre 指向当前结点的直接前趋结点。pre 初始指向头结点，而 cur 初始指向头结点之后的首元结点。在遍历过程中，pre 和 cur 所指结点要永远保持互为直接前趋和直接后继的关系。

算法 2.4 假设结点数据域类型为 **int**，已知单链表头结点指针为 **head**，统计单链表中数据域值为正整数的结点个数。

该算法的 C 语言描述如下。

```c
int positiveCount(SLinkNode * head) {
    SLinkNode * cur = head->next;
    int cnt = 0;
    while(cur != NULL) {
        if(cur->data > 0) {
            cnt ++;
        }
        cur = cur->next;
    }
    return cnt;
}
```

该算法的 Java 语言描述如下。

```java
public int positiveCount(SLinkNode head) {
    SLinkNode cur = head.getNext();
    int cnt = 0;
    while(cur != null) {
        if(cur.getData() > 0) {
            cnt ++;
        }
        cur = cur.getNext();
    }
    return cnt;
}
```

算法 2.5 已知单链表头结点指针为 **head**，在单链表中所有的数据域值为 **x** 的结点之前插入新结点，新结点数据域值为 **y**，并返回新增结点个数。

该算法的 C 语言描述如下。

```c
int insertBefore(SLinkNode * head, ElemType x, ElemType y) {
    SLinkNode * pre = head, * cur = head->next;
    int cnt = 0;
    while(cur != NULL) {
        if(cur->data == x) {
            SLinkNode * newNode = (SLinkNode * )malloc(sizeof(SLinkNode));
            newNode->data = y;
            pre->next = newNode;
            newNode->next = cur;
            cnt ++;
        }
        pre = cur;
        cur = cur->next;
    }
    return cnt;
}
```

该算法的 Java 语言描述如下。

```java
public int insertBefore(SLinkNode head, ElemType x, ElemType y) {
    SLinkNode pre = head, cur = head.getNext();
    int cnt = 0;
    while(cur != null) {
        if(cur.getData() == x) {
```

```
            SLinkNode newNode = new SLinkNode(y, cur);
            pre.setNext(newNode);
            cnt ++;
        }
        pre = cur;
        cur = cur.getNext();
    }
    return cnt;
}
```

算法 2.6 已知单链表头结点指针为 **head**，将单链表中原序号为偶数的结点删除。

该算法的 C 语言描述如下。

```
void deleteEvenIdx(SLinkNode * head) {
    SLinkNode * pre = head, * cur = head -> next;
    int idx = 1;
    while(cur != NULL) {
        if(idx % 2 == 0) {
            pre -> next = cur -> next;
            free(cur);
        }
        else {
            pre = cur;
        }
        cur = pre -> next;
        idx ++;
    }
}
```

该算法的 Java 语言描述如下。

```
public void deleteEvenIdx(SLinkNode head) {
    SLinkNode pre = head, cur = head.getNext();
    int idx = 1;
    while(cur != null) {
        if(idx % 2 == 0) {
            pre.setNext(cur.getNext());
        }
        else {
            pre = cur;
        }
        cur = pre.getNext();
        idx ++;
    }
}
```

算法 2.7 假设单链表中结点按照数据域值升序排列，已知单链表头结点指针为 **head**，现插入一个新元素 *x*，新单链表结点依然按照数据域值升序排列。

该算法的 C 语言描述如下。

```
void insertAsc(SLinkNode * head, ElemType x) {
    SLinkNode * pre = head, * cur = head -> next;
    while(cur != NULL) {
        if(cur -> data >= x) break;
        pre = cur;
        cur = cur -> next;
    }
    SLinkNode * newNode = (SLinkNode * )malloc(sizeof(SLinkNode));
```

```
        newNode -> data = x;
        pre -> next = newNode;
        newNode -> next = cur;
    }
```

该算法的 Java 语言描述如下。

```
public void insertAsc(SLinkNode head, ElemType x) {
    SLinkNode pre = head, cur = head.getNext();
    while(cur != null) {
        if(cur.getData() >= x) break;
        pre = cur;
        cur = cur.getNext();
    }
    SLinkNode newNode = new SLinkNode(x, cur);
    pre.setNext(newNode);
}
```

算法 2.8 已知单链表头结点指针为 **head**，将具有最小数据域值的结点与首元结点交换位置。

该算法的 C 语言描述如下。

```
void swapFirstAndMin(SLinkNode * head) {
    SLinkNode * pre = head, * cur = head -> next;
    SLinkNode * minPre = head, * min = cur;
    while(cur != NULL) {
        if(cur -> data < min -> data) {
            min = cur;
            minPre = pre;
        }
        pre = cur;
        cur = cur -> next;
    }
    if(minPre == head) return;
    //以下是交换 min 所指结点与首元结点的位置
    cur = min -> next;
    minPre -> next = head -> next;
    head -> next = min;
    min -> next = minPre -> next -> next;
    minPre -> next -> next = cur;
}
```

该算法的 Java 语言描述如下。

```
public void swapFirstAndMin(SLinkNode head) {
    SLinkNode pre = head, cur = head.getNext();
    SLinkNode minPre = head, min = cur;
    while(cur != null) {
        if(cur.getData() < min.getData()) {
            min = cur;
            minPre = pre;
        }
        pre = cur;
        cur = cur.getNext();
    }
    if(minPre == head) return;
    //以下是交换 min 结点与首元结点的位置
    cur = min.getNext();
```

```
        minPre.setNext(head.getNext());
        head.setNext(min);
        min.setNext(minPre.getNext().getNext());
        minPre.getNext().setNext(cur);
    }
```

上述算法采用的是两个结点的交换，也可以采用两个结点数据元素的交换。

算法 2.9 已知单链表头结点指针为 **head**，将数据域值小于首元结点数据域值的结点都调整到原来的首元结点之前。例如，原来单链表中所有结点数据域值的序列为（20，10，30，5，25，15，40），调整之后的序列为（15，5，10，20，30，25，40）。

该算法的 C 语言描述如下。

```
void adjust(SLinkNode * head) {
    if(head->next == NULL) return;
    SLinkNode * pre = head->next, * cur = pre->next;
    ElemType x = pre->data;
    while(cur != NULL) {
        if(cur->data < x) {
            pre->next = cur->next;          //将 cur 所指结点从链中删除
            cur->next = head->next;         //将 cur 所指结点插入在头结点之后
            head->next = cur;
        }
        else {
            pre = cur;
        }
        cur = pre->next;
    }
}
```

该算法的 Java 语言描述如下。

```
public void adjust(SLinkNode head) {
    if(head.getNext() == null) return;
    SLinkNode pre = head.getNext(), cur = pre.getNext();
    ElemType x = pre.getData();
    while(cur != null) {
        if(cur.getData() < x) {
            pre.setNext(cur.getNext());        //将 cur 所指结点从链中删除
            cur.setNext(head.getNext());       //将 cur 所指结点插入在头结点之后
            head.setNext(cur);
        }
        else {
            pre = cur;
        }
        cur = pre.getNext();
    }
}
```

算法 2.10 设单链表的头结点指针为 **head**，返回单链表中倒数第 k 个结点（$k>0$）的指针，如果不存在该结点则返回空指针。

操作方法如下。

（1）先通过顺序访问使得 cur 指向正数第 k 个结点。

（2）如果尚未到达正数第 k 个结点时 cur 指针就为空，说明含头结点在内的结点总数小于 k，倒数第 k 个结点不存在，则返回空指针。

（3）否则，令 preK 指向头结点，将 preK 和 cur 同步后移指向各自的下一个结点，直到 cur 为空指针为止，则返回 preK。

该算法的 C 语言描述如下。

```c
SLinkNode * backwardK(SLinkNode * head, int k) {
    if(k < 1) {
        return NULL;
    }
    SLinkNode * cur = head->next;
    int idx = 1;
    while(cur != NULL && idx < k) {
        cur = cur->next;
        idx ++;
    }
    if(idx < k) {
        return NULL;
    }
    SLinkNode * preK = head;
    while(cur != NULL) {
        preK = preK->next;
        cur = cur->next;
    }
    return preK;
}
```

该算法的 Java 语言描述如下。

```java
public SLinkNode backwardK(SLinkNode head, int k) {
    if(k < 1) {
        return null;
    }
    SLinkNode cur = head.getNext();
    int idx = 1;
    while(cur != null && idx < k) {
        cur = cur.getNext();
        idx ++;
    }
    if(idx < k) {
        return null;
    }
    SLinkNode preK = head;
    while(cur != null) {
        preK = preK.getNext();
        cur = cur.getNext();
    }
    return preK;
}
```

2.3.3　双向链表

1. 结点结构

动态双向链表的结点至少包含三个域：数据域和两个链接域。数据域用来存储数据元素，一个链接域（左链接域）指向直接前趋结点，另一个链接域（右链接域）指向直接后继结点。

动态双向链表的结点结构用 C 语言描述如下。

```
typedef struct node {
    ElemType data;                              //数据域
    struct node * prior, * next;                //prior 指向直接前趋,next 指向直接后继
} DLinkNode;
```

用 Java 语言描述如下：

```java
public class DLinkNode {
    private ElemType data;                       //数据域
    private DLinkNode prior, next;               //prior 指向直接前趋,next 指向直接后继
    public DLinkNode() {                         //构造方法
        this(null, null, null);
    }
    public DLinkNode(ElemType data, DLinkNode prior, DLinkNode next) {
        this.data = data;
        this.prior = prior;
        this.next = next;
    }
    public ElemType getData() {
        return data;
    }
    public void setData(ElemType data) {
        this.data = data;
    }
    public DLinkNode getPrior() {
        return prior;
    }
    public void setPrior(DLinkNode prior) {
        this.prior = prior;
    }
    public DLinkNode getNext() {
        return next;
    }
    public void setNext(DLinkNode next) {
        this.next = next;
    }
}
```

2. 非循环双向链表

带头结点的非循环双向链表如图 2.10 所示。

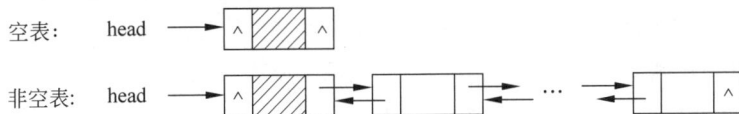

图 2.10　带头结点的非循环双向链表

对于非循环双向链表,即使 $i-1$ 号结点是存在的,在 i 号($i>0$)结点位置插入新结点也需要根据 i 号结点是否存在来区分对待,如图 2.11 所示。

如果要删除 i 号($i>0$)结点,假设该结点是存在的,也要根据 $i+1$ 号结点是否存在来区分对待,如图 2.12 所示。

由于上述原因,对于双向链表,不宜采用非循环结构,而应该采用双向循环链表。

3. 双向循环链表

在双向循环链表中,尾结点的右链接域指向头结点,而头结点的左链接域指向尾结点,

(a) 插入之前不存在 i 号结点

(b) 插入之前存在 i 号结点

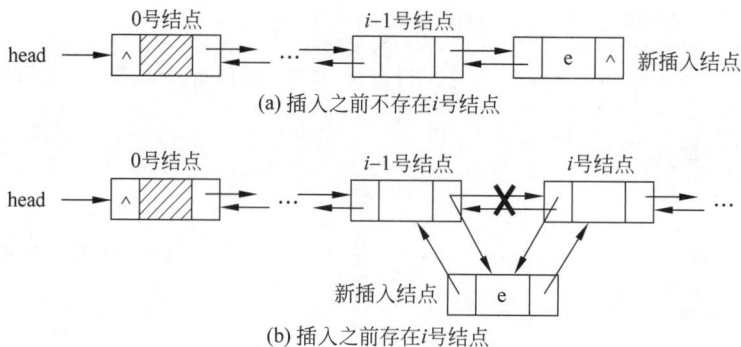

图 2.11　带头结点的非循环双向链表的插入操作

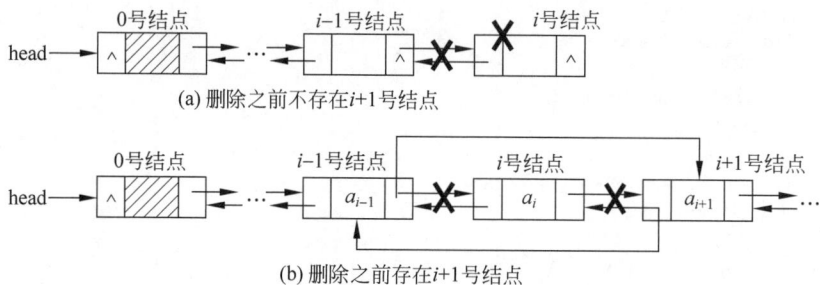

(a) 删除之前不存在 $i+1$ 号结点

(b) 删除之前存在 $i+1$ 号结点

图 2.12　带头结点的非循环双向链表的删除操作

即使是空表,其头结点的左右链接域也都指向它自身,如图 2.13 所示。

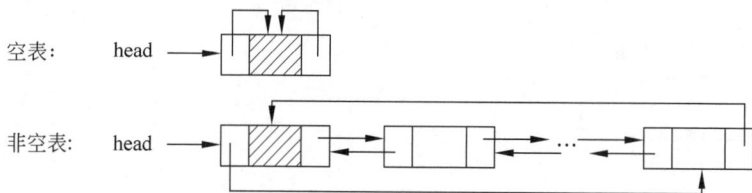

图 2.13　带头结点的双向循环链表

在双向循环链表中进行插入和删除操作比非循环双向链表简单,因为合法的插入或删除位置之前及之后必定存在结点,即便是尾结点之后也被认为存在头结点。

假设除了头结点以外,双向循环链表共有 n 个结点,则在 i 号($1 \leqslant i \leqslant n+1$)结点之前插入新结点,只需要在新结点与 $i-1$ 号结点之间、新结点与 i 号结点之间建立双向链接关系即可;如果要删除 i 号($1 \leqslant i \leqslant n$)结点,只需要跨过该结点,在 $i-1$ 号与 $i+1$ 号结点之间建立双向链接关系即可,如图 2.14 所示。

设 $i-1$ 号($i>0$)结点指针为 pre,则在 i 号结点之前插入新结点(设指针为 newNode)的基本操作如下。

C 语言:

```
ne = pre->next;          //ne 为 i 号结点指针
pre->next = newNode;     //令 newNode 所指结点成为 i-1 号结点的直接后继
newNode->prior = pre;    //令 i-1 号结点成为 newNode 所指结点的直接前趋
newNode->next = ne;      //令原 i 号结点成为 newNode 所指结点的直接后继
ne->prior = newNode;     //令 newNode 所指结点成为原 i 号结点的直接前趋
```

Java 语言:

(a) 在 *i* 号结点之前插入新结点

(b) 删除 *i* 号结点

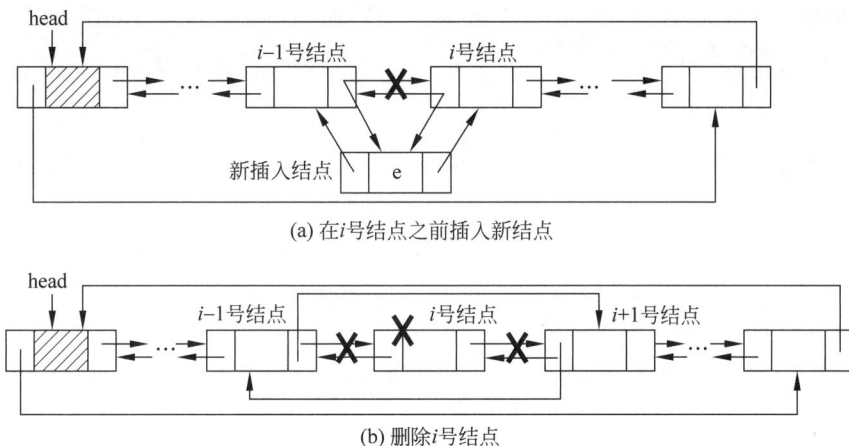

图 2.14 带头结点的双向循环链表的插入和删除操作

```
ne = pre.getNext();                    //ne 为 i 号结点
pre.setNext(newNode);                  //令 newNode 结点成为 i-1 号结点的直接后继
newNode.setPrior(pre);                 //令 i-1 号结点成为 newNode 结点的直接前趋
newNode.setNext(ne);                   //令原 i 号结点成为 newNode 结点的直接后继
ne.setPrior(newNode);                  //令 newNode 结点成为原 i 号结点的直接前趋
```

删除 i 号结点(设指针为 node)的基本操作如下。

C 语言:

```
pre = node->prior;                     //pre 为 i-1 号结点指针
ne = node->next;                       //ne 为 i+1 号结点指针
pre->next = ne;                        //令原 i+1 号结点成为 i-1 号结点的直接后继
ne->prior = pre;                       //令 i-1 号结点成为原 i+1 号结点的直接前趋
free(node);
```

Java 语言:

```
pre = node.getPrior();                 //pre 为 i-1 号结点
ne = node.getNext();                   //ne 为 i+1 号结点
pre.setNext(ne);                       //令原 i+1 号结点成为 i-1 号结点的直接后继
ne.setPrior(pre);                      //令 i-1 号结点成为原 i+1 号结点的直接前趋
```

算法 2.11 双向循环链表类型定义及其基本操作。

注:只包含初始化、定位以及在指定位置插入、删除操作算法,其他操作算法请自行设计。定位以及在指定位置插入、删除操作算法的时间复杂度均为 $O(n)$。

用 C 语言描述如下。

```
typedef struct {
    DLinkNode * head;                  //头指针
    int size;                          //表长
} DLinkList;

//初始化空表
void init(DLinkList * list) {
    list->head = (DLinkNode * )malloc(sizeof(DLinkNode));
    list->head->next = list->head->prior = list->head;
    list->size = 0;
}

//获得 i 号结点指针,i = 0, 1, …, size,i 位置非法则返回 NULL
```

```
DLinkNode * locate(DLinkList * list, int i) {
    if(i < 0 || i > list->size) {
        return NULL;
    }
    DLinkNode * p = list->head;
    int idx = 0;
    while(idx < i) {
        p = p->next;
        idx ++;
    }
    return p;
}

//在 i 号结点之前插入新元素 e,i = 1, 2, …,成功则返回 1,否则返回 0
int insert(DLinkList * list, int i, ElemType e) {
    if(i <= 0 || i > list->size + 1) {
        return 0;
    }
    DLinkNode * pre = locate(list, i - 1);      //获得 i-1 号结点指针
    DLinkNode * newNode = (DLinkNode * )malloc(sizeof(DLinkNode));
    newNode->data = e;
    DLinkNode * ne = pre->next;
    pre->next = newNode;
    newNode->prior = pre;
    newNode->next = ne;
    ne->prior = newNode;
    list->size ++;
    return 1;
}

//删除 i 号结点,i = 1, 2, …,成功则返回 1,否则返回 0
int remove(DLinkList * list, int i) {
    if(i <= 0 || i > list->size) {
        return 0;
    }
    DLinkNode * node = locate(list, i);      //获得 i 号结点指针
    DLinkNode * pre = node->prior;           //pre 为 i-1 号结点指针
    DLinkNode * ne = node->next;             //ne 为 i+1 号结点指针
    pre->next = ne;
    ne->prior = pre;
    free(node);
    list->size --;
    return 1;
}
```

用 Java 语言描述如下。

```
public class DLinkList {
    private DLinkNode head;              //头结点
    private int size;                    //表长
    public DLinkList() {                 //构造方法
        head = new DLinkNode();
        head.setPrior(head);
        head.setNext(head);
        size = 0;
    }

    //获得 i 号结点,i = 0, 1, …, size,i 位置非法则返回 null
    public DLinkNode locate(int i) {
```

```
        if(i < 0 || i > size) {
            return null;
        }
        DLinkNode p = head;
        int idx = 0;
        while(idx < i) {
            p = p.getNext();
            idx ++;
        }
        return p;
    }

    //在 i 号结点之前插入新元素 e,i = 1, 2, …,成功则返回 true,否则返回 false
    public boolean insert(int i, ElemType e) {
        if(i <= 0 || i > size + 1) {
            return false;
        }
        DLinkNode pre = locate(i - 1);        //获得 i-1 号结点
        DLinkNode newNode = new DLinkNode(e, pre, pre.getNext());
        pre.getNext().setPrior(newNode);
        pre.setNext(newNode);
        size ++;
        return true;
    }

    //删除 i 号结点,i = 1, 2, …,成功则返回 true,否则返回 false
    public boolean remove(int i) {
        if(i <= 0 || i > size) {
            return false;
        }
        DLinkNode node = locate(i);         //获得 i 号结点
        DLinkNode pre = node.getPrior();    //pre 为 i-1 号结点
        DLinkNode ne = node.getNext();      //ne 为 i+1 号结点
        pre.setNext(ne);
        ne.setPrior(pre);
        size -- ;
        return true;
    }
}
```

2.4 静态链表

2.4.1 基本概念

静态链表(static linked list)用一组地址连续的存储单元来存储数据元素,每个数据元素的存储位置与元素的逻辑顺序无关,除了存储数据元素本身的信息以外,还要存储其直接后继的位置(称为游标,类似于指针的功能)。

静态链表兼顾顺序表和链表的特点,所有数据元素全部存储在数组中,但逻辑顺序相邻的两个元素之间的关系要靠游标来维持。

1. 静态链表中的结点

每个结点包含两个域:数据域 data 用于存储数据元素的值,游标域 next 表示直接后继在数组中的位置(下标)。尾结点的 next 域值为－1。

2. 数据链表和备用链表

在静态链表中,同时存在着两个链表:数据链表和备用链表。数据链表由通过游标链接起来的所有数据元素结点组成。备用链表由通过游标链接起来的所有空闲结点组成,用于管理数组中未被使用的结点,或者被使用过但已被回收的结点,留给未来为新结点的申请分配结点。

静态链表有很多实际的应用,例如,Windows 操作系统曾经以及现在仍在使用的 FAT、FAT 16、FAT 32 和 exFAT 文件系统中,就以静态链表来管理文件所占用的外存空间。

2.4.2 存储结构

静态链表包含一个长度为 MAXSIZE 的数组 elements、一个数据链表首元游标 listHead 和一个备用链表首元游标 freeHead。如果数据链表为空表,则 listHead＝－1;如果备用链表为空表,则 freeHead＝－1。

在数据链表初始化之前,数据链表是一个空表,数组中所有结点都是空闲结点,都链接在备用链表上。

相关结构描述如下。

C 语言描述:

```
#define MAXSIZE   100
typedef struct {
    ElemType data;
    int next;
} StaticNode;

typedef struct {
    StaticNode elements[MAXSIZE];
    int listHead, freeHead;
} StaticList;
```

Java 语言描述:

```
public class StaticNode {
    private ElemType data;
    private int next;
    public StaticNode() {
        this(null, -1);
    }
    public StaticNode(ElemType data, int next) {
        this.data = data;
        this.next = next;
    }
    public ElemType getData() {
        return data;
    }
    public int getNext() {
        return next;
    }
    public void setData(ElemType data) {
        this.data = data;
    }
}
```

```
        public void setNext(int next) {
            this.next = next;
        }
    }

public class StaticList {
    private final int MAXSIZE = 100;
    private StaticNode[] elements;
    private int listHead, freeHead;
    //初始化,数据链表为空,备用链表为满
    public StaticList() {
        elements = new StaticNode[MAXSIZE];
        listHead = -1;
        freeHead = 0;
        for(int i = 0; i < MAXSIZE - 1; i ++) {
            elements[i] = new StaticNode(0, i + 1);
        }
        elements[MAXSIZE - 1] = new StaticNode(0, -1);
    }
    //此处开始应为静态链表有关操作方法
}
```

例如,假设静态链表用长度为 8 的数组存储各个结点,数据链表为空和非空如图 2.15 所示。

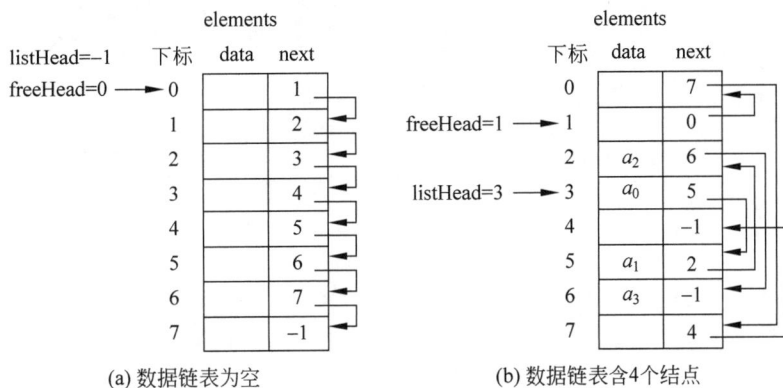

图 2.15　静态链表示例

2.4.3　基本操作

向数据链表中插入一个新结点,应从备用链表中申请一个空闲结点,并将该结点插入数据链表。将数据链表中的一个结点删除,除了要建立该结点的直接前趋与直接后继之间的链接关系以外,还要将该结点回收,插入备用链表。

算法 2.12　静态链表的插入与删除操作。

该算法的 C 语言描述如下。

```
//初始化空表
void init(StaticList * list) {
    list -> listHead = -1;
    list -> freeHead = 0;
    for(int i = 0; i < MAXSIZE - 1; i ++) {
        list -> elements[i].next = i + 1;
    }
```

```
        list -> elements[MAXSIZE - 1].next = -1;
    }

    //申请新结点,返回新结点下标,若无空闲结点则返回 -1
    int newNode(StaticList * list) {
        if(list -> freeHead == -1) {
            return -1;
        }
        int node = list -> freeHead;
        list -> freeHead = list -> elements[node].next;
        return node;
    }

    //释放 node 号结点
    void freeNode(StaticList * list, int node) {
        list -> elements[node].next = list -> freeHead;
        list -> freeHead = node;
    }

    //在数据链表 i 号结点位置(i = 1, 2, …)插入新元素 e,成功返回 1,失败返回 0
    int insert(StaticList * list, int i, ElemType e) {
        if(i < 1) {
            return 0;
        }
        if(i == 1) {
            int node = newNode(list);
            if(node == -1) return 0;
            list -> elements[node].next = list -> listHead;
            list -> elements[node].data = e;
            list -> listHead = node;
            return 1;
        }
        int pre = list -> listHead, idx = 1;
        while(pre != -1 && idx < i-1) {          //获得 i-1 号结点下标
            pre = list -> elements[pre].next;
            idx ++;
        }
        if(pre == -1) {                          //如果 i-1 号结点不存在则返回 0
            return 0;
        }
        int node = newNode(list);
        list -> elements[node].data = e;
        list -> elements[node].next = list -> elements[pre].next;
        list -> elements[pre].next = node;
        return 1;
    }

    //删除数据链表的 i 号结点(i = 1, 2, …),成功返回 1,失败返回 0
    int remove(StaticList * list, int i) {
        if(i < 1 || list -> listHead == -1) {
            return 0;
        }
        if(i == 1) {
            int node = list -> listHead;
            list -> listHead = list -> elements[node].next;
            freeNode(list, node);
            return 1;
```

```
    }
    //pre、cur 分别是前一个和当前结点下标
    int pre = -1, cur = list->listHead;
    int idx = 1;                          //idx 是当前结点序号
    while(cur != -1 && idx < i) {         //获得 i 号结点下标 cur
        pre = cur;
        cur = list->elements[cur].next;
        idx ++;
    }
    if(cur == -1) {                       //i 号结点不存在
        return 0;
    }
    list->elements[pre].next = list->elements[cur].next;
    freeNode(list, cur);
    return 1;
}
```

该算法的 Java 语言描述如下(应定义在 StaticList 类中)。

```
//申请新结点,返回新结点下标,若无空闲结点则返回 -1
private int newNode() {
    if(freeHead == -1) {
        return -1;
    }
    int node = freeHead;
    freeHead = elements[node].getNext();
    return node;
}


//释放 node 号结点
private void freeNode(int node) {
    elements[node].setNext(freeHead);
    freeHead = node;
}

//在数据链表 i 号结点位置(i=1, 2, …)插入新元素 e,成功返回 true,失败返回 false
public boolean insert(int i, ElemType e) {
    if(i < 1) {
        return false;
    }
    if(i == 1) {
        int node = newNode();
        if(node == -1) return false;
        elements[node].setNext(listHead);
        elements[node].setData(e);
        listHead = node;
        return true;
    }
    int pre = listHead, idx = 1;
    while(pre != -1 && idx < i-1) {       //获得 i-1 号结点下标
        pre = elements[pre].getNext();
        idx ++;
    }
    if(pre == -1) {                       //如果 i-1 号结点不存在则返回 false
        return false;
    }
```

```
        int node = newNode();
        elements[node].setData(e);
        elements[node].setNext(elements[pre].getNext());
        elements[pre].setNext(node);
        return true;
    }

    //删除数据链表的 i 号结点(i = 1, 2, …),成功返回 true,失败返回 false
    public boolean remove(int i) {
        if(i < 1 || listHead == -1) {
            return false;
        }
        if(i == 1) {
            int node = listHead;
            listHead = elements[node].getNext();
            freeNode(node);
            return true;
        }
        int pre = -1, cur = listHead;          //pre、cur 分别是前一个和当前结点下标
        int idx = 1;                           //idx 是当前结点序号
        while(cur != -1 && idx < i) {          //获得 i 号结点下标 cur
            pre = cur;
            cur = elements[cur].getNext();
            idx ++;
        }
        if(cur == -1) {
            return false;                      //i 号结点不存在
        }
        elements[pre].setNext(elements[cur].getNext());
        freeNode(cur);
        return true;
    }
```

2.5   集合的线性表实现

在这里讨论的只是有限集。一个有限集中包含有限个元素,任意两个元素都互不相同,并且集合中的每个元素的地位都是平等的,各个元素之间是无序的。

集合涉及的运算主要有以下几种。

(1) 两个集合的交、并、差运算。

(2) 判断一个元素是否属于某个集合。

(3) 判断两个集合是否相等。

(4) 判断一个集合是否为另一个集合的子集。

一个有限集可以用线性表或其他结构(例如树、哈希表等)来表示及实现。

2.5.1   用线性表存储集合元素

可以用一个不存在重复元素的线性表来表示及实现一个有限集合,任何存在于该线性表的元素均为该集合的元素,任何不存在于该线性表的元素均不属于该集合。

设有限集合 A、B 和 C 分别用线性表 LA、LB 和 LC 来实现,则有关运算的基本实现思

想如下。

(1) 交集 $C = A \cap B$：找出所有的同时存在于 LA 和 LB 的元素，组成 LC。

(2) 并集 $C = A \cup B$：找出所有的存在于 LA 或者 LB 的元素，组成 LC。

(3) 差集 $C = A - B$：找出所有的存在于 LA 但不存在 LB 的元素，组成 LC。

(4) 判断 $x \in A$：如果元素 x 存在于 LA，则 $x \in A$，否则 $x \notin A$。

(5) 判断 $A = B$：如果 LA 中任意的元素都存在于 LB，并且 LB 中任意的元素都存在于 LA，则 $A = B$，否则 $A \neq B$。

(6) 判断 $A \subseteq B$：如果 LA 中任意的元素都存在于 LB，则 $A \subseteq B$，即 A 是 B 的子集，否则 A 不是 B 的子集。它也可以用于两个集合是否相等的判断：如果 A 是 B 的子集，并且 A 和 B 的元素数相同，则 $A = B$，否则 $A \neq B$。

下面以单链表为例给出求交集、并集和差集的实现算法。

算法 2.13 设集合 A 和 B 分别用单链表来表示，头结点指针分别为 **headA** 和 **headB**，分别编写求解交集 $A \cap B$、并集 $A \cup B$ 和差集 $A - B$ 的算法，生成一个结果单链表并返回其头结点指针。

该算法的 C 语言描述如下。

```
//求交集
SLinkNode * intersection(SLinkNode * headA, SLinkNode * headB) {
    SLinkNode * headC = (SLinkNode * )malloc(sizeof(SLinkNode));
    headC -> next = NULL;
    SLinkNode * ptrA = headA -> next, * tailC = headC;
    //将 headA 所指单链表中属于 headB 所指单链表的所有元素插入结果单链表
    while(ptrA != NULL) {
        //indexOf 参照算法 2.2 中的 indexOf 简单修改即可
        if( indexOf( headB, ptrA -> data) > 0) {
            SLinkNode * node = (SLinkNode * )malloc(sizeof(SLinkNode));
            node -> data = ptrA -> data;
            node -> next = NULL;
            tailC -> next = node;
            tailC = node;
        }
        ptrA = ptrA -> next;
    }
    return headC;
}

//求并集
SLinkNode * unionSet(SLinkNode * headA, SLinkNode * headB) {
    SLinkNode * headC = (SLinkNode * )malloc(sizeof(SLinkNode));
    headC -> next = NULL;
    SLinkNode * ptr = headA -> next, * tailC = headC;
    //将 headA 所指单链表所有元素复制到 headC 所指单链表
    while(ptr != NULL) {
        SLinkNode * node = (SLinkNode * )malloc(sizeof(SLinkNode));
        node -> data = ptr -> data;
        node -> next = NULL;
        tailC -> next = node;
        tailC = node;
        ptr = ptr -> next;
    }
```

```
        ptr = headB->next;
        //将 headB 所指链表中不属于 headA 所指单链表的所有元素插入结果单链表
        while(ptr != NULL) {
            if(indexOf(headA, ptr->data) <= 0) {
                SLinkNode * node = (SLinkNode * )malloc(sizeof(SLinkNode));
                node->data = ptr->data;
                node->next = NULL;
                tailC->next = node;
                tailC = node;
            }
            ptr = ptr->next;
        }
        return headC;
    }

    //求差集
    SLinkNode * subtraction(SLinkNode * headA, SLinkNode * headB) {
        SLinkNode * headC = (SLinkNode * )malloc(sizeof(SLinkNode));
        headC->next = NULL;
        SLinkNode * ptrA = headA->next, * tailC = headC;
        //将 headA 所指单链表中不属于 headB 所指单链表的所有元素插入结果单链表
        while(ptrA != NULL) {
            if(indexOf(headB, ptrA->data) <= 0) {
                SLinkNode * node = (SLinkNode * )malloc(sizeof(SLinkNode));
                node->data = ptrA->data;
                node->next = NULL;
                tailC->next = node;
                tailC = node;
            }
            ptrA = ptrA->next;
        }
        return headC;
    }
```

该算法的 Java 语言描述如下。

```
    //求交集
    public SLinkNode intersection(SLinkNode headA, SLinkNode headB) {
        SLinkNode headC = new SLinkNode();
        SLinkNode ptrA = headA.getNext(), tailC = headC;
        //将 headA 单链表中属于 headB 单链表的所有元素插入结果单链表
        while(ptrA != null) {
            //indexOf 参照算法 2.2 中的 indexOf 简单修改即可
            if(indexOf(headB, ptrA.getData()) > 0) {
                SLinkNode node = new SLinkNode(ptrA.getData(), null);
                tailC.setNext(node);
                tailC = node;
            }
            ptrA = ptrA.getNext();
        }
        return headC;
    }

    //求并集
    public SLinkNode unionSet(SLinkNode headA, SLinkNode headB) {
        SLinkNode headC = new SLinkNode();
        SLinkNode ptr = headA.getNext(), tailC = headC;
```

```
    //将 headA 单链表所有元素复制到 headC 单链表
    while(ptr != null) {
        SLinkNode node = new SLinkNode(ptr.getData(), null);
        tailC.setNext(node);
        tailC = node;
        ptr = ptr.getNext();
    }
    ptr = headB.getNext();
    //将 headB 单链表中不属于 headA 单链表的所有元素插入结果单链表
    while(ptr != null) {
        if(indexOf(headA, ptr.getData()) <= 0) {
            SLinkNode node = new SLinkNode(ptr.getData(), null);
            tailC.setNext(node);
            tailC = node;
        }
        ptr = ptr.getNext();
    }
    return headC;
}

//求差集
public SLinkNode subtraction(SLinkNode headA, SLinkNode headB) {
    SLinkNode headC = new SLinkNode();
    SLinkNode ptrA = headA.getNext(), tailC = headC;
    //将 headA 单链表中不属于 headB 单链表的所有元素插入结果单链表
    while(ptrA != null) {
        if(indexOf(headB, ptrA.getData()) <= 0) {
            SLinkNode node = new SLinkNode(ptrA.getData(), null);
            tailC.setNext(node);
            tailC = node;
        }
        ptrA = ptrA.getNext();
    }
    return headC;
}
```

设表示两个集合的单链表长度分别为 n 和 m，则上述算法的时间复杂度均为 $O(nm)$，效率较低。如果规定表示集合的单链表结点按照数据元素的值升序排列，则求交集、并集和差集的效率可以大大提高，时间复杂度为 $O(n+m)$。

算法 2.14 设集合 A 和 B 分别用单链表来表示，头结点指针分别为 **headA** 和 **headB**，分别编写求解交集 $A \cap B$、并集 $A \cup B$ 和差集 $A - B$ 的算法，生成一个结果单链表并返回其头结点指针。三个单链表的结点均按元素值升序排列。

该算法的 C 语言描述如下。

```
//求交集
SLinkNode * intersection(SLinkNode * headA, SLinkNode * headB) {
    SLinkNode * headC = (SLinkNode *)malloc(sizeof(SLinkNode));
    headC->next = NULL;
    SLinkNode * ptrA = headA->next, * ptrB = headB->next, * tailC = headC;
    while(ptrA != NULL && ptrB != NULL) {
        if(ptrA->data == ptrB->data) {
            SLinkNode * node = (SLinkNode *)malloc(sizeof(SLinkNode));
            node->data = ptrA->data;
            node->next = NULL;
            tailC->next = node;
```

```
            tailC = node;
            ptrA = ptrA -> next;
            ptrB = ptrB -> next;
        }
        else if(ptrA -> data < ptrB -> data) {
            ptrA = ptrA -> next;
        }
        else {
            ptrB = ptrB -> next;
        }
    }
    return headC;
}

//求并集
SLinkNode * unionSet(SLinkNode * headA, SLinkNode * headB) {
    SLinkNode * headC = (SLinkNode * )malloc(sizeof(SLinkNode));
    headC -> next = NULL;
    SLinkNode * ptrA = headA -> next, * ptrB = headB -> next, * tailC = headC;
    while(ptrA != NULL && ptrB != NULL) {
        ElemType x;
        if(ptrA -> data < ptrB -> data) {
            x = ptrA -> data;
            ptrA = ptrA -> next;
        }
        else if(ptrA -> data == ptrB -> data) {
            x = ptrA -> data;
            ptrA = ptrA -> next;
            ptrB = ptrB -> next;
        }
        else {
            x = ptrB -> data;
            ptrB = ptrB -> next;
        }
        SLinkNode * node = (SLinkNode * )malloc(sizeof(SLinkNode));
        node -> data = x;
        node -> next = NULL;
        tailC -> next = node;
        tailC = node;
    }
    //将两表中剩余元素插入结果单链表
    while(ptrA != NULL) {
        SLinkNode * node = (SLinkNode * )malloc(sizeof(SLinkNode));
        node -> data = ptrA -> data;
        node -> next = NULL;
        tailC -> next = node;
        tailC = node;
        ptrA = ptrA -> next;
    }
    while(ptrB != NULL) {
        SLinkNode * node = (SLinkNode * )malloc(sizeof(SLinkNode));
        node -> data = ptrB -> data;
        node -> next = NULL;
        tailC -> next = node;
        tailC = node;
        ptrB = ptrB -> next;
    }
```

```
        return headC;
}

//求差集
SLinkNode * subtraction(SLinkNode * headA, SLinkNode * headB) {
    SLinkNode * headC = (SLinkNode * )malloc(sizeof(SLinkNode));
    headC->next = NULL;
    SLinkNode * ptrA = headA->next, * ptrB = headB->next, * tailC = headC;
    while(ptrA != NULL && ptrB != NULL) {
        if(ptrA->data == ptrB->data) {
            ptrA = ptrA->next;
            ptrB = ptrB->next;
        }
        else if(ptrA->data < ptrB->data) {
            SLinkNode * node = (SLinkNode * )malloc(sizeof(SLinkNode));
            node->data = ptrA->data;
            node->next = NULL;
            tailC->next = node;
            tailC = node;
            ptrA = ptrA->next;
        }
        else {
            ptrB = ptrB->next;
        }
    }
    while(ptrA != NULL) {
        SLinkNode * node = (SLinkNode * )malloc(sizeof(SLinkNode));
        node->data = ptrA->data;
        node->next = NULL;
        tailC->next = node;
        tailC = node;
        ptrA = ptrA->next;
    }
    return headC;
}
```

该算法的 Java 语言描述如下。

```
//求交集
public SLinkNode intersection(SLinkNode headA, SLinkNode headB) {
    SLinkNode headC = new SLinkNode();
    SLinkNode ptrA = headA.getNext(), ptrB = headB.getNext(), tailC = headC;
    while(ptrA != null && ptrB != null) {
        if(ptrA.getData() == ptrB.getData()) {
            SLinkNode node = new SLinkNode(ptrA.getData(), null);
            tailC.setNext(node);
            tailC = node;
            ptrA = ptrA.getNext();
            ptrB = ptrB.getNext();
        }
        else if(ptrA.getData() < ptrB.getData()) {
            ptrA = ptrA.getNext();
        }
        else {
            ptrB = ptrB.getNext();
        }
    }
```

```
            return headC;
      }

      //求并集
      public SLinkNode unionSet(SLinkNode headA, SLinkNode headB) {
            SLinkNode headC = new SLinkNode();
            SLinkNode ptrA = headA.getNext(), ptrB = headB.getNext(), tailC = headC;
            while(ptrA != null && ptrB != null) {
                  ElemType x;
                  if(ptrA.getData() < ptrB.getData()) {
                        x = ptrA.getData();
                        ptrA = ptrA.getNext();
                  }
                  else if(ptrA.getData() == ptrB.getData()) {
                        x = ptrA.getData();
                        ptrA = ptrA.getNext();
                        ptrB = ptrB.getNext();
                  }
                  else {
                        x = ptrB.getData();
                        ptrB = ptrB.getNext();
                  }
                  SLinkNode node = new SLinkNode(x, null);
                  tailC.setNext(node);
                  tailC = node;
            }
            //将两表中剩余元素插入结果单链表
            while(ptrA != null) {
                  SLinkNode node = new SLinkNode(ptrA.getData(), null);
                  tailC.setNext(node);
                  tailC = node;
                  ptrA = ptrA.getNext();
            }
            while(ptrB != null) {
                  SLinkNode node = new SLinkNode(ptrB.getData(), null);
                  tailC.setNext(node);
                  tailC = node;
                  ptrB = ptrB.getNext();
            }
            return headC;
      }

      //求差集
      public SLinkNode subtraction(SLinkNode headA, SLinkNode headB) {
            SLinkNode headC = new SLinkNode();
            SLinkNode ptrA = headA.getNext(), ptrB = headB.getNext(), tailC = headC;
            while(ptrA != null && ptrB != null) {
                  if(ptrA.getData() == ptrB.getData()) {
                        ptrA = ptrA.getNext();
                        ptrB = ptrB.getNext();
                  }
                  else if(ptrA.getData() < ptrB.getData()) {
                        SLinkNode node = new SLinkNode(ptrA.getData(), null);
                        tailC.setNext(node);
                        tailC = node;
                        ptrA = ptrA.getNext();
                  }
```

```
        else {
            ptrB = ptrB.getNext();
        }
    }
    while(ptrA != null) {
        SLinkNode node = new SLinkNode(ptrA.getData(), null);
        tailC.setNext(node);
        tailC = node;
        ptrA = ptrA.getNext();
    }
    return headC;
}
```

2.5.2　位图

位图(bitmap)也可以用于表示集合,它是由若干比特构成的有限序列,其中每个比特用于表示对应元素与集合的隶属关系。假设有一个候选元素集合 $A=\{a_0,a_1,\cdots,a_{n-1}\}$,集合 $S\subseteq A$,集合 S 用一个位图 $B=\{s_0,s_1,\cdots,s_{n-1}\}$ 来表示,则对于任意的 $i=0,1,\cdots,n-1$ 有:

(1) 如果 $s_i=1$,则 $a_i\in S$;如果 $a_i\in S$,则 $s_i=1$。

(2) 如果 $s_i=0$,则 $a_i\notin S$;如果 $a_i\notin S$,则 $s_i=0$。

有关操作方法如下。

(1) 将元素 a_i 加入集合 S: $s_i=1$。

(2) 从集合 S 删除元素 a_i: $s_i=0$。

(3) 判断元素 a_i 是否属于集合 S: return $s_i==1$。

(4) 清空集合 S: 将位图所有比特置为 0。

(5) 获得集合 S 的元素数: 统计位图中为 1 的比特数。

(6) 求集合 S 和 T 的交集 $D=S\bigcap T$: 两个位图按位"与"运算,对于 $i=0,1,\cdots,n-1$,如果 $t_i==1$ && $s_i==1$,则 $d_i=1$,否则 $d_i=0$。

(7) 求集合 S 和 T 的并集 $D=S\bigcup T$: 两个位图按位"或"运算,对于 $i=0,1,\cdots,n-1$,如果 $t_i==1$ || $s_i==1$,则 $d_i=1$,否则 $d_i=0$。

(8) 求集合 S 和 T 的差集 $D=S-T$: 对于 $i=0,1,\cdots,n-1$,如果 $s_i==1$ && $t_i==0$,则 $d_i=1$,否则 $d_i=0$。

基于位图的集合在后面图结构中应用较多,例如,在图的遍历中用来表示已被访问过的顶点集,在普里姆算法中用来表示已加入最小生成树的顶点集,在迪杰斯特拉算法中用来表示已求得单源最短路径的顶点集,只不过为了实现便捷,它们没有用一个比特来表示一个元素与集合的隶属关系,而是用一个整数来表示一个元素与集合的隶属关系,但其原理和位图是一致的。

2.5.3　并查集

并查集(disjoint set)由多个互不相交的集合构成,其主要操作有以下两个。

(1) 查询一个元素属于哪一个集合。

(2) 将两个集合合并为一个集合。

并查集在解决实际问题中有广泛的应用,例如,在后面图结构部分将学习的克鲁斯卡尔算法就用到了并查集。

假设 n 个元素分别属于 k 个互不相交的集合($k \leqslant n$),对 n 个元素从 0 开始依次编号,元素编号范围为 $0 \sim n-1$,对集合也用自然数进行编号。可以用一个 n 元数组 S 来表示并查集,其中,元素 $S[i]$ 表示 i 号元素所属的集合编号,有关操作方法如下。

1. 初始化

令 n 个元素分别属于不同的 n 个集合,对于 $i=0,1,\cdots,n-1$,令 $S[i]=i$。

2. 查询 i 号元素属于哪一个集合

$S[i]$ 的值即为 i 号元素所属集合编号。

3. 合并操作

要将 i 号元素所属集合与 j 号元素所属集合合并为一个集合,就是对于任意的 $k=0,1,\cdots,n-1$,如果 $S[k]$ 等于 $S[i]$,则将 $S[k]$ 赋值为 $S[j]$。

算法 2.15　基于数组的并查集。

该算法的 C 语言描述如下。

```
//初始化
void init(int S[], int n) {
    for(int i = 0; i < n; i ++) {
        S[i] = i;
    }
}

//查询 i 号元素所属的集合
int find(int S[], int i) {
    return S[i];
}

//将 i 号元素所属集合与 j 号元素所属集合合并为一个集合
void join(int S[], int n, int i, int j) {
    int num = S[i];
    for(int k = 0; k < n; k ++) {
        if(S[k] == num) {                  //注意这里不能写为 if(S[k] == S[i])
            S[k] = S[j];
        }
    }
}
```

该算法的 Java 语言描述如下。

```
//初始化
public void init(int[] S, int n) {
    for(int i = 0; i < n; i ++) {
        S[i] = i;
    }
}

//查询 i 号元素所属的集合
public int find(int[] S, int i) {
    return S[i];
}

//将 i 号元素所属集合与 j 号元素所属集合合并为一个集合
```

```
public void join(int[ ] S, int n, int i, int j) {
    int num = S[i];
    for(int k = 0; k < n; k ++) {
        if(S[k] == num) {   //注意这里不能写为 if(S[k] == S[i]) {
            S[k] = S[j];
        }
    }
}
```

该并查集初始化操作的时间复杂度为 $O(n)$，查询操作的时间复杂度为 $O(1)$，合并操作的时间复杂度为 $O(n)$。在后面的树结构部分，还将学习基于森林的并查集。

2.6 应用案例

1. 问题描述

一个一元多项式 $f(x)=c_0x^{e_0}+c_1x^{e_1}+\cdots+c_{k-1}x^{e_{k-1}}$ 可以用线性表($<c_0,e_0>,<c_1,e_1>,\cdots,<c_{k-1},e_{k-1}>$)来表示，其中的指数均为自然数且降序排列，系数均不为 0。例如，多项式 $f(x)=x^6+4x^5+2x^3+3$ 可以用线性表($<1,6>,<4,5>,<2,3>,<3,0>$)来表示，即将多项式中的每一个系数不为 0 的项的系数和指数组成一个二元组<系数，指数>，所有系数不为 0 的项所对应的二元组构成一个线性表。要求用线性表来实现一元多项式的加法、减法和乘法运算。

2. 存储结构

用于表示一元多项式的线性表可以采用顺序存储结构或者链式存储结构。

1) 顺序存储结构

该存储结构由一个数组 elements 和线性表长度 size 组成，其中，数组 elements 的每个元素(结点)有两个域：系数 coef 和指数 expon。

2) 链式存储结构

该存储结构是一个带头结点的单链表，其中每个结点有三个域：系数 coef、指数 expon 和链接域 next。

3. 操作方法

一元多项式的加法、减法和乘法运算的基本方法如下。

(1) 加法。首先初始化结果表为空表，然后顺序扫描两个表，将指数较大的结点复制为一个新结点追加到结果表尾部，将指数相同的结点的系数相加，如果系数之和不为 0，则构造一个新结点追加到结果表尾部。

如果其中一个表已扫描完毕，则将另一个表剩余结点复制一份追加到结果表尾部。

(2) 减法。假设是计算 $A-B$，首先初始化结果表为空表，然后顺序扫描两个表，将指数较大的结点复制为一个新结点追加到结果表尾部(如果指数较大的结点来自 B 则系数取负)，将指数相同者的系数相减，如果系数之差不为 0，则构造一个新结点追加到结果表尾部。

如果其中一个表已扫描完毕，则将另一个表剩余结点复制一份追加到结果表尾部(如果该表为 B 则系数取负)。

(3) 乘法。假设是计算 $A \times B$，首先初始化结果表为空表，然后依次计算 A 中任意一个

结点与 B 中任意一个结点的系数之积及指数之和,构造新结点,与结果多项式相加,获得新的结果多项式。

假设两个多项式对应的单链表结点数分别为 n 和 m,则加法和减法运算的时间复杂度为 $O(n+m)$,乘法运算的时间复杂度为 $O(nm)$。

4. C 语言实现

以下 C 语言程序未加输入数据的有效性检查,请自行添加。

```c
# include < stdio. h >
# include < stdlib. h >
typedef struct node {
    int coef, expon;
    struct node * next;
} SLinkNode;

void main() {
    SLinkNode * add(SLinkNode * , SLinkNode * );
    SLinkNode * sub(SLinkNode * , SLinkNode * );
    SLinkNode * mul(SLinkNode * , SLinkNode * );
    SLinkNode * create(int);
    void show(SLinkNode * );
    void destroy(SLinkNode * );
    int n;
    printf("请依次输入多项式 A 的非 0 项项数:");
    scanf("%d", &n);
    SLinkNode * headA = create(n);
    printf("请依次输入多项式 B 的非 0 项项数:");
    scanf("%d", &n);
    SLinkNode * headB = create(n);
    printf("多项式 A = ");
    show(headA);
    printf("多项式 B = ");
    show(headB);
    SLinkNode * headC = add(headA, headB);
    printf("多项式 A + 多项式 B = ");
    show(headC);
    destroy(headC);
    headC = sub(headA, headB);
    printf("多项式 A - 多项式 B = ");
    show(headC);
    destroy(headC);
    headC = mul(headA, headB);
    printf("多项式 A * 多项式 B = ");
    show(headC);
    destroy(headC);
    destroy(headA);
    destroy(headB);
}

//加法,求 headA 和 headB 所指单链表所对应的多项式的和
//生成结果多项式对应的单链表,返回其头指针
SLinkNode * add(SLinkNode * headA, SLinkNode * headB) {
    SLinkNode * headC = (SLinkNode * )malloc(sizeof(SLinkNode));
    SLinkNode * tailC = headC;
    headC -> next = NULL;
    SLinkNode * pA = headA -> next, * pB = headB -> next;
```

```
        while(pA != NULL && pB != NULL) {
            int coef, expon;
            if(pA - > expon > pB - > expon) {
                coef = pA - > coef;
                expon = pA - > expon;
                pA = pA - > next;
            }
            else if(pA - > expon < pB - > expon) {
                coef = pB - > coef;
                expon = pB - > expon;
                pB = pB - > next;
            }
            else {
                coef = pA - > coef + pB - > coef;
                expon = pA - > expon;
                pA = pA - > next;
                pB = pB - > next;
            }
            if(coef != 0) {
                SLinkNode * node = (SLinkNode * )malloc(sizeof(SLinkNode));
                node - > coef = coef;
                node - > expon = expon;
                node - > next = NULL;
                tailC - > next = node;
                tailC = node;
            }
        }
        while(pA != NULL) {
            SLinkNode * node = (SLinkNode * )malloc(sizeof(SLinkNode));
            node - > coef = pA - > coef;
            node - > expon = pA - > expon;
            node - > next = NULL;
            tailC - > next = node;
            tailC = node;
        }
        while(pB != NULL) {
            SLinkNode * node = (SLinkNode * )malloc(sizeof(SLinkNode));
            node - > coef = pB - > coef;
            node - > expon = pB - > expon;
            node - > next = NULL;
            tailC - > next = node;
            tailC = node;
        }
        return headC;
}

//减法,求 headA 和 headB 所指单链表所对应的多项式的差
//生成结果多项式对应的单链表,返回其头指针
SLinkNode * sub(SLinkNode * headA, SLinkNode * headB) {
    SLinkNode * headC = (SLinkNode * )malloc(sizeof(SLinkNode));
    SLinkNode * tailC = headC;
    headC - > next = NULL;
    SLinkNode * pA = headA - > next, * pB = headB - > next;
    while(pA != NULL && pB != NULL) {
        int coef, expon;
        if(pA - > expon > pB - > expon) {
            coef = pA - > coef;
```

```
            expon = pA->expon;
            pA = pA->next;
        }
        else if(pA->expon < pB->expon) {
            coef = - pB->coef;
            expon = pB->expon;
            pB = pB->next;
        }
        else {
            coef = pA->coef - pB->coef;
            expon = pA->expon;
            pA = pA->next;
            pB = pB->next;
        }
        if(coef != 0) {
            SLinkNode * node = (SLinkNode * )malloc(sizeof(SLinkNode));
            node->coef = coef;
            node->expon = expon;
            node->next = NULL;
            tailC->next = node;
            tailC = node;
        }
    }
    while(pA != NULL) {
        SLinkNode * node = (SLinkNode * )malloc(sizeof(SLinkNode));
        node->coef = pA->coef;
        node->expon = pA->expon;
        node->next = NULL;
        tailC->next = node;
        tailC = node;
    }
    while(pB != NULL) {
        SLinkNode * node = (SLinkNode * )malloc(sizeof(SLinkNode));
        node->coef = - pB->coef;
        node->expon = pB->expon;
        node->next = NULL;
        tailC->next = node;
        tailC = node;
    }
    return headC;
}

//乘法,求 headA 和 headB 所指单链表所对应的多项式的乘积
//生成结果多项式对应的单链表,返回其头指针
SLinkNode * mul(SLinkNode * headA, SLinkNode * headB) {
    SLinkNode * headC = (SLinkNode * )malloc(sizeof(SLinkNode));
    SLinkNode * tailC = headC;
    headC->next = NULL;
    SLinkNode * pA = headA->next;
    while(pA != NULL) {
        SLinkNode * pB = headB->next, * pC = tailC->next, * preC = tailC;
        while(pB != NULL && pC != NULL) {
            if(pC->expon > pA->expon + pB->expon) {
                preC = pC;
            }
            else if(pC->expon < pA->expon + pB->expon) {
                SLinkNode * node = (SLinkNode * )malloc(sizeof(SLinkNode));
```

```
                    node -> coef = pA -> coef * pB -> coef;
                    node -> expon = pA -> expon + pB -> expon;
                    node -> next = pC;
                    preC -> next = node;
                    preC = node;
                    pB = pB -> next;
                }
                else {
                    pC -> coef += pA -> coef * pB -> coef;
                    if(pC -> coef == 0) {
                        preC -> next = pC -> next;
                        free(pC);
                    }
                    else {
                        preC = pC;
                    }
                    pB = pB -> next;
                }
                pC = preC -> next;
            }
            while(pB != NULL) {
                SLinkNode * node = (SLinkNode * )malloc(sizeof(SLinkNode));
                node -> coef = pA -> coef * pB -> coef;
                node -> expon = pA -> expon + pB -> expon;
                node -> next = NULL;
                preC -> next = node;
                preC = node;
                pB = pB -> next;
            }
            tailC = tailC -> next;
            pA = pA -> next;
        }
        return headC;
}

//销毁单链表,释放结点所占空间
void destroy(SLinkNode * head) {
    while(head != NULL) {
        SLinkNode * p = head -> next;
        free(head);
        head = p;
    }
}

//显示单链表所对应的多项式
void show(SLinkNode * head) {
    SLinkNode * p = head -> next;
    while(p != NULL) {
        if(p -> expon > 1) {
            printf(" % dx^ % d", p -> coef, p -> expon);
        }
        else if(p -> expon == 1) {
            printf(" % dx", p -> coef);
        }
        else {
            printf(" % d", p -> coef);
```

```
        }
        if(p - > next != NULL && p - > next - > coef > 0) {
            printf(" + ");
        }
        p = p - > next;
    }
    printf("\n");
}

//按指数降序顺序输入 n 项非 0 项的系数和指数
SLinkNode * create(int n) {
    SLinkNode * head = (SLinkNode * )malloc(sizeof(SLinkNode)), * tail = head;
    printf("按指数降序顺序输入非 0 项的系数和指数:");
    for(int i = 0; i < n; i ++) {
        int coef, expon;
        scanf(" % d % d", &coef, &expon);
        SLinkNode * node = (SLinkNode * )malloc(sizeof(SLinkNode));
        node - > coef = coef;
        node - > expon = expon;
        tail - > next = node;
        tail = node;
    }
    tail - > next = NULL;
    return head;
}
```

5. Java 语言实现

以下 Java 语言源程序未加输入数据的合规检查,请自行修改调整。

```
//源文件 SLinkNode.java
public class SLinkNode {
    private int coef, expon;
    private SLinkNode next;
    public SLinkNode() {
        this(0, 0, null);
    }
    public SLinkNode(int coef, int expon, SLinkNode next) {
        this.coef = coef;
        this.expon = expon;
        this.next = next;
    }
    public int getCoef() {
        return coef;
    }
    public int getExpon() {
        return expon;
    }
    public SLinkNode getNext() {
        return next;
    }
    public void setCoef(int coef) {
        this.coef = coef;
    }
    public void setExpon(int expon) {
        this.expon = expon;
    }
    public void setNext(SLinkNode next) {
```

```
                this.next = next;
        }
}


//源文件 Poly.java
import java.util.Scanner;
public class Poly {
    public static void main(String[] args) {
        Scanner scanner = new Scanner(System.in);
        System.out.print("请依次输入多项式 A 的非 0 项项数:");
        int n = scanner.nextInt();
        SLinkNode headA = create(scanner, n);
        System.out.print("请依次输入多项式 B 的非 0 项项数:");
        n = scanner.nextInt();
        SLinkNode headB = create(scanner, n);
        scanner.close();
        System.out.print("多项式 A = ");
        show(headA);
        System.out.print("多项式 B = ");
        show(headB);
        SLinkNode headC = add(headA, headB);
        System.out.print("多项式 A + 多项式 B = ");
        show(headC);
        headC = sub(headA, headB);
        System.out.print("多项式 A - 多项式 B = ");
        show(headC);
        headC = mul(headA, headB);
        System.out.print("多项式 A * 多项式 B = ");
        show(headC);
    }

    //加法,求 headA 和 headB 所指单链表所对应的多项式的和
    //生成结果多项式对应的单链表,返回其头指针
    private static SLinkNode add(SLinkNode headA, SLinkNode headB) {
        SLinkNode headC = new SLinkNode();
        SLinkNode pA = headA.getNext(), pB = headB.getNext();
        SLinkNode tailC = headC;
        while(pA != null && pB != null) {
            int coef, expon;
            if(pA.getExpon() > pB.getExpon()) {
                coef = pA.getCoef();
                expon = pA.getExpon();
                pA = pA.getNext();
            }
            else if(pA.getExpon() < pB.getExpon()) {
                coef = pB.getCoef();
                expon = pB.getExpon();
                pB = pB.getNext();
            }
            else {
                coef = pA.getCoef() + pB.getCoef();
                expon = pA.getExpon();
                pA = pA.getNext();
                pB = pB.getNext();
            }
            if(coef != 0) {
                SLinkNode node = new SLinkNode(coef, expon, null);
```

```
                tailC.setNext(node);
                tailC = node;
            }
        }
        while(pA != null) {
            SLinkNode node = new SLinkNode(pA.getCoef(),pA.getExpon(),null);
            tailC.setNext(node);
            tailC = node;
            pA = pA.getNext();
        }
        while(pB != null) {
            SLinkNode node = new SLinkNode(pB.getCoef(),pB.getExpon(),null);
            tailC.setNext(node);
            tailC = node;
            pB = pB.getNext();
        }
        return headC;
    }

    //减法,求 headA 和 headB 所指单链表所对应的多项式的差
    //生成结果多项式对应的单链表,返回其头指针
    private static SLinkNode sub(SLinkNode headA, SLinkNode headB) {
        SLinkNode headC = new SLinkNode();
        SLinkNode pA = headA.getNext(), pB = headB.getNext();
        SLinkNode tailC = headC;
        while(pA != null && pB != null) {
            int coef, expon;
            if(pA.getExpon() > pB.getExpon()) {
                coef = pA.getCoef();
                expon = pA.getExpon();
                pA = pA.getNext();
            }
            else if(pA.getExpon() < pB.getExpon()) {
                coef = - pB.getCoef();
                expon = pB.getExpon();
                pB = pB.getNext();
            }
            else {
                coef = pA.getCoef() - pB.getCoef();
                expon = pA.getExpon();
                pA = pA.getNext();
                pB = pB.getNext();
            }
            if(coef != 0) {
                SLinkNode node = new SLinkNode(coef, expon, null);
                tailC.setNext(node);
                tailC = node;
            }
        }
        while(pA != null) {
            SLinkNode node = new SLinkNode(pA.getCoef(),pA.getExpon(),null);
            tailC.setNext(node);
            tailC = node;
            pA = pA.getNext();
        }
        while(pB != null) {
            SLinkNode node = new SLinkNode( - pB.getCoef(), pB.getExpon(), null);
            tailC.setNext(node);
```

```
            tailC = node;
            pB = pB.getNext();
        }
        return headC;
    }
```

//乘法,求 headA 和 headB 所指单链表所对应的多项式的乘积
//生成结果多项式对应的单链表,返回其头指针

```
    private static SLinkNode mul(SLinkNode headA, SLinkNode headB) {
        SLinkNode headC = new SLinkNode();
        SLinkNode tailC = headC;
        SLinkNode pA = headA.getNext();
        while(pA != null) {
            SLinkNode pB = headB.getNext(), pC = tailC.getNext();
            SLinkNode preC = tailC;
            while(pB != null && pC != null) {
                int coef = pA.getCoef() * pB.getCoef();
                int expon = pA.getExpon() + pB.getExpon();
                if(pC.getExpon() > expon) {
                    preC = pC;
                }
                else if(pC.getExpon() < expon) {
                    SLinkNode node = new SLinkNode(coef, expon, pC);
                    preC.setNext(node);
                    preC = node;
                    pB = pB.getNext();
                }
                else {
                    pC.setCoef(pC.getCoef() + coef);
                    if(pC.getCoef() == 0) {
                        preC.setNext(pC.getNext());
                    }
                    else {
                        preC = pC;
                    }
                    pB = pB.getNext();
                }
                pC = preC.getNext();
            }
            while(pB != null) {
                int coef = pA.getCoef() * pB.getCoef();
                int expon = pA.getExpon() + pB.getExpon();
                SLinkNode node = new SLinkNode(coef, expon, null);
                preC.setNext(node);
                preC = node;
                pB = pB.getNext();
            }
            tailC = tailC.getNext();
            pA = pA.getNext();
        }
        return headC;
    }
```

//显示单链表所对应的多项式
```
    private static void show(SLinkNode head) {
        SLinkNode p = head.getNext();
        String ploy = "";
```

```
        while(p != null) {
            if(p.getExpon() > 1) {
                ploy += p.getCoef() + "x^" + p.getExpon();
            }
            else if(p.getExpon() == 1) {
                ploy += p.getCoef() + "x";
            }
            else {
                ploy += p.getCoef();
            }
            if(p.getNext() != null && p.getNext().getCoef() > 0) {
                ploy += " + ";
            }
            p = p.getNext();
        }
        System.out.println(ploy);
    }

    //按指数降序顺序输入 n 项非 0 项的系数和指数
    private static SLinkNode create(Scanner scanner, int n) {
        SLinkNode head = new SLinkNode();
        SLinkNode tail = head;
        System.out.print("按指数降序顺序输入非 0 项的系数和指数:");
        for(int i = 0; i < n; i ++) {
            int coef = scanner.nextInt();
            int expon = scanner.nextInt();
            SLinkNode node = new SLinkNode(coef, expon, null);
            tail.setNext(node);
            tail = node;
        }
        return head;
    }
}
```

小结

本章的知识点归纳总结如下。

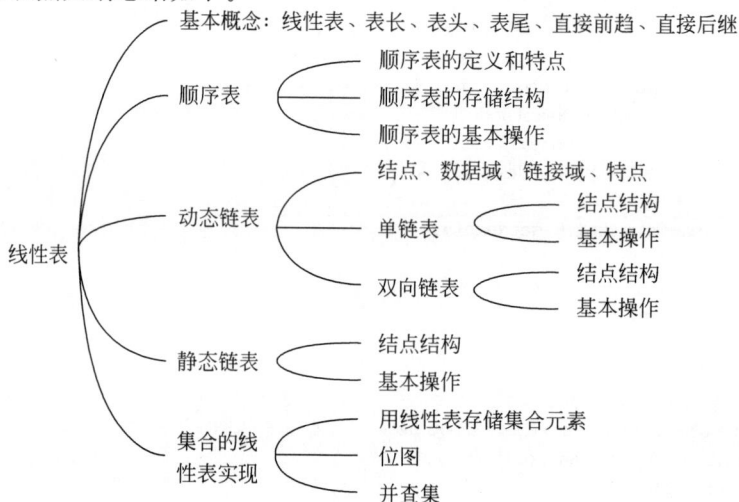

本章中需要重点掌握的内容有：

(1) 线性表及各种存储结构的基本概念。

(2) 顺序表的存储结构及其操作。

(3) 动态单链表的存储结构及其操作。

习题 2

1. 编写算法，获得单链表中第 k 个数据域值为 x 的结点指针。

2. 编写算法，统计单链表中数据域值小于 x 的结点个数。

3. 编写算法，将单链表、双向循环链表中第 k 个结点及之后的结点颠倒顺序。

4. 编写算法，将具有 n 个整数的一维数组中值为偶数的元素删除，返回剩余元素个数。

5. 假设数据元素类型为 int，编写算法，将单链表中值为偶数的结点删除。

6. 假设单链表的结点已经按结点数据域值升序排列，编写算法，将数据域值介于 x 和 y 之间（含 x 和 y）的所有结点删除。

7. 将具有 n 个整数的一维数组中的所有奇数调整到所有偶数之前。

8. 假设数据域类型为 int，编写算法，对单链表结点进行调整，使得数据域值为奇数的结点均排在数据域值为偶数的结点之前。

9. 假设具有 n 个元素的一维数组中的元素是无序排列的，编写算法，将数组中多余的重复元素删除，等值元素仅保留一个，返回剩余元素个数。

10. 假设单链表中数据元素是无序排列的，编写算法，将单链表中多余的重复元素删除，等值元素仅保留一个。

11. 假设具有 n 个元素的一维数组中的元素是非递减排列的，编写算法，将数组中多余的重复元素删除，等值元素仅保留一个，返回剩余元素个数。

12. 假设单链表中的元素是非递减排列的，编写算法，将单链表中多余的重复元素删除，等值元素仅保留一个。

13. 假设一维数组 A 和 B 均按元素值升序排列，每个数组内部均不存在等值元素，两个数组的元素个数分别是 n 和 m，编写求两个集合的交集、并集和差集的算法，将结果存于数组 C，并返回结果数组中的元素个数。

14. 将单链表中的最大元素调到表头，将最小元素调到表尾。

15. 有 n 个人编号为 $1 \sim n$，排成一个环，从 1 号开始从 1 到 m 报数，报到 m 的人离开环，从下一个人开始继续从 1 到 m 报数，报到 m 的人离开该环，……，这样一直进行下去，直到最终剩余 p 个人。从键盘输入 n、m 和 p，要求 $n \geq 2$、$m \geq 2$、$1 \leq p < n$，输出最终剩余的 p 个人的初始编号。例如，输入 n、m、p 依次为 4、3、2，则输出为 1 和 4。编写算法实现上述功能。

16. 设 L 是部分循环单向链表，即从某个结点（称为循环节）开始及之后的结点构成单向循环链表，编写算法，求循环节指针及循环长度（循环部分的结点个数）。

17. 用一维数组来存储一元多项式非 0 项的系数和指数，并按指数降序排列，编写求两个一元多项式的加法、减法和乘法的算法，设两个一元多项式分别用数组 A 和 B 存储，长度分别为 n 和 m，结果用数组 C 存储，返回结果的项数。

第3章

栈 和 队 列

日常生活中都有装箱和排队的经历。例如,在搬家时将物品装入纸箱,住进新居后还要将物品从纸箱里一件一件取出来,纸箱最上层的物品肯定是最先取出的,最下层的物品肯定是最后取出来的,这个纸箱就是一个"栈"。再如,读者都经历过排队乘车、排队进入景区以及排队购票等场景,排成的队伍无论长短都有共同的特点,那就是排在前面的人先于排在后面的人完成有关活动,新来的人只能排在队尾,不能插队,这就是"队列"。在计算机领域,栈和队列更是无处不在,函数的调用都会涉及栈,还有消息队列、输入输出队列和打印队列等各种各样的队列。本章将讲解栈和队列的有关概念和基本操作等内容。

3.1 栈

3.1.1 基本概念

1. 基本术语

栈(stack)又称为堆栈,是一种操作受限的线性表,它仅允许在线性表的一端进行插入和删除操作,允许进行插入、删除操作的一端称为**栈顶**(top),另外一端称为**栈底**(bottom),栈顶所保存的数据元素称为**栈顶元素**,当栈中没有数据元素时称该栈为**空栈**,栈中现有元素数称为栈的**长度**。

向一个栈中插入一个数据元素的操作称为**入栈**、**进栈**或**压栈**;从栈中删除一个数据元素的操作称为**出栈**、**退栈**或**弹栈**。当栈已满时,如果还要有元素入栈,就会产生"**上溢**",上溢是一种错误,使得问题处理无法进行。当栈是空栈时,如果还要进行出栈操作,就会产生"**下溢**",下溢一般表明问题处理结束。

栈具有"后进先出"(Last In First Out,LIFO)或者"先进后出"(First In Last Out,FILO)的操作特点,这是由于入栈和出栈操作仅允许在栈顶进行,先入栈的元素必定后出栈,后入栈的元素必定先出栈。栈及其入栈、出栈操作如图 3.1 所示。

用于列车编组的铁路转轨网络就是一种栈结构。被称为列车编组站教科书的郑州北站占地 5.3 平方千米,日均办理货车近 3 万辆,是全球最大的列车编组站,其中就有大量栈结

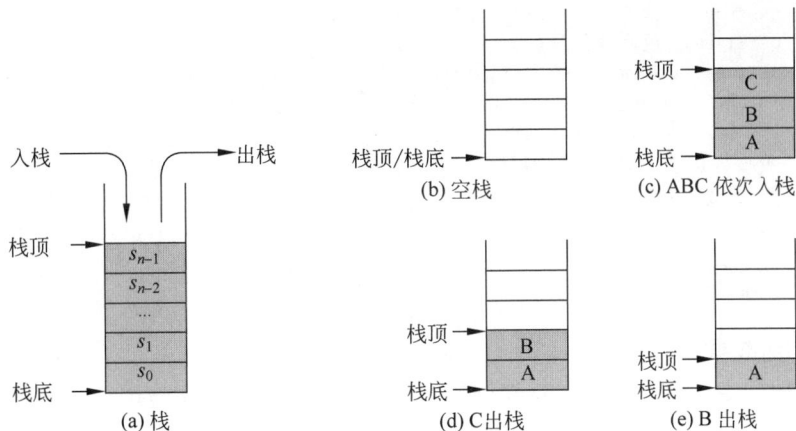

图 3.1 栈及其入栈、出栈操作示例

构的转轨线路。

2. 可能与不可能的出栈序列

将一个给定序列中的元素依次入栈,中间可以穿插出栈操作(前提是栈非空),直到所有元素都出栈,并非能够得到任意的出栈序列,有些序列是不可能得到的,例如,ABCD 依次入栈,CBDA 就是可能的出栈序列:ABC 依次入栈,然后 CB 依次出栈,D 入栈,再 DA 依次出栈即得出栈序列 CBDA;而 CADB 就是不可能的出栈序列,无论如何操作都不可能得到该出栈序列。

对于一个给定的入栈序列,可能以及不可能的出栈序列的另一种判定方法如下。

在一个序列中,排在任意一个元素之后,并且先于该元素入栈的所有元素是倒序排列的,这样的序列才是可能的出栈序列,否则为不可能的出栈序列。

例如,ABCD 依次入栈,则

(1) CBDA 是可能的出栈序列,因为在该序列中 C 后面先于 C 的 BA 是倒序排列的,B 后面的 A 也是倒序排列的,D 后面只有 A 也是倒序的。

(2) DACB 是不可能的出栈序列,因为在该序列中 D 后面先于 D 的 ACB 不是倒序排列的。

(3) CADB 是不可能的出栈序列,因为在该序列中 C 后面先于 C 的 AB 不是倒序排列的。

实际上,如果用人眼直观观察,出栈序列中任意三个元素如果出现"后先中"情况的都是不可能的,否则都是可能的。例如,ABCD 依次入栈,CBDA 则是可能的出栈序列,而 DACB 则是不可能的出栈序列,因为其中任意三个元素无论是选 DAC 还是 DAB 都是按"后先中"顺序排列的。

3. 栈的抽象数据类型

栈的核心操作是入栈和出栈,但也有其他一些操作,下面给出栈的抽象数据类型定义。

```
ADT Stack {
    数据对象:D = {a_i | a_i ∈ ElementSet, i = 0, 1, 2, …, n-1, n≥0}
    数据关系:R = {<a_i, a_{i+1}> | a_i, a_{i+1} ∈ D, i = 0, 1, 2, …, n-2, n≥0}
    基本操作:
        init():初始化空栈。
```

destroy()：销毁栈,释放动态分配给栈的存储空间。
getSize()：返回栈的长度。
isEmpty()：判断栈是否为空,为空则返回 true,否则返回 false。
isFull()：判断栈是否为满,为满则返回 true,否则返回 false。
push(e)：将数据元素 e 入栈。
pop()：出栈并返回出栈的数据元素。
getTop()：返回栈顶元素。
}

3.1.2　顺序栈

1. 顺序栈的定义

栈是一种操作受限的线性表,和线性表一样,栈也有两种存储结构:顺序存储结构和链式存储结构。

顺序栈利用一组地址连续的存储空间来依次存储栈中的元素,并选择一端作为栈顶。由于入栈和出栈都限定在栈顶进行操作,可以进行随机访问,因此,顺序栈的入栈和出栈操作的时间复杂度均为 $O(1)$。

顺序栈的定义由两部分构成:一是存储数据元素的数组 elements,二是表示栈顶位置的变量 top,假设数组 elements 有 n 个元素,依次为 elements[0], elements[1], $\cdots$, elements[$n-1$],对于栈顶位置的选择及操作有如下一些方案,如表 3.1 所示。

表 3.1　顺序栈的定义方案

序号	top 的值	空栈	元素 e 入栈	元素 e 出栈
1	栈顶元素下标+1	top == 0	elements[top ++] = e;	e = elements[-- top];
2	栈顶元素下标	top == -1	elements[++ top] = e;	e = elements[top --];
3	栈顶元素下标-1	top == $n-1$	elements[top --] = e;	e = elements[++ top];
4	栈顶元素下标	top == n	elements[-- top] = e;	e = elements[top ++];

无论采用哪一种方案均可,本章选用第 1 种方案,该方案的 top 值也同时表示栈的长度,同时也比较直观,易于理解。如图 3.2 所示为采用该方案的栈。

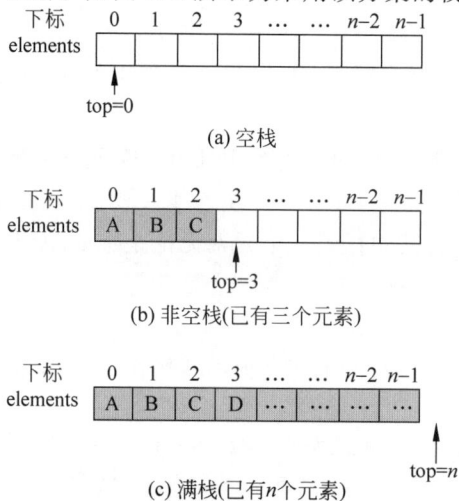

(a) 空栈

(b) 非空栈(已有三个元素)

(c) 满栈(已有 n 个元素)

图 3.2　顺序栈

2. 顺序栈的类型定义及操作

下面给出顺序栈的存储结构定义及其操作。

算法 3.1　顺序栈的存储结构定义及其操作。

该算法的 C 语言描述如下。

```
#define MAXSIZE    100                    //MAXSIZE 为栈的最大长度
typedef struct {
    ElemType elements[MAXSIZE];
    int top;
} Stack;

void init(Stack * stack) {                //初始化空栈
    stack->top = 0;
}

int getSize(Stack * stack) {              //返回栈的长度
    return stack->top;
}

int isEmpty(Stack * stack) {              //判断栈是否为空
    return stack->top == 0;
}

int isFull(Stack * stack) {               //判断栈是否为满
    return stack->top == MAXSIZE;
}

void push(Stack * stack, ElemType e) {    //入栈操作,假设栈未满
    stack->elements[stack->top++] = e;
}

ElemType pop(Stack * stack) {             //出栈操作,假设栈非空
    return stack->elements[--stack->top];
}

ElemType getTop(Stack * stack) {          //取栈顶元素,假设栈非空
    return stack->elements[stack->top - 1];
}
```

该算法的 Java 语言描述如下。

```
public class Stack {
    private final int MAXSIZE = 100;     //MAXSIZE 为栈的最大长度
    private ElemType[] elements;
    private int top;
    public Stack() {
        elements = new ElemType[MAXSIZE];
        top = 0;
    }

    public int getSize() {               //返回栈的长度
        return top;
    }

    public boolean isEmpty() {           //判断栈是否为空
        return top == 0;
```

```
    }

    public boolean isFull() {          //判断栈是否为满
        return top == MAXSIZE;
    }

    public void push(ElemType e) {     //入栈操作,假设栈未满
        elements[top ++] = e;
    }

    public ElemType pop() {            //出栈操作,假设栈非空
        return elements[ -- top];
    }

    public ElemType getTop() {         //取栈顶元素,假设栈非空
        return elements[top - 1];
    }
}
```

上述操作的时间复杂度均为 $O(1)$。

3. 双端栈

双端栈就是将一个顺序表的两端分别作为一个栈的栈底来实现两个栈,两个栈共享一组地址连续的存储空间。两个栈其中一个采用表 3.1 中的方案 1 或方案 2,另外一个采用表 3.1 中的方案 3 或方案 4。例如,如图 3.3 所示的双端栈即为一个栈采用表 3.1 中的方案 1(top1 值为该栈的栈顶元素下标+1),另外一个采用表 3.1 中的方案 3(top2 值为该栈的栈顶元素下标-1)。

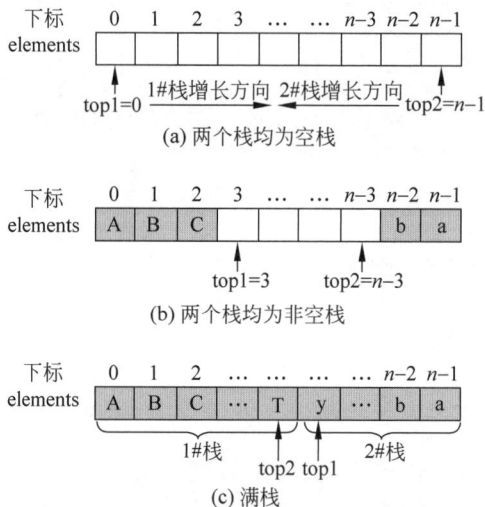

图 3.3 双端栈

4. 顺序栈的扩容

顺序栈的定义和操作都很简单,但需要预估栈的最大长度,如果最大长度取值小就可能造成上溢,如果最大长度取值大就可能造成不必要的空间浪费。

算法 3.1 中已指定栈空间的大小,不能动态改变,为了便于栈的扩容,可以动态申请适量的空间,当上溢时另外申请更大的空间(一般是原空间的 2 倍),将栈的所有元素复制到新

的空间后,再将原空间释放。

3.1.3　链式栈

栈也可以采用链式存储结构,一般采用单链表,将单链表的头部作为栈顶,入栈和出栈操作均可在 $O(1)$ 时间内完成。单链表带有或者不带附设头结点均可。如图 3.4 所示为链式栈。

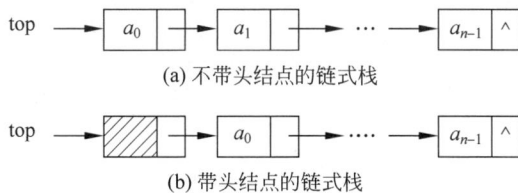

(a) 不带头结点的链式栈

(b) 带头结点的链式栈

图 3.4　链式栈

对于不带头结点的链式栈:

(1) 空栈。

top 为空指针。

(2) 元素 e 入栈。

申请新结点 node,其数据域值为 e,将 node 插入在原来的首元结点之前。

(3) 元素 e 出栈。

当栈非空时,将首元结点数据域的值赋值给 e,并删除首元结点。

对于带头结点的链式栈:

(1) 空栈。

top 所指结点的链接域为空指针。

(2) 元素 e 入栈。

申请新结点 node,其数据域值为 e,将 node 插入在头结点之后。

(3) 元素 e 出栈。

当栈非空时,将首元结点的数据域赋值给 e,并删除首元结点。

算法 3.2　不带头结点的链式栈的存储结构定义及其操作。

该算法的 C 语言描述如下。

```
typedef struct node {
    ElemType data;
    struct node * next;
} StackNode;

typedef struct {
    StackNode * top;
    int size;
} Stack;

void init(Stack * stack) {                //初始化空栈
    stack -> top = NULL;
    stack -> size = 0;
}
```

```c
void destroy(Stack * stack) {              //释放单链表所占空间
    StackNode * p = stack->top;
    while(p != NULL) {
        StackNode * next = p->next;
        free(p);
        p = next;
    }
    stack->size = 0;
}

int getSize(Stack * stack) {               //返回栈的长度
    return stack->size;
}

int isEmpty(Stack * stack) {               //判断栈是否为空
    return stack->top == NULL;             //或者 stack->size == 0
}

void push(Stack * stack, ElemType e) {     //入栈操作
    StackNode * node = (StackNode * )malloc(sizeof(StackNode));
    node->data = e;
    node->next = stack->top;
    stack->top = node;
    stack->size ++;
}

ElemType pop(Stack * stack) {              //出栈操作,假设栈非空
    StackNode * p = stack->top;
    ElemType e = p->data;
    stack->top = p->next;
    free(p);
    stack->size -- ;
    return e;
}

ElemType getTop(Stack * stack) {          //取栈顶元素,假设栈非空
    return stack->top->data;
}
```

该算法的 Java 语言描述如下。

```java
public class Stack {                        //链式栈的定义
    private SLinkNode top;
    int size;

    public Stack() {                        //初始化空栈
        top = null;
        size = 0;
    }

    public int getSize() {                  //返回栈的长度
        return size;
    }

    public boolean isEmpty() {              //判断栈是否为空
        return top == null;                 //或者 size == 0
    }
```

```
    }

    public void push(ElemType e) {          //e 入栈
        SLinkNode node = new SLinkNode(e, top);
        top = node;
        size ++;
    }

    public ElemType pop() {                 //出栈
        if(top == null) return null;
        ElemType e = top.getData();
        top = top.getNext();
        size -- ;
        return e;
    }

    public ElemType getTop() {              //取栈顶元素
        return top == null ? null : top.getData();
    }
}
```

3.2 队列

3.2.1 基本概念

1. 基本术语

队列(queue)简称为队,也是一种操作受限的线性表,它仅允许在线性表的一端进行插入操作,在另外一端进行删除操作,允许进行插入操作的一端称为**队尾**(rear),允许进行删除操作的一端称为**队头**(front),当队列中没有数据元素时称该队列为**空队**,队列中现有元素个数称为队列的**长度**。

向一个队列中插入一个数据元素的操作称为**入队**或**进队**;从队列中删除一个数据元素的操作称为**出队**或**离队**。当队列已满时,如果还要有元素入队,就会产生"**上溢**",上溢是一种错误,使得问题处理无法进行。当队列是空队时,如果还要进行出队操作,就会产生"**下溢**",下溢一般表明问题处理结束。

队列具有"先进先出"(First In First Out,FIFO)或者"后进后出"(Last In Last Out,LILO)的操作特点,这是由于入队操作仅允许在队尾进行,出队操作仅允许在队头进行,先入队的元素必定排在后入队的元素之前。

一个队列及其入队、出队操作如图 3.5 所示。

在日常生活中经常遇到需要排队的情况,一定要表现出良好的个人素质和社会公德,按序排队,不要插队。

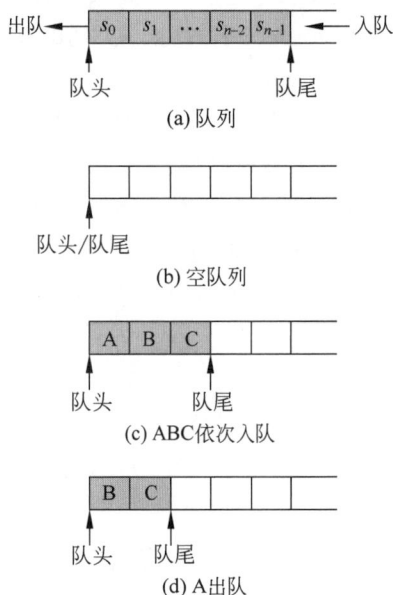

图 3.5 队列及其入队、出队操作示例

2. 队列的抽象数据类型

队列的核心操作是入队和出队,也有其他一些操作,下面给出队列的抽象数据类型定义。

```
ADT Queue {
    数据对象:D = {a_i | a_i ∈ ElementSet, i = 0, 1, 2, …, n-1, n≥0}
    数据关系:R = {<a_i, a_{i+1}> | a_i, a_{i+1} ∈ D, i = 0, 1, 2, …, n-2, n≥0}
    基本操作:
        init():初始化空队列。
        destroy():销毁队列,释放动态分配给队列的存储空间。
        getSize():返回队列的长度。
        isEmpty():判断队列是否为空,为空则返回 true,否则返回 false。
        isFull():判断队列是否为满,为满则返回 true,否则返回 false。
        enQueue(e):将数据元素 e 入队。
        deQueue():出队并返回出队的数据元素。
        getFront():返回队头元素。
}
```

3.2.2　顺序队列

类似于顺序栈,顺序队列也是用一维数组来实现。

1. 顺序队列

假设所用一维数组为 elements,第一种实现方法是以 elements[0]作为队头元素,另外定义一个下标 last 来指示队尾元素下标,在元素 e 入队时将 last 增 1 并将 e 赋值给 elements[last];但在出队时,则必须将 elements[1]～elements[last]依次前移并将 last 减 1。这种实现方法效率低,入队的时间复杂度为 $O(1)$,但出队的时间复杂度则为 $O(n)$。

第二种实现方法是将数组 elements[0 .. n-1]看作首尾相接的一个圆环,elements[0]接在 elements[n-1]之后,用 front 存储队头元素下标,rear 存储队尾元素下一个位置的下标。这样实现的顺序队列称为循环队列,如图 3.6 所示。

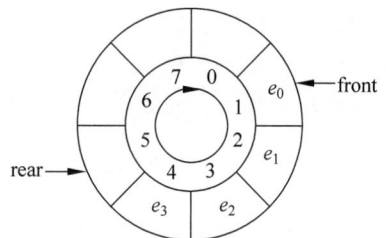

图 3.6　循环队列(1)

按照上述方案,队列的长度为(rear-front+n) % n,初始化一个空队列就是将 front 和 rear 赋值为一个相同的值。但是,这里存在一个问题,当队列已满时,front 和 rear 的值也相同,这就产生了"二义性",当 front = rear 时,无法区分队列是空的还是满的,如图 3.7 所示。

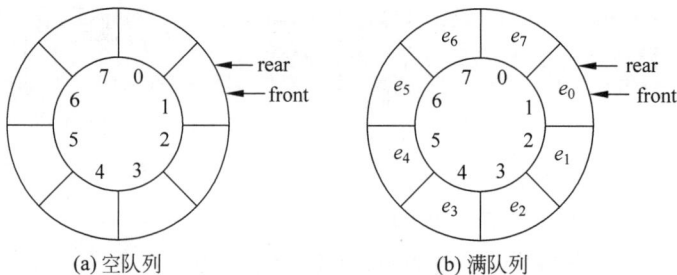

(a) 空队列　　　　　(b) 满队列

图 3.7　循环队列

解决这个问题的方案有两个。

（1）方案 1：少用一个元素单元。

假设用长度为 n 的数组 elements 来实现循环队列，限定队列的实际长度最大为 $n-1$，就能够有效区分循环队列是空队列和满队列两种状态。

- 当 front = rear 时队列为空。
- 当 (rear+1) % n = front 时队列为满。
- 队列长度 = (rear-front+n) % n。

（2）方案 2：引入队列长度 size。

假设用长度为 n 的数组 elements 来实现循环队列，引入一个 size 存储队列长度，队列的长度最大为 n，则当 size = 0 时队列为空队列，当 size = n 时队列为满队列。

上述两种方案的有关量、状态以及操作如表 3.2 所示。

表 3.2 循环队列有关量、状态以及操作

方案 1：少用一个元素单元		方案 2：引入队列长度 size	
量、状态及操作	描述及操作实现	量、状态及操作	描述及操作实现
front	队头元素下标	front	队头元素下标
rear	（队尾元素下标+1）%n	rear	（队尾元素下标+1）%n
队列长度	(rear-front+n)%n	队列长度	size
队列空	front==rear	队列空	size==0
队列满	(rear+1)%n==front	队列满	size==n
初始化空队列	front=rear=0;	初始化空队列	front=rear=size=0;
元素 e 入队	elements[rear]=e; rear=(rear+1)%n;	元素 e 入队	elements[rear]=e; rear=(rear+1)%n; size++;
元素 e 出队	e=elements[front]; front=(front+1)%n;	元素 e 出队	e=elements[front]; front=(front+1)%n; size--;

2. 循环队列的实现

算法 3.3 循环队列（方案 1：少用一个元素单元）。

该算法的 C 语言描述如下。

```
#define MAXSIZE        100              //数组长度为 MAXSIZE,队列最长为 MAXSIZE-1
typedef struct {
    ElemType elements[MAXSIZE];
    int front, rear;                    //front 为队头元素下标,rear 为队尾元素下一个位置下标
} Queue;

void init(Queue * queue) {              //初始化空队列
    queue->front = queue->rear = 0;
}

int getSize(Queue * queue) {            //返回队列长度
    return (queue->rear - queue->front + MAXSIZE) % MAXSIZE;
}

int isEmpty(Queue * queue) {            //判断队列是否为空
    return queue->front == queue->rear;
```

```
    }

    int isFull(Queue * queue) {                    //判断队列是否为满
        return (queue -> rear + 1) % MAXSIZE == queue -> front;
    }

    void enQueue(Queue * queue, ElemType e) {   //e 入队,假设队列未满
        queue -> elements[queue -> rear] = e;
        queue -> rear = (queue -> rear + 1) % MAXSIZE;
    }

    ElemType deQueue(Queue * queue) {              //e 出队,假设队列非空
        ElemType e = queue -> elements[queue -> front];
        queue -> front = (queue -> front + 1) % MAXSIZE;
        return e;
    }

    ElemType getFront(Queue * queue) {            //返回队头元素,假设队列非空
        return queue -> elements[queue -> front];
    }
```

该算法的 Java 语言描述如下。

```
public class Queue {
    //数组长度为 MAXSIZE,队列最长为 MAXSIZE - 1
    private final int MAXSIZE = 100;
    private ElemType[] elements;
    //front 为队头元素下标,rear 为队尾元素下一个位置下标
    private int front, rear;
    public Queue() {                    //初始化空队列
        elements = new ElemType[MAXSIZE];
        front = rear = 0;
    }

    public int getSize() {            //返回队列长度
        return (rear - front + MAXSIZE) % MAXSIZE;
    }

    public boolean isEmpty() {        //判断队列是否为空
        return front == rear;
    }

    public boolean isFull() {         //判断队列是否为满
        return (rear + 1) % MAXSIZE == front;
    }

    public void enQueue(ElemType e) { //e 入队,假设队列未满
        elements[rear] = e;
        rear = (rear + 1) % MAXSIZE;
    }

    public ElemType deQueue() {       //出队,假设队列非空
        ElemType e = elements[front];
        front = (front + 1) % MAXSIZE;
        return e;
    }
}
```

```
    public ElemType getFront() {        //返回队头元素,假设队列非空
        return elements[front];
    }
}
```

算法 3.4　循环队列(方案 2:引入 size 存放队列长度)。

该算法的 C 语言描述如下。

```
#define MAXSIZE          100                 //数组长度为 MAXSIZE
typedef struct {
    ElemType elements[MAXSIZE];
    int front, rear;                //front 为队头元素下标,rear 为队尾元素下一个位置下标
    int size;                       //存放队列长度
} Queue;

void init(Queue * queue) {          //初始化空队列
    queue->front = queue->rear = queue->size = 0;
}

int getSize(Queue * queue) {        //返回队列长度
    return queue->size;
}

int isEmpty(Queue * queue) {        //判断队列是否为空
    return queue->size == 0;
}

int isFull(Queue * queue) {         //判断队列是否为满
    return queue->size == MAXSIZE;
}

void enQueue(Queue * queue, ElemType e) { //e 入队,假设队列未满
    queue->elements[queue->rear] = e;
    queue->rear = (queue->rear + 1) % MAXSIZE;
    queue->size ++;
}

ElemType deQueue(Queue * queue) {        //e 出队,假设队列非空
    ElemType e = queue->elements[queue->front];
    queue->front = (queue->front + 1) % MAXSIZE;
    queue->size --;
    return e;
}

ElemType getFront(Queue * queue) {       //返回队头元素,假设队列非空
    return queue->elements[queue->front];
}
```

该算法的 Java 语言描述如下。

```
public class Queue {
    private final int MAXSIZE = 100;
    private ElemType[] elements;
    //front 为队头元素下标,rear 为队尾元素下一个位置下标
    private int front, rear;
    private int size;               //size 存队列长度
    public Queue() {                //初始化空队列
        elements = new ElemType[MAXSIZE];
```

```
        front = rear = size = 0;
    }

    public int getSize() {          //返回队列长度
        return size;
    }

    public boolean isEmpty() {      //判断队列是否为空
        return size == 0;
    }

    public boolean isFull() {       //判断队列是否为满
        return size == MAXSIZE;
    }

    public void enQueue(ElemType e) { //e入队,假设队列未满
        elements[rear] = e;
        rear = (rear + 1) % MAXSIZE;
        size ++;
    }

    public ElemType deQueue() {       //出队,假设队列非空
        ElemType e = elements[front];
        front = (front + 1) % MAXSIZE;
        size -- ;
        return e;
    }

    public ElemType getFront() {      //返回队头元素,假设队列非空
        return elements[front];
    }
}
```

循环队列所有操作的时间复杂度均为 $O(1)$。

前面所讲循环队列中将 front 定义为队头元素下标,将 rear 定义为队尾元素下一个位置下标,也可以采用其他方案,例如,将 front 定义为队头元素前一个位置下标,而将 rear 定义为队尾元素下标,具体的实现与算法 3.3 和算法 3.4 有一点差异。

3.2.3 链式队列

队列也可以采用链式存储结构,一般采用单链表,将单链表的头部作为队头,尾部作为队尾,入队和出队操作均可在 $O(1)$ 时间内完成。单链表带有或者不带附设头结点均可,但一般采用带头结点的单链表。如图 3.8 所示为链式队列,其中,front 指向队头结点(对于不带头结点的单链表)或头结点(对于带头结点的单链表)。

对于不带头结点的链式队列,操作如下。

(1) 空队列:front 和 rear 均为空指针。

(2) 元素 e 入队。

① 申请新结点 node,其数据域值为 e。

② 如果队列为空,则将 front 和 rear 均指向 node。

③ 如果队列非空,则将 node 插入在 rear 所指结点之后,然后令 rear 指向 node。

(3) 元素 e 出队(假设队列非空)。

(a) 不带头结点的链式队列

(b) 带头结点的链式队列

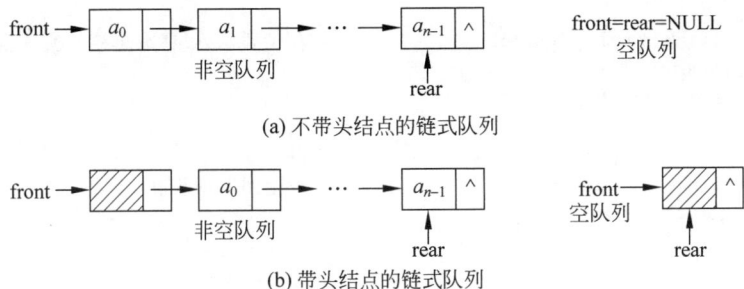

图 3.8　链式队列

① 将 front 所指结点数据域赋值给 e。

② 如果队列长度为 1,则删除 front 所指结点,将 front 和 rear 赋值为空指针。

③ 如果队列长度大于 1,则删除 front 所指结点,并令 front 指向下一个结点。

对于带头结点的链式队列的操作则比较简单。

(1) 空队列:front 和 rear 所指结点的链接域为空指针,或者 front == rear。

(2) 元素 e 入队:申请新结点 node,其数据域值为 e,将 node 插入在 rear 所指结点之后,令 rear 指向 node。

(3) 元素 e 出队:当队列非空时,将首元结点的数据域赋值给 e,并删除首元结点,如果队列变为空,则令 rear 指向头结点。

算法 3.5　带头结点的链式队列的存储结构定义及其操作。

该算法的 C 语言描述如下。

```c
typedef struct node {
    ElemType data;
    struct node * next;
} QueueNode;

typedef struct {
    QueueNode * front, * rear;        //front指向头结点,rear指向队尾结点
    int size;                         //size存队列长度
} LinkedQueue;

void init(LinkedQueue * queue) {      //初始化空队列
    QueueNode * head = (QueueNode * )malloc(sizeof(QueueNode));
    head->next = NULL;
    queue->front = queue->rear = head;
    queue->size = 0;
}

void clear(LinkedQueue * queue) {     //清空队列,队列长度变为0
    QueueNode * ptr = queue->front->next;
    while(ptr != NULL) {
        QueueNode * next = ptr->next;
        free(ptr);
        ptr = next;
    }
    queue->rear = queue->front;
    queue->rear->next = NULL;
    queue->size = 0;
}
```

```
void destroy(LinkedQueue * queue) {              //销毁队列,释放单链表所占空间
    clear(queue);
    free(queue -> front);
}

int getSize(LinkedQueue * queue) {               //返回队列长度
    return queue -> size;
}

int isEmpty(LinkedQueue * queue) {               //判断队列是否为空
    return queue -> size == 0;
}

void enQueue(LinkedQueue * queue, ElemType e) {  //e 入队
    QueueNode * node = (QueueNode * )malloc(sizeof(QueueNode));
    node -> data = e;
    node -> next = NULL;
    queue -> rear -> next = node;
    queue -> rear = node;
    queue -> size ++;
}

ElemType deQueue(LinkedQueue * queue) {          //出队,假设队列非空
    QueueNode * node = queue -> front -> next;
    ElemType e = node -> data;
    queue -> front -> next = node -> next;
    free(node);
    queue -> size -- ;
    if(queue -> size == 0) {
        queue -> rear = queue -> front;
    }
    return e;
}

ElemType getFront(LinkedQueue * queue) {         //返回队头元素,假设队列非空
    return queue -> front -> next -> data;
}
```

该算法的 Java 语言描述如下。

```
public class LinkedQueue {
    private SLinkNode front, rear;               //front 指向头结点,rear 指向队尾结点
    private int size;                            //size 存队列长度

    public LinkedQueue() {                       //初始化空队列
        front = new SLinkNode(null, null);
        rear = front;
        size = 0;
    }

    public void clear() {                        //清空队列,队列长度变为 0
        front.setNext(null);
        rear = front;
        size = 0;
    }
```

```
    public int getSize() {                         //返回队列长度
        return size;
    }

    public boolean isEmpty() {                     //判断队列是否为空
        return size == 0;
    }

    public void enQueue(ElemType e) {              //e 入队
        SLinkNode node = new SLinkNode(e, null);
        rear.setNext(node);
        rear = node;
        size ++;
    }

    public ElemType deQueue() {                    //出队
        if(size == 0) return null;
        SLinkNode node = front.getNext();
        ElemType e = node.getData();
        front.setNext(node.getNext());
        size -- ;
        if(size == 0) {
            rear = front;
        }
        return e;
    }

    public ElemType getFront() {                   //返回队头元素
        return size == 0 ? null : front.getNext().getData();
    }
}
```

3.2.4 优先队列

前面所讲队列都遵循"先进先出"的操作原则,但也有一种队列并不遵循该原则,那就是优先队列。

日常生活中也能够遇到类似于优先队列的场景,例如,很多车辆在排队通过某一路口,原则上应该是排在前面的车辆先通行,排在后面的车辆后通行,但此时来了一辆拉着患者的救护车或者赶往火灾现场的消防车,当然必须是救护车或者消防车优先通行。遇到这些特殊车辆,应该也必须礼让,让这些特殊车辆先行。

优先队列(priority queue)中的每个元素都具有用数值表示的优先级,在出队时,并非排在队头的元素出队,而是队列中优先级最高的元素出队;对于优先级相同的元素,可按先进先出或者任意顺序出队。

利用目前所学知识,可以得到如下优先队列实现方案。

1. 出队时选择具有最高优先级的元素

新元素入队时排在队尾,但在出队时,选择具有最高优先级的元素出队,空出的位置由原队尾元素填补。采用该方案,入队操作的时间复杂度为 $O(1)$,出队操作的时间复杂度最差为 $O(n)$。

下面以顺序存储结构的优先队列为例描述其存储结构和算法,只包含初始化、入队和出队操作算法,其他操作算法请自行设计。

算法 3.6 顺序存储结构的优先队列。

用 C 语言描述如下。

```c
#define MAXSIZE        100
typedef struct {
    ElemType data;
    int priority;
} QueueNode;
typedef struct {
    QueueNode elements[MAXSIZE];
    int size;
} PriorityQueue;

//初始化空队列
void init(PriorityQueue * queue) {
    queue->size = 0;
}

//node 入队
int enQueue(PriorityQueue * queue, QueueNode node) {
    if(queue->size == MAXSIZE) {
        return 0;
    }
    queue->elements[queue->size ++] = node;
    return 1;
}

//出队,出队元素传给 * node
int deQueue(PriorityQueue * queue, QueueNode * node) {
    if(queue->size == 0) {
        return 0;
    }
    int idx = 0;
    for(int i = 1; i < queue->size; i ++) {
        if(queue->elements[i].priority > queue->elements[idx].priority) {
            idx = i;
        }
    }
    * node = queue->elements[idx];
    if(idx != queue->size - 1) {
        queue->elements[idx] = queue->elements[queue->size - 1];
    }
    queue->size -- ;
    return 1;
}
```

用 Java 语言描述如下。

```java
public class QueueNode {
    private ElemType data;
    private int priority;
    public QueueNode(ElemType data, int priority) {
        this.data = data;
        this.priority = priority;
    }
```

```
        public ElemType getData() {
            return data;
        }
        public int getPriority() {
            return priority;
        }
        public void setData(ElemType data) {
            this.data = data;
        }
        public void setPriority(int priority) {
            this.priority = priority;
        }
    }

public class PriorityQueue {
    private final int MAXSIZE = 100;
    private QueueNode[] elements;
    private int size;
    public PriorityQueue() {
        elements = new QueueNode[MAXSIZE];
        size = 0;
    }

    //node 入队
    public boolean enQueue(QueueNode node) {
        if(size == MAXSIZE) {
            return false;
        }
        elements[size ++] = node;
        return true;
    }

    //出队,返回出队元素
    public QueueNode deQueue() {
        if(size == 0) {
            return null;
        }
        int idx = 0;
        for(int i = 1; i < size; i ++) {
            if(elements[i].getPriority() > elements[idx].getPriority()) {
                idx = i;
            }
        }
        QueueNode node = elements[idx];
        if(idx != size - 1) {
            elements[idx] = elements[size - 1];
        }
        size -- ;
        return node;
    }
}
```

2. 入队时按优先级插入队列中

队列中的所有元素按优先级非递减排列,下标为 0 的元素优先级最低,下标为 size－1 的元素优先级最高,可见,该方案以下标为 0 的元素作为队尾元素,以下标为 size－1 的元素作为队头元素。新元素入队时插入队列中的适当位置,使得队列中所有元素依然是有序的,出队时队头元素(下标为 size−1)出队。采用该方案,入队操作的时间复杂度最差为 $O(n)$,出队操作的时间复杂度为 $O(1)$。

算法 3.7 顺序存储结构的优先队列。

用 C 语言描述如下。

```c
#define MAXSIZE          100
typedef struct {
    ElemType data;
    int priority;
} QueueNode;

typedef struct {
    QueueNode elements[MAXSIZE];
    int size;
} PriorityQueue;

//初始化空队列
void init(PriorityQueue * queue) {
    queue->size = 0;
}

//node 入队
int enQueue(PriorityQueue * queue, QueueNode node) {
    if(queue->size == MAXSIZE) {
        return 0;
    }
    int i = queue->size-1;
    while(i >= 0 && node.priority < queue->elements[i].priority) {
        queue->elements[i+1] = queue->elements[i];
        i--;
    }
    queue->elements[i+1] = node;
    queue->size++;
    return 1;
}

//出队,出队元素传给 * node
int deQueue(PriorityQueue * queue, QueueNode * node) {
    if(queue->size == 0) {
        return 0;
    }
    * node = queue->elements[--queue->size];
    return 1;
}
```

用 Java 语言描述如下。

```java
public class QueueNode {
    private ElemType data;
    private int priority;
    public QueueNode(ElemType data, int priority) {
        this.data = data;
        this.priority = priority;
    }

    public ElemType getData() {
```

```
            return data;
        }
        public int getPriority() {
            return priority;
        }
        public void setData(ElemType data) {
            this.data = data;
        }
        public void setPriority(int priority) {
            this.priority = priority;
        }
    }

public class PriorityQueue {
    private final int MAXSIZE = 100;
    private QueueNode[] elements;
    private int size;
    public PriorityQueue() {
        elements = new QueueNode[MAXSIZE];
        size = 0;
    }

    //node 入队
    public boolean enQueue(QueueNode node) {
        if(size == MAXSIZE) {
            return false;
        }
        int i = size - 1;
        while(i >= 0 && node.getPriority() < elements[i].getPriority()) {
            elements[i + 1] = elements[i];
            i -- ;
        }
        elements[i + 1] = node;
        size ++;
        return true;
    }

    //出队,返回出队元素
    public QueueNode deQueue() {
        return size == 0 ? null : elements[ -- size];
    }
}
```

第 8 章将介绍"堆"的相关知识,如果将队列中所有元素按照"堆"来组织,则入队和出队的时间复杂度均可达到 $O(\log n)$。

3.3 栈和队列的应用

3.3.1 栈的应用

1. 进制转换与括号匹配

进制转换是一个很常见的问题,例如,将一个正整数转换为二进制、八进制、十进制或者十六进制等形式。假设要将一个正整数 N 转换为 m 位 d 进制数(d 是大于或等于 2 的正整数)$n_{m-1}n_{m-2}\cdots n_1 n_0$ 形式,其中,n_i 是它的各位数字($i=0,1,\cdots,m-1$),方法如下。

(1) 令 $i=0$。

(2) 令 $n_i=N\%d$,$N=N/d$(这里%和/分别是求余和整除运算),$i++$。

(3) 重复执行步骤(2),直到 $N=0$。

可以看出,最先求得的是最低位 n_0,然后是次低位 n_1,$\cdots$,最后才是最高位 n_{m-1},而一般都是从高位到低位依次输出,这恰好符合栈"先进后出"的操作特点,可以用栈来依次保存求得的各位数字,然后再依次出栈并输出。

算法 3.8　将正整数 N 转换为 d 进制数。

该算法的 C 语言描述如下。

```c
void conversion(int N, int d) {
    Stack stack;
    init(&stack);
    do {
        push(&stack, N % d);
        N = N / d;
    }
    while(N > 0);
    char digit[] = "0123456789ABCDEFGHIJKLMNOPQRSTUVWXYZ";
    while(!isEmpty(&stack)) {
        //出栈并输出一位数字
        int dig = pop(&stack);
        putchar(digit[dig]);
    }
}
```

该算法的 Java 语言描述如下。

```java
public void conversion(int N, int d) {
    Stack stack = new Stack();
    do {
        stack.push(N % d);
        N = N / d;
    }
    while(N > 0);
    String digit = "0123456789ABCDEFGHIJKLMNOPQRSTUVWXYZ";
    while(!stack.isEmpty()) {
        //出栈并输出一位数字
        int dig = stack.pop();
        System.out.print(digit.charAt(dig));
    }
}
```

当然,也可以用递归函数描述如下。

C 语言描述:

```c
void conversion(int N, int d) {
    char digit[] = "0123456789ABCDEFGHIJKLMNOPQRSTUVWXYZ";
    if(N == 0) {
        putchar('0');
    }
    else {
        conversion(N / d);              //将去掉最低位数字后的数值转换为 d 进制数
        putchar(digit[N % d]);          //输出最低位数字
```

```
    }
}
```

Java 语言描述：

```
void conversion(int N, int d) {
    String digit = "0123456789ABCDEFGHIJKLMNOPQRSTUVWXYZ";
    if(N == 0) {
        System.out.print('0');
    }
    else {
        conversion(N / d);                      //将去掉最低位数字后的数值转换为 d 进制数
        System.out.print(digit.charAt(N % d));  //输出最低位数字
    }
}
```

可以看出，用递归形式更加简洁，形式上也看不到栈的应用。但实际上，对于函数调用尤其是函数的递归调用，栈都在"幕后"默默做着大量的工作。

还有一个典型问题可以用栈来解决，那就是表达式中的括号匹配问题。假设表达式中可以包含三类括号：圆括号（小括号）、方括号（中括号）和花括号（大括号），且可以相互嵌套，但必须能够正确配对。例如，(\{[]\}((){})) 就是正确的格式，而 \}\{[()]\{或者\{[(]\} 就是不正确的格式。

根据表达式括号的配对规则，对于先出现的左括号 1 和后出现的左括号 2，后出现的左括号 2 应先于先出现的左括号 1 得到对应的右括号的匹配，这恰好符合"先进后出"的特点，可以用栈来实现。

算法 3.9　对一个字符串中的括号进行配对，正确配对则返回 1（true），否则返回 0（false）。

该算法的 C 语言描述如下。

```
int bracketMatch(char str[], int n) {
    Stack stack;
    init(&stack);
    for(int i = 0; i < n; i ++) {
        char c = str[i];
        if(c == '(' || c == '[' || c == '{') {        //遇到左括号则入栈
            push(&stack, c);
        }
        else if(c == ')' || c == ']' || c == '}') {
        //遇到右括号则出栈并配对，期待出栈的是匹配的左括号
            if(isEmpty(&stack)) return 0;              //若栈为空则说明缺失匹配的左括号
            char left = pop(&stack);
            if(!(left == '(' && c == ')' || left == '[' && c == ']'
                || left == '{' && c == '}')) {
                return 0;                             //不匹配则返回 0
            }
        }
    }
    return isEmpty(&stack) ? 1 : 0;                    //若栈非空则说明存在多余的左括号
}
```

该算法的 Java 语言描述如下。

```
public boolean bracketMatch(char[] str, int n) {
```

```
Stack stack = new Stack();
for(int i = 0; i < n; i ++) {
    char c = str[i];
    if(c == '(' || c == '[' || c == '{') {          //遇到左括号则入栈
        stack.push(c);
    }
    else if(c == ')' || c == ']' || c == '}') {
    //遇到右括号则出栈并配对,期待出栈的是匹配的左括号
        if(stack.isEmpty()) return 0;               //若栈为空则说明缺失匹配的左括号
        char left = stack.pop();
        if(!(left == '(' && c == ')' || left == '[' && c == ']'
        || left == '{' && c == '}')) {
            return 0;                               //不匹配则返回 0
        }
    }
}
return stack.isEmpty() ? 1 : 0;                      //若栈非空则说明存在多余的左括号
}
```

2. 算术表达式计算

一个算术表达式由操作数(运算数)、操作符(运算符)和括号组成,其中,操作符(运算符)有加(+)、减(-)、乘(*)和除(/),假设括号只限定使用左右圆括号且必须正确配对。可以通过栈来实现算术表达式的计算。

日常遇到的算术表达式称为**中缀表达式**(infix expression),即操作符在两个操作数之间,如(3+5)*7-1。中缀表达式的计算规则如下。

(1)先计算括号内,后计算括号外,如果有多层括号,则先处理内层括号,后处理外层括号。

(2)无括号或者同层括号内,先乘除,后加减,即乘除运算优先于加减运算。

(3)对于同一优先级的运算,从左向右依次计算。

运算的优先级对于中缀表达式的计算至关重要。假设整个表达式以"="结束,将左右括号和等号也考虑在内考察相邻运算符的优先级关系,如表 3.3 所示,其中,优先级比较结果的">"表示前一个运算符优先于相邻的后一个运算符,"<"表示后一个运算符优先于相邻的前一个运算符,"="表示左右括号配对。

表 3.3 前后两个相邻运算的优先级比较

前＼后	+	-	*	/	(	)	=
+	>	>	<	<	<	>	>
-	>	>	<	<	<	>	>
*	>	>	>	>	<	>	>
/	>	>	>	>	<	>	>
(	<	<	<	<	<	=	非法
)	>	>	>	>	非法	>	>

中缀表达式的计算过程如下。

（1）初始化运算符栈 OPTR 和操作数栈 OPND。

（2）从左向右扫描表达式。

（3）遇到操作数,则操作数入栈 OPND。

（4）遇到运算符 op2:

① 如果运算符栈 OPTR 为空,则 op2 入栈 OPTR。

② 如果 OPTR 非空,则取 OPTR 栈顶运算符 op1,比较 op1 和 op2 的优先级。

- 如果 op1＜op2,则 op2 入栈 OPTR。
- 如果 op1＞op2,则 op1 从 OPTR 出栈,从 OPND 出栈两个操作数 n2 和 n1(注意先出栈的是 n2,后出栈的是 n1),以 n1 为左操作数,n2 为右操作数,完成 op1 运算,结果入栈 OPND,并继续进行②的比较。
- 如果 op1＝op2(左右括号配对),则将 OPTR 栈顶的左括号出栈。
- 如果是"非法",则结束,不再计算,因为表达式格式错误。

（5）表达式结束时,OPTR 栈应该为空,如果不为空则表达式格式错误,否则 OPND 栈仅剩的唯一数值就是表达式的计算结果,如果 OPND 栈为空栈或者长度大于 1 则表达式格式错误。

算术表达式除了有中缀表达式以外,还有前缀表达式和后缀表达式。

前缀表达式(prefix expression)也称为波兰式,该表达式中不存在括号,只包含运算符和操作数,且运算符在两个操作数之前,例如,$-$ ＊ ＋ 3 5 7 1 就是一个合规的前缀表达式,其中,3、5、7、1 各是一个操作数。

前缀表达式的计算规则如下。

（1）从右向左扫描表达式。

（2）遇到运算符 op 就将后面的两个操作数 n1 和 n2,以 n1 为左操作数,n2 为右操作数进行 op 运算,运算结果依然放在 op、n1 和 n2 原位。

（3）一直扫描计算下去,直到产生计算结果。

例如,对于前缀表达式 $-$ ＊ ＋ 3 5 7 1,为了看着清晰,人为写出 $-$,＊,＋,3,5,7,1。先计算 3+5,表达式变为 $-$,＊,8,7,1,再计算 8＊7,表达式变为 $-$,56,1,最后计算 56$-$1,结果为 55。

前缀表达式的计算过程如下。

（1）初始化操作数栈 OPND。

（2）从右向左扫描表达式。

（3）遇到操作数,则操作数入栈 OPND。

（4）遇到运算符 op,则从栈 OPND 出栈两个操作数 n1 和 n2(注意先出栈的是 n1,后出栈的是 n2),以 n1 为左操作数 n2 为右操作数,完成 op 运算,结果入栈 OPND。

（5）重复上述过程（3）和（4）,直到表达式最左端,最后栈 OPND 中仅剩的唯一数值就是表达式的计算结果,如果 OPND 长度不为 1 则说明表达式错误。

后缀表达式(suffix expression)也称为逆波兰式,该表达式中也不存在括号,只包含运算符和操作数,且运算符在两个操作数之后,例如,3 5 ＋ 7 ＊ 1 $-$ 就是一个合规的后缀表达式,其中,3、5、7、1 各是一个操作数。

后缀表达式的计算规则如下。

（1）从左向右扫描表达式。

（2）遇到运算符 op 就将前面的两个操作数 n1 和 n2，以 n1 为左操作数 n2 为右操作数进行 op 运算，运算结果依然放在 n1、n2 和 op 原位。

（3）一直扫描计算下去，直到产生计算结果。

例如，对于后缀表达式 3 5 ＋ 7 ＊ 1－，为了看得清晰，人为写出 3,5,＋,7,＊,1,－。先计算 3＋5，表达式变为 8,7,＊,1,－，再计算 8＊7，表达式变为 56,1,－，最后计算 56－1，结果为 55。

后缀表达式的计算过程如下。

（1）初始化操作数栈 OPND。

（2）从左向右扫描表达式。

（3）遇到操作数，则操作数入栈 OPND。

（4）遇到运算符 op，则从栈 OPND 出栈两个操作数 n2 和 n1（注意先出栈的是 n2，后出栈的是 n1），以 n1 为左操作数，n2 为右操作数，完成 op 运算，结果入栈 OPND。

（5）重复上述过程（3）和（4），直到表达式最右端，最后栈 OPND 中仅剩的唯一数值就是表达式的计算结果，如果 OPND 长度不为 1 则说明表达式错误。

与中缀表达式相比，前缀表达式和后缀表达式的计算过程非常简单，也不用考虑运算符之间的优先级。

3.3.2　栈与递归

1. 函数调用中的栈

在编写任何稍大一些的程序时，都不可避免地会用到函数调用，而栈在"幕后"做了大量的工作。

当一个函数 A 调用函数 B 时，其基本执行过程如下。

（1）函数 A 向函数 B 传递参数。

（2）转到函数 B 的入口地址执行。

（3）函数 B 取得函数 A 传递过来的参数，进行处理，获得处理结果。

（4）函数执行完毕后，返回函数 A 中调用函数 B 的指令的下一条指令（返回地址处的指令）继续执行。

该过程如图 3.9 所示。

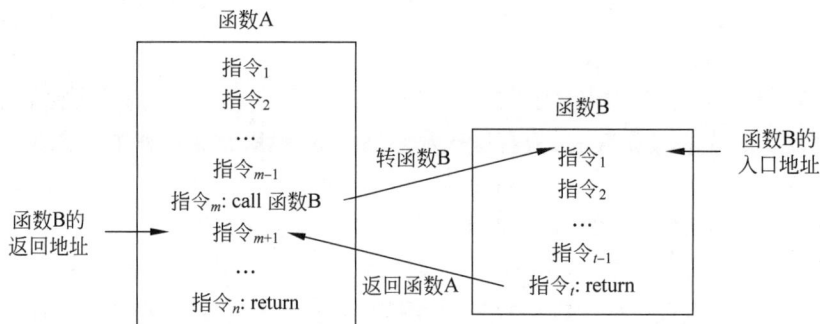

图 3.9　函数调用过程示例

这里存在一个问题：从函数 B 返回函数 A 继续执行时，函数 A 的后续指令需要和调用函数 B 之前的指令具有共同的上下文环境，这一环境可能由于函数 B 的执行而遭到破坏。解决这个问题的方法如下。

（1）设置一个栈。

（2）在函数 A 调用函数 B 而转到函数 B 执行之前，将必要的上下文保存在栈中（入栈，保护现场）。

（3）在从函数 B 返回函数 A 继续执行时，恢复保存过的上下文环境（出栈，恢复现场）。

由于一个程序中普遍存在函数的嵌套调用，例如，函数 A 调用函数 B，函数 B 又调用函数 C，函数 C 又调用函数 D，所以这里保护与恢复现场要用栈来实现，先保存的现场后恢复，后保存的现场先恢复。

以 C 语言为例，函数 A 调用函数 B 以及从函数 B 返回的相关处理如下。

（1）将函数 A 传递给函数 B 的参数值入栈，返回地址入栈。

（2）转函数 B 执行。

（3）函数 B 在栈中为自身的局部自动变量分配空间。

（4）函数 B 执行自身的指令序列，通过栈访问入口参数，用寄存器保存返回值。

（5）释放栈中局部自动变量所占空间，返回地址出栈，转返回地址执行。

（6）函数 A 释放传递给函数 B 的参数所占的栈空间，从对应的寄存器获得函数 B 的返回值。

对应的栈的内容如图 3.10 所示。

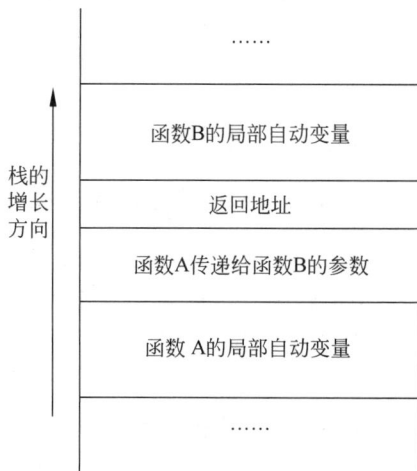

图 3.10 函数 A 调用函数 B 相关的栈的内容

2. 递归

递归（recursion）就是指在自身的定义中又直接或间接地引用了自身。

如果一个概念的定义中出现了用自身来定义自身，则该定义就是一个递归的定义，例如后面要学习的树结构中就有很多递归形式定义的术语。

在之前学习过的单链表结点类型的定义也涉及递归，例如：

```
struct SLinkNode {
    ElemType data;
```

```
        struct SLinkNode  * next;
    };
    public class SLinkNode {
        private ElemType data;
        private SLinkNode next;
        …
    }
```

如果一个算法直接或间接地调用了自身,则该算法就是一个递归算法。程序中的函数也一样存在递归函数。前面刚刚讲过,程序中的函数调用需要用栈来保护与恢复现场,递归的函数也必然如此。后续章节将涉及大量的递归算法。

很多数学函数也常常用到递归,例如阶乘函数:

$$\text{fac}(n) = \begin{cases} 1 & (n = 0) \\ n \times \text{fac}(n-1) & (n > 0) \end{cases}$$

又如二阶斐波那契数列:

$$\text{fib}(n) = \begin{cases} 1 & (n = 0) \\ 1 & (n = 1) \\ \text{fib}(n-1) + \text{fib}(n-2) & (n > 1) \end{cases}$$

如果用循环迭代方式来实现上述阶乘函数和二阶斐波那契数列,则时间复杂度为 $O(n)$,空间复杂度为 $O(1)$,而用递归函数来实现,则时间复杂度依然为 $O(n)$,但由于需要辅助的栈空间,其空间复杂度则为 $O(n)$。

再如,指数函数 $a^n (n \geqslant 0)$,如果采用连乘 n 个 a 的方法来实现,其时间复杂度为 $O(n)$,空间复杂度为 $O(1)$,而用递归则可写成如下形式。

$$\text{pow}(a, n) = a^n = \begin{cases} 1 & (n = 0) \\ \left[\text{pow}\left(a, \dfrac{n}{2}\right) \right]^2 & (n > 0, n \text{ 为偶数}) \\ \left[\text{pow}\left(a, \dfrac{n-1}{2}\right) \right]^2 \cdot a & (n > 0, n \text{ 为奇数}) \end{cases}$$

如果该指数函数用递归函数来实现,则时间复杂度和空间复杂度均为 $O(\log n)$。当然,如果根据上述递归公式,但不采用递归函数而是采用适当的循环迭代方法来实现,在保持时间复杂度为 $O(\log n)$ 的同时空间复杂度可降为 $O(1)$。

3. 递归与分治

在后面章节将学习的二叉树的遍历、快速排序和归并排序等都采用了分治法思想。

分治法的基本思想很容易理解。

(1) 求解一个问题所需时间与问题规模有关,问题规模越小,所需时间越少,问题规模越大,所需时间越多。

(2) 问题规模小到一定程度,可以直接求解。

(3) 对于不能直接求解的大规模问题,可将其分为若干规模较小的同类问题,如果这些小规模问题得以求解,即可将求解结果组合为大规模问题的解。

分治法算法一般由如下三部分组成。

（1）分解。

将规模为 n 的问题，分解为 $k \geqslant 1$ 个子问题，每个子问题的规模严格小于原问题的规模。

（2）治理。

如果子问题的规模小到可以直接解决则直接求解，否则递归地求解分解出的各个子问题。

（3）组合。

将各个子问题的解组合为原问题的解。

在学习、工作和生活中经常会用到分治法，例如，上级主管部门要求学校报送某项涉及全校的材料，学校对应的分管职能部门向全校发出通知，要求各个二级单位报送该项材料，汇总之后报送上级主管部门，而每个二级单位的材料也是从其下属的部门收集来的，这也是分治法。在一个企事业单位中，面对一个大的工作任务，往往需要对任务进行层层分解，只要每个人、每个小组和每个团队都能够将分解指派的任务圆满完成，上下一心，通力合作，整个大的工作任务一定能够获得圆满解决，这也体现了分治法的强大能力。

例如，求具有 n 个整型元素的一维数组 a 的最大值，很容易想到如下算法。

```
int max(int a[], int n) {                //求 a[0..n-1]的最大值
    int m = a[0];
    for(int i = 1; i < n; i ++) {
        if(a[i] > m) {
            m = a[i];
        }
    }
    return m;
}
```

如果采用分治法，可以将数组 a 分为元素数相近的两个子数组分别求其最大值（若子数组只有一个元素则该元素就是子数组的最大值），两个最大值的较大者即为整个数组的最大值，对应的分治法算法如下。

```
int max(int a[], int low, int high) {        //求 a[low..high]的最大值
    if(low == high) return a[low];
    int mid = (low + high) / 2;
    int m1 = max(a, low, mid);
    int m2 = max(a, mid + 1, high);
    return m1 > m2 ? m1 : m2;
}
```

该问题的分治法算法的时间性能并未得到提高，反而由于递归所需的辅助栈空间使得空间复杂度增加了，但该例子能够简单直观地体现分治法思想。

汉诺塔问题也是一个能够简单直观体现分治法思想的典型问题：有 A、B 和 C 三个位置，在 A 位置从下往上按照由大到小的尺寸摞着 64 个圆盘，要求每次只能在三个位置之间移动一个圆盘，且在任何位置小圆盘上面不能出现大圆盘，最终将 A 位置的 64 个圆盘借助 B 位置移到 C 位置，如何移动？

可以将该问题的分治法解决方案描述如下。

（1）将 A 位置的 63 个圆盘借助 C 位置移动到 B 位置。

（2）将 A 位置仅剩的一个圆盘直接移动到 C 位置。

（3）将 B 位置的 63 个圆盘借助 A 位置移动到 C 位置，至此，问题得到解决。

（4）至于（1）所述的 63 个圆盘和（3）所述的 63 个圆盘的移动方案，可以依据同样的道理进行分解。

该解决方案的算法描述如下。

```
//将 n 个圆盘从 A 借助 B 移到 C
void hanoi( int n, int A, int B, int C) {
    if(n == 1) {
        move(A, C);                    //如果只有 1 个圆盘则从 A 直接移到 C
    }
    else {
        hanoi(n-1, A, C, B);           //将 n-1 个圆盘从 A 借助 C 移到 B
        move(A, C);                    //A 的 1 个圆盘直接移到 C
        hanoi(n-1, B, A, C);           //将 n-1 个圆盘从 B 借助 A 移到 C
    }
}
```

3.3.3 队列的应用

在后面的树结构中的按层次遍历和图结构中的广度优先搜索都要利用队列来实现。在计算机领域中，队列有着广泛的应用。

在计算机操作系统的进程调度策略中，就有一种称为先来先服务（First Come First Service，FCFS）的策略，就绪进程组织为一个队列，而操作系统总是把当前处于就绪队列队头的进程调度到运行状态。

在计算机网络中，当一台路由器收到一个 IP 数据报时，它总是根据 IP 数据报头中的目的 IP 地址和自身的路由表，将 IP 数据报放入对应接口的转发队列中，排队等待转发到下一台路由器。通过这样的分段接力式的存储转发机制，一个 IP 数据报就能够从源主机发送到目的主机。

进程之间可以利用消息队列跨平台地进行消息传递，进行分布式系统的集成。发送者进程将要传递给其他进程的消息放入消息队列，而接收者则从消息队列接收消息。

为了缓和 CPU 和 I/O 设备速度不匹配的矛盾，提高 CPU 和 I/O 设备之间的并行性，绝大多数的 I/O 设备在与 CPU 进行数据交换时，都须通过缓冲区来实现，而缓冲区的组织形式就是队列。键盘输入有缓冲区，文件访问也有缓冲区，打印输出和网络通信等也都有对应的缓冲区。

队列的应用实例还有很多，在此不一一列举。

小结

本章的知识点归纳总结如下。

本章中需要重点掌握的内容有：

（1）栈和队列的基本概念。

（2）顺序栈和链式栈的存储结构与基本操作。

（3）循环队列和链式队列的存储结构与基本操作。

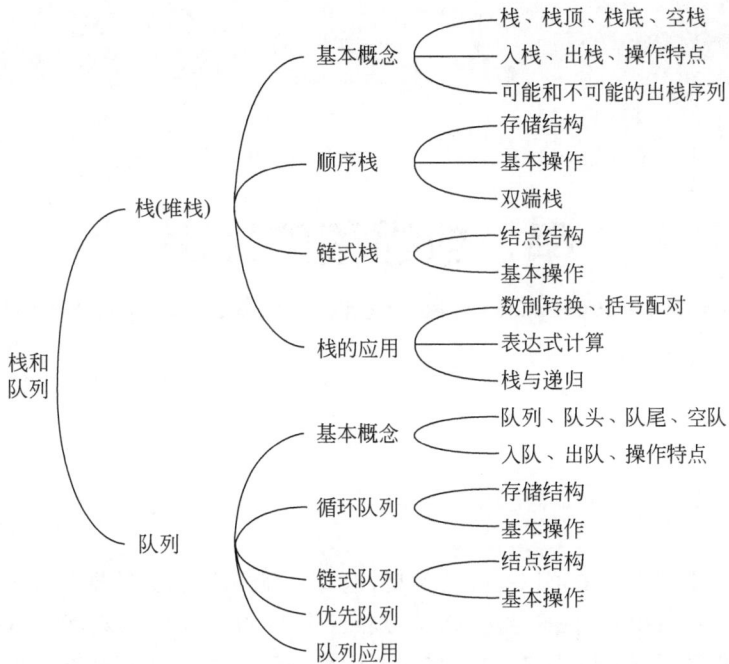

```
                                        ┌─ 栈、栈顶、栈底、空栈
                          ┌─ 基本概念 ──┼─ 入栈、出栈、操作特点
                          │             └─ 可能和不可能的出栈序列
                          │             ┌─ 存储结构
                          │             ├─ 基本操作
                          ├─ 顺序栈 ────┤
                          │             └─ 双端栈
                 栈(堆栈) ─┤             ┌─ 结点结构
                          ├─ 链式栈 ────┤
                          │             └─ 基本操作
                          │             ┌─ 数制转换、括号配对
                          └─ 栈的应用 ──┼─ 表达式计算
    栈和                                └─ 栈与递归
    队列 ─┤
                          ┌─ 基本概念 ──┬─ 队列、队头、队尾、空队
                          │             └─ 入队、出队、操作特点
                          │             ┌─ 存储结构
                          ├─ 循环队列 ──┤
                          │             └─ 基本操作
                 队列 ────┤             ┌─ 结点结构
                          ├─ 链式队列 ──┤
                          │             └─ 基本操作
                          ├─ 优先队列
                          └─ 队列应用
```

习题 3

1. 设计一个支持 push(入栈)、pop(出栈)、getTop(取栈顶元素)和 getMin(取最小元素)操作的栈,不考虑溢出情况,写出该栈的存储结构定义及算法,要求上述 4 个操作的时间复杂度均为 $O(1)$。

2. 对于入栈序列 $(0,1,\cdots,n-1)$,设计一个算法,判断序列 $(list[0], list[1], \cdots, list[n-1])$(该序列是入栈序列的某一个排列)是否是可能的出栈序列。

3. 写出计算表达式 $((3+4)*7-4)*3$ 的值时的操作数栈和运算符栈的变化情况。

第4章

串、数组和广义表

线性表的每个数据元素可以是任意类型,但有一种线性表,其数据元素的类型只能是字符型,这就是串(字符串)。在日常生活、学习和工作中,几乎每时每刻都与串打交道,例如,姓名、学号、身份证号、地名、书名、电影名和电话号码等都是串,本段落文字也是一个串。我们还经常用到数组,例如,若干整数构成的一维数组,表示矩阵的二维数组等。本章将介绍串、数组和广义表的有关概念和基本操作。

4.1 串

4.1.1 基本概念

串(string)是由零个或多个字符构成的有限序列,组成串的字符个数称为**串长**,包含零个字符的串称为**空串**。例如,串"abcd"就是一个由 4 个英文字母构成的串,其串长为 4。

由一个串中连续任意多个字符组成的子序列称为该串的**子串**,而包含这个子串的串称为**主串**,子串的第一个字符在主串中的位置称为子串在主串中的**位置**。空串是任意串的子串,非空且不是主串自身的子串称为**真子串**。例如,有串 A="Data Structure",串 B="Data",串 C="Structure",则串 B 和串 C 均为串 A 的子串,且都是真子串,其中,串 B 在串 A 中的位置为 1,串 C 在串 A 中的位置为 6。

注意,在这里,串中的位置是从 1 开始定义的,而在程序设计中往往从 0 开始定义,后面的内容均从 0 开始定义字符或子串在主串中的位置。

还可以按照字典顺序比较两个串的大小,设 $S.\text{length}$ 表示串 S 的长度,$S[p]$ 表示串 S 中的第 p 个字符($p=0,1,2,\cdots,S.\text{length}-1$),则对串 A 和串 B 进行比较的方法如下。

(1) 对于 $p=0,1,2,\cdots,\min(A.\text{length},B.\text{length})-1$,循环执行:

① 如果 $A[p]<B[p]$,则 $A<B$,结束。

② 如果 $A[p]>B[p]$,则 $A>B$,结束。

(2) 如果 $p<A.\text{length}$,则 $A>B$。

(3) 如果 $p<B.\text{length}$,则 $A<B$。

(4) 如果 $A.\text{length}==B.\text{length}$,则 $A==B$。

例如,串"abcd"和"abcde"就是不相等的,因为它们的串长不同;串"abcd"和"abdc"也是不相等的,因为第一个串的第三个字符为'c',而第二个串的第三个字符为'd';串"abcd"<串"abdc",串"abcd"<串"abcdef"。

串的抽象数据类型可描述如下。

```
ADT String {
    数据对象: D = {a_i | a_i ∈ Char, i = 0,1,2,…,n-1,n≥0}
    数据关系: R = {<a_i, a_{i+1}> | a_i, a_{i+1} ∈ D, i = 0,1,2,…,n-2,n≥0}
    基本操作:
        init(): 初始化空串。
        destroy(): 销毁该串,释放动态分配给串的存储空间。
        length(): 返回该串的长度。
        charAt(p): 返回该串中 p 位置的字符。
        copy(): 返回该串的副本。
        concat(s): 将串 s 连接到该串的尾部。
        compare(s): 比较该串与串 s 的大小,返回比较结果。
        subString(pos, len): 返回该串中 pos 位置开始的连续 len 个字符构成的子串。
        indexOf(s): 返回字符 s 或者串 s 在该串中的位置,如果不存在则返回-1。
        replace(ss, rs): 将该串中位置最小的子串 ss 替换为串 rs。
        replaceAll(ss, rs): 将该串中所有的子串 ss 替换为串 rs。
}
```

4.1.2 存储结构

串和前面所讲线性表一样,也有顺序存储结构和链式存储结构,存储结构的定义与线性表基本一致,只不过需要把数据元素的类型固定为字符型(char),在此对串的顺序存储结构不再赘述。

对于串的链式存储,链表中的每个结点可以只存储一个字符,也可以存储一组字符构成的子串。如果每个结点只存储一个字符,则结点的链接域与存储的字符相比,开销可能过大,整体存储效率过低。如果每个结点存储一组字符,则很多操作要比只存储一个字符实现起来麻烦很多。

在实际应用中,要根据应用需求综合考虑,选择适当的存储结构。

4.1.3 模式匹配

串的**模式匹配**(pattern matching)算法即在主串中确定子串位置的算法,在很多领域都有广泛的应用。将需要在主串中定位的子串称为**模式串**(pattern string)。串的模式匹配有两个典型算法,分别是 BF(Brute-Force)算法和 KMP(Knuth-Morris-Pratt)算法。

1. BF 算法

BF 算法的基本思想很容易理解:从主串的串首位置开始,将主串中与模式串等长的所有子串均与模式串进行比较,遇到相等的情况则为匹配成功,如果主串中不存在与模式串相等的子串,则为匹配失败。

按照该基本思想,串的模式匹配的基本过程如下。

(1) 令主串为 s,长度为 ls,模式串为 p,长度为 lp,$i=0$。

(2) 当 $i \leqslant \text{ls} - \text{lp}$ 时循环:

① 如果对于所有的 $j=0,1,\cdots,\text{lp}-1$ 都满足 $s[i+j]==p[j]$，即 s 中从 i 位置开始长度为 lp 的子串==模式串 p，则匹配成功，返回 i。

② 否则，$i=i+1$。

(3) 当 $i>\text{ls}-\text{lp}$ 时匹配失败。

算法 4.1 在长度为 **ls** 的串 s 中匹配长度为 **lp** 的模式串 p，返回匹配位置，匹配失败则返回 **−1**。

```
//如果用 Java 描述则将[]放在 char 后面
int indexOf(char s[], int ls, char p[], int lp) {
    for(int i = 0; i <= ls - lp; i ++) {
        int j;
        for(j = 0; j < lp; j ++) {
            if(s[i + j] != p[j]) break;
        }
        if(j >= lp) {
            return i;
        }
    }
    return -1;
}
```

也可以改用如下描述。

```
//如果用 Java 描述则将[]放在 char 后面
int indexOf(char s[], int ls, char p[], int lp) {
    if(lp == 0) {
        return -1;
    }
    int i = 0, j = 0;
    while(i < ls && j < lp) {
        if(s[i] == p[j]) {
            i ++;
            j ++;
        }
        else {
            i = i - j + 1;
            j = 0;
        }
    }
    return j == lp ? i - j : -1;
}
```

为了充分理解第二种描述，参见图 4.1，其中，ls 表示主串的长度，lp 表示模式串的长度，灰色背景框表示模式串与主串中已通过比较确定相等的部分。

设主串的长度为 n，模式串的长度为 m，则 BF 算法匹配成功的最好时间复杂度为 $O(m)$，最坏时间复杂度 $O(nm)$，即最好情况下主串首部长度为 m 的子串就等于模式串，最坏情况下主串尾部长度为 m 的子串才等于模式串，此时绝大多数主串中从每个位置开始长度为 m 的子串都要与模式串进行比较。类似的道理，BF 算法匹配失败的最好时间复杂度 $O(n)$，最坏时间复杂度 $O(nm)$。平均情况下，认为 BF 算法无论是匹配成功还是失败，其时间复杂度均为 $O(nm)$。

2. KMP 算法

在 BF 算法中，每次当主串中的一个字符和模式串中的一个字符不匹配时，主串的重新

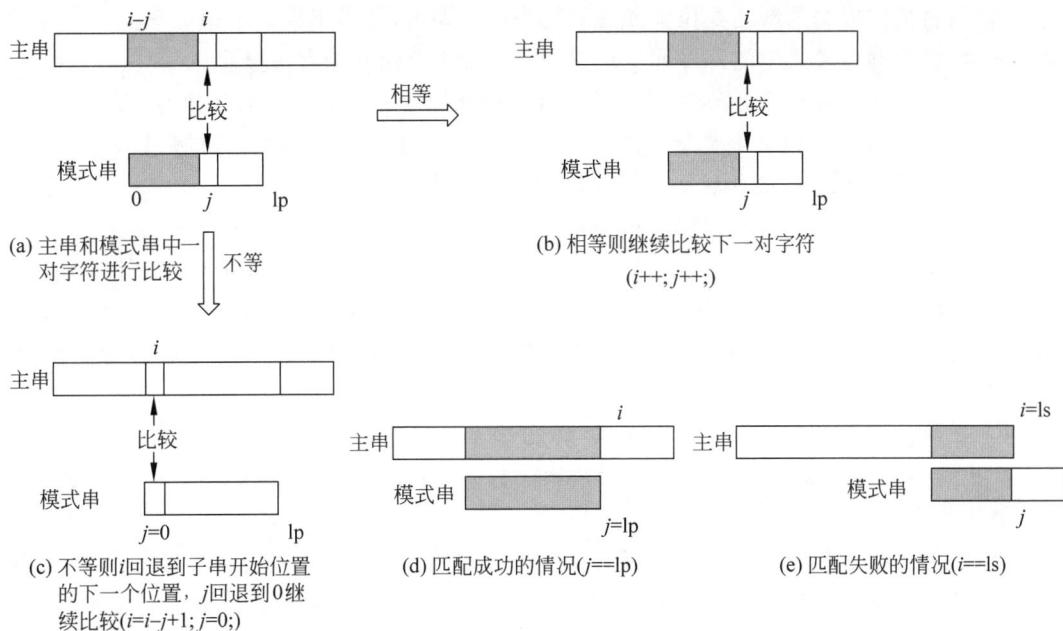

图 4.1 BF 算法执行过程示例

匹配位置都要回退到已匹配部分开始位置的下一个位置($i=i-j+1$),模式串的重新匹配位置都会回退到串首位置($j=0$),导致之前的匹配结果不能得以利用,需要进行大量不必要的比较。

Knuth、Morris 和 Pratt 对朴素的 BF 算法进行了改进,其中,Knuth 就是著名的算法和程序设计技术的先驱者,1974 年图灵奖得主高德纳(姚期智夫人储枫为 Knuth 所起的中文名)。

在 KMP 算法中,当主串中的一个字符和模式串中的一个字符不匹配时,主串的重新匹配位置不再回退,而是一直向前移动。

例如,如图 4.2(a)所示,设主串为"abcdabcde67",模式串为"abcde",当主串的子串"abcda"和模式串"abcde"匹配失败时,主串的重新匹配位置不回退,而是将模式串的重新匹配位置回退到 0。再如,如图 4.2(b)所示,设主串为"abcababcabc",模式串为"abcabc",当主串的子串"abcaba"和模式串"abcabc"匹配失败时,主串的重新匹配位置依然不回退,而是将模式串的重新匹配位置回退到 2。

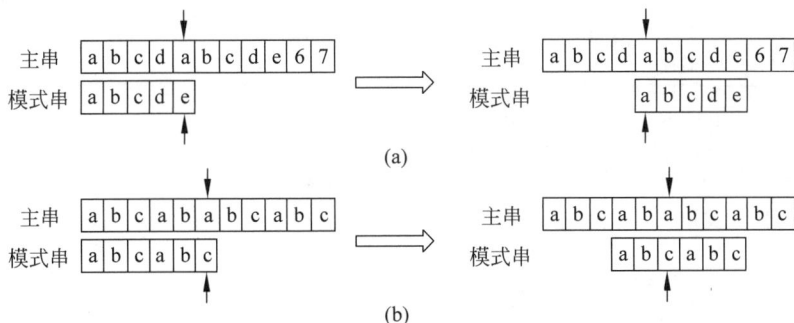

图 4.2 模式匹配示例

可见,当主串中的一个子串和模式串整体匹配失败时,主串的重新匹配位置不需要回退,只需要将模式串的重新匹配位置回退到适当位置即可,相当于模式串相对于主串向右滑动。那么,如何确定模式串的匹配回退位置呢?下面先介绍几个有关概念。

(1) 串的前缀:不包含串尾字符的以串首字符开始的非空子串称为串的前缀。

(2) 串的后缀:不包含串首字符的以串尾字符结尾的非空子串称为串的后缀。

(3) 公共前后缀:前缀和后缀相等的称为串的公共前后缀。

(4) 最长公共前后缀:长度最长的公共前后缀称为最长公共前后缀。

注意,这里所定义的前缀和后缀都是非空的,且不能与原串相等,属于真前缀和真后缀。

例如,串"abacaba"的前缀有"a"、"ab"、"aba"、"abac"、"abaca"和"abacab",后缀有"a"、"ba"、"aba"、"caba"、"acaba"和"bacaba",公共前后缀有"a"和"aba",其中,"aba"是最长公共前后缀。

KMP算法的基本思想是:当主串的一个子串和模式串整体匹配失败时,如果已匹配成功部分出现后缀和前缀相等的情况,则模式串的重新匹配位置回退到最长公共前后缀之后的位置。

例如,如图 4.2(b)所示的主串的子串"abcaba"和模式串"abcabc"整体匹配失败时,主串的子串"abcab"和模式串的子串"abcab"已经匹配成功,这一部分的最长公共前后缀是"ab",则模式串回退到子串"cabc"位置重新匹配。

假设模式串的长度为 m,定义一个和模式串等长的 next 数组,其中,next$[j]$($j=0, 1, \cdots$, $m-1$)表示当模式串的 j 位置字符匹配失败时,应该回退到哪个位置重新匹配。next 数组元素取值如下。

(1) next$[0]$固定为-1,因为如果模式串的 0 位置字符匹配失败,则没有位置可回退了,此时主串的匹配位置应该移到下一个位置。

(2) next$[1]$固定为 0,因为如果模式串的 1 位置字符匹配失败,应该回退到 0 位置重新匹配。

(3) 对于任意的 $j=2, 3, \cdots, m-1$,next$[j]$的值为模式串中从 0 位置直到 $j-1$ 位置的最长公共前后缀的长度。

注意,不同教材或资料对 next 数组的定义是不同的,有的将下标定义为从 1 开始,有的将 next$[j]$定义为模式串中从串首直到 j 位置的最长公共前后缀的长度,但无论如何定义,本质上没有不同,只不过在 next 数组元素值的使用上有所差别。

例如,对于模式串"abcabc",则

```
next[0] = -1
next[1] = 0("a"不存在公共前后缀)
next[2] = 0("ab"不存在公共前后缀)
next[3] = 0("abc"不存在公共前后缀)
next[4] = 1("abca"的最长公共前后缀为"a",长度为1)
next[5] = 2("abcab"的最长公共前后缀为"ab",长度为2)
```

再如,对于模式串"abdabdabc",则

```
next[0] = -1
next[1] = 0("a"不存在公共前后缀)
next[2] = 0("ab"不存在公共前后缀)
next[3] = 0("abd"不存在公共前后缀)
next[4] = 1("abda"的最长公共前后缀为"a",长度为1)
next[5] = 2("abdab"的最长公共前后缀为"ab",长度为2)
```

```
next[6] = 3("abdabd"的最长公共前后缀为"abd",长度为3)
next[7] = 4("abdabda"的最长公共前后缀为"abda",长度为4)
next[8] = 5("abdabdab"的最长公共前后缀为"abdab",长度为5)
```

其中,next[8]值为 5 的原因如图 4.3 所示,模式串从 0 位置到 7 位置的最长公共前后缀(模式串中的方框部分)长度为 5。

图 4.3 next 取值示例

KMP 算法中的 next 数组元素值仅取决于模式串本身,与相匹配的主串无关,该数组是 KMP 算法的核心所在。下面推导 next 数组的求解方法。

如图 4.4 所示,设模式串 p 的长度为 m,假设已经得到 $k=\text{next}[i]$ $(i=1,2,\cdots,m-2)$ 的值,其中,$p[0..k-1]==p[i-k..i-1]$ 是 $p[0..i-1]$ 中的最长公共前后缀,则求 $\text{next}[i+1]$ 的方法如下。

(1) 如果 $p[i]==p[k]$,则 $\text{next}[i+1]=k+1$,如图 4.4(a)所示。

(2) 如果 $p[i]!=p[k]$,则 $p[0..i-1]$ 中可能存在短一些的公共前后缀 $p[0..u-1]$ $(u<k)$,使得 $p[0..u]==p[i-u..i]$ 是 $p[0..i]$ 中的最长公共前缀,但 $p[0..u-1]$ 必然是 $p[0..k-1]$ 中的公共前后缀,如图 4.4(b)所示,此时,取 $k=\text{next}[k]$ 然后继续上述测试直到获得结果。

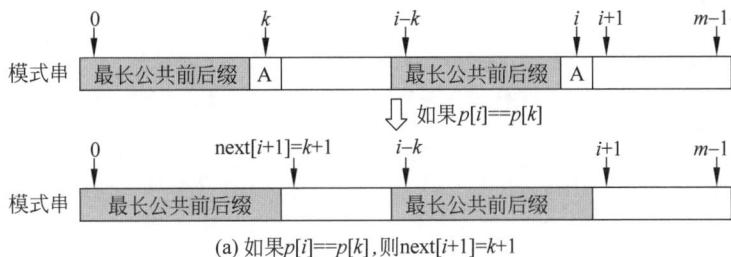

(a) 如果 $p[i]==p[k]$,则 $\text{next}[i+1]=k+1$

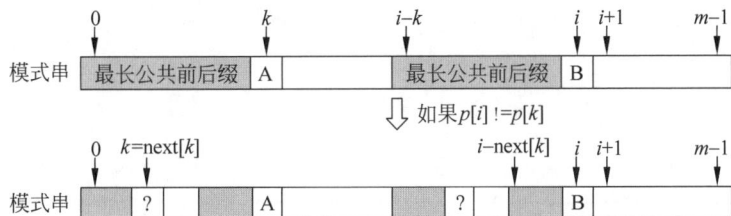

(b) 如果 $p[i]!=p[k]$,则取 $k=\text{next}[k]$,继续进行(a)和(b)直到获得结果

图 4.4 next 数组计算方法示例

根据如图 4.4 所示方法,可以得到 next 数组值的计算算法。

算法 4.2 KMP 算法的 next 数组值计算。

```java
//如果用 Java 描述需将[]放在类型之后
void getNext(char p[], int lp, int next[]) {
    int i = 0, k = -1;
    next[0] = -1;
```

```
        while(i < lp - 1) {
            if(k == -1 || p[i] == p[k]) {
                k ++;
                i ++;
                next[i] = k;
            }
            else {
                k = next[k];
            }
        }
    }
```

有了 next 数组,就可以编写 KMP 算法了。KMP 算法处理过程如下。

(1) 设 i 是主串 s 中的匹配位置变量,j 是模式串 p 中的匹配位置变量,i 和 j 初值均为 0。

(2) 当 i<主串长度并且 j<模式串长度时循环。

① 如果 $j==-1$ 或者主串 i 位置字符==模式串 j 位置字符,则 i 和 j 均自增 1。

② 否则,i 保持不变,j 取值为 next[j]。

(3) 循环结束后,如果 j≥模式串长度则匹配成功,匹配位置为 $i-j$,否则为匹配失败。

算法 4.3　KMP 算法,返回模式串 p 在主串 s 中的位置,匹配失败返回 -1。

```
//如果用 Java 描述需将[]放在类型之后
int KMP(char s[], int ls, char p[], int lp) {
    if(lp == 0) {
        return -1;
    }
    //用 Java 描述需改为 int[] next = new int[lp];
    int * next = (int * )malloc(lp * sizeof(int));
    getNext(p, lp, next);
    int i = 0, j = 0;
    while(i < ls && j < lp) {
        if(j == -1 || s[i] == p[j]) {
            i ++;
            j ++;
        }
        else {
            j = next[j];
        }
    }
    free(next);                 //用 Java 描述不需要 free
    return j == lp ? i - j : -1;
}
```

设主串长度为 n,模式串长度为 m,对 KMP 算法进行分析如下。

(1) 当 $j==-1$ 或者 $s[i]==p[j]$ 时,i 和 j 同时增 1;当 $j==0$ 且 $s[i]!=p[j]$ 时,j 不变,只有 i 增 1,因此 i 增 1 的次数不会超过 n,字符比较的次数也不会超过 n。

(2) 当 $j!=0$ 且 $s[i]!=p[j]$ 时,i 不变,j 回退,但总回退次数也不会超过 n。

因此,KMP 算法对字符进行比较的次数不会超过 $2n$,类似地,求解 next 数组所需的字符比较次数也不会超过 $2m$。综上分析,KMP 算法的时间复杂度为 $O(n+m)$,由于需要引入 next 辅助数组,KMP 算法的空间复杂度为 $O(m)$。

4.2 数组

4.2.1 基本概念和存储结构

1. 基本概念

数组(array)是由若干同一类型元素构成的有限集合,其元素是按顺序线性排列的,因此也是一种线性结构。数组具有如下特点。

(1) 数组中所有元素的类型都是相同的。

(2) 数组中的元素在逻辑上有先后顺序关系。

(3) 数组要占用一组地址连续的存储空间按顺序依次存储数组元素。

(4) 数组用唯一的名字来标识,可以通过数组名和下标对数组元素进行随机访问。

2. 一维数组及其存储结构

一维数组只包含一个维度,可以通过数组名和一个下标对数组元素进行随机访问,例如,$a[0]$、$a[1]$、$a[10]$ 等。

设有包含 n 个元素的一维数组 A,其元素下标取值为 0、1、2、$\cdots$、$n-1$,每个元素占 s 个存储单元,已知元素 $A[i]$($0 \leqslant i \leqslant n-1$)的地址为 $\mathrm{LOC}(i)$,则元素 $A[j]$($0 \leqslant j \leqslant n-1$)的地址为

$$\mathrm{LOC}(j) = \mathrm{LOC}(i) + (j-i) \times s$$

3. 二维数组及其存储结构

二维数组包含两个维度,一般将第一个维度称为行,第二个维度称为列,可以通过数组名和两个下标(行下标和列下标)对数组元素进行随机访问,例如,$a[0][0]$、$a[1][2]$、$a[10][3]$ 等。二维数组可以看作由元素类型相同、长度也相同的多个一维数组所构成的一维数组,例如,一个包含 5 行 4 列的二维数组可以看作由 5 个元素构成的一维数组,只不过每个元素又是一个由 4 个元素构成的一维数组。

存储空间是一维的结构,因此,在存储二维数组时,应将二维数组展开为一维结构进行存储。二维数组有两种存储方式:以行序为主序和以列序为主序的存储方式,一般常用以行序为主序的存储方式。

1) 以行序为主序

二维数组以行序为主序的存储方式就是在存储空间中将数组元素按照从第一行直至最后一行,每一行从第一列到最后一列依次连续排列。

设有一个包含 m 行 n 列的二维数组 A,以行序为主序进行存储,其行下标取值为 0、1、2、$\cdots$、$m-1$,列下标取值为 0、1、2、$\cdots$、$n-1$,每个元素占 s 个存储单元,已知元素 $A[i][j]$($0 \leqslant i \leqslant m-1, 0 \leqslant j \leqslant n-1$)的地址为 $\mathrm{LOC}(i,j)$,则元素 $A[u][v]$($0 \leqslant u \leqslant m-1, 0 \leqslant v \leqslant n-1$)的地址为

$$\mathrm{LOC}(u,v) = \mathrm{LOC}(i,j) + ((u-i) \times n + v - j) \times s$$

2) 以列序为主序

二维数组以列序为主序的存储方式就是在存储空间中将数组元素按照从第一列直至最后一列,每一列从第一行到最后一行依次连续排列。

设有一个包含 m 行 n 列的二维数组 A，以列序为主序进行存储，其行下标取值为 0、1、2、…、$m-1$，列下标取值为 0、1、2、…、$n-1$，每个元素占 s 个存储单元，已知元素 $A[i][j]$ $(0\leqslant i\leqslant m-1, 0\leqslant j\leqslant n-1)$ 的地址为 $\mathrm{LOC}(i, j)$，则元素 $A[u][v]$ $(0\leqslant u\leqslant m-1, 0\leqslant v\leqslant n-1)$ 的地址为

$$\mathrm{LOC}(u,v)=\mathrm{LOC}(i, j)+((v-j)\times m+u-i)\times s$$

二维数组的两种存储方式如图 4.5 所示。

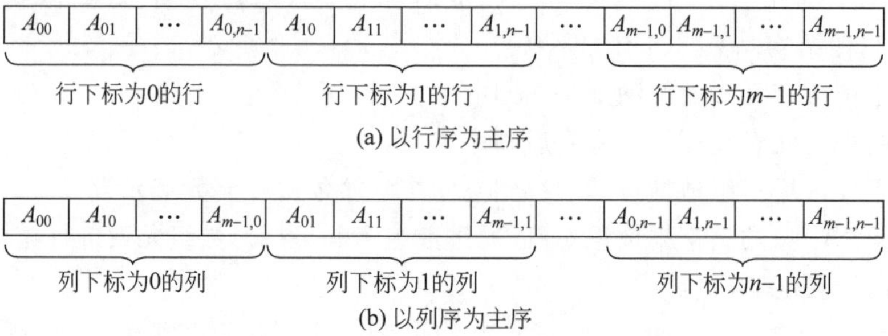

图 4.5　二维数组的两种存储方式

超过二维的 n 维数组包含 n 个维度，一般按照先第一维，然后第二维，……，最后第 n 维的顺序展开后进行顺序存储。

4.2.2　特殊矩阵的压缩存储

矩阵(matrix)是一种非常常用的二维的数学结构，通常用二维数组来表示。

在很多科学和工程领域涉及的矩阵往往都是非常庞大的，并且具有特殊的属性，这些矩阵如果按照常规方式进行存储，可能需要占用庞大的存储空间，实际应用中往往采用压缩存储方式进行存储以节省空间。

1. 三角矩阵

1) 下三角矩阵

在 n 行 n 列的下三角矩阵 $\mathbf{A}$ 中，上三角区的所有元素均为同一常量 c(很多时候为 0)。在实际存储时，只需要以行序为主序存储其下三角和主对角线部分的元素即可，其中，行下标为 i 的行只有 A_{i0} 直至 A_{ii} 共 $i+1$ 个元素需要存储，整个矩阵共需存储 $1+2+\cdots+n=n(n+1)/2$ 个元素。另外，还需要单独存储常量 c。下三角矩阵的压缩存储如图 4.6 所示。

$$\begin{bmatrix} A_{00} & & & & \\ A_{10} & A_{11} & & c & \\ \cdots & \cdots & \cdots & & \\ A_{n-2,0} & A_{n-2,1} & \cdots & A_{n-2,n-2} & \\ A_{n-1,0} & A_{n-1,1} & \cdots & A_{n-1,n-2} & A_{n-1,n-1} \end{bmatrix}$$

(a) 下三角矩阵

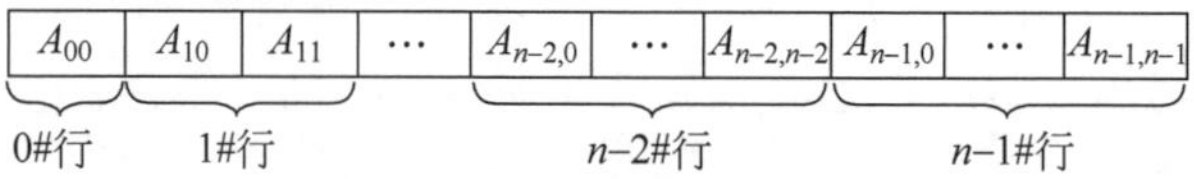

(b) 压缩存储

图 4.6　下三角矩阵的压缩存储

设将 n 行 n 列的下三角矩阵 A 压缩存储于一维数组 B，其中，元素 $A[i][j]$（$0 \leqslant i \leqslant n-1$，$0 \leqslant j \leqslant i$）存储于 $B[k]$（$0 \leqslant k \leqslant n(n+1)/2-1$），则 k 值为 $k=(1+2+\cdots+i)+j=i(i+1)/2+j$。

2）上三角矩阵

在 n 行 n 列的上三角矩阵 A 中，下三角区的所有元素均为同一常量 c。在实际存储时，只需要以行序为主序存储其上三角和主对角线部分的元素即可，其中，行下标为 i 的行只有 A_{ii} 直至 $A_{i,n-1}$ 共 $n-i$ 个元素需要存储，整个矩阵共需存储 $1+2+\cdots+n=n(n+1)/2$ 个元素。另外，还需要单独存储常量 c。上三角矩阵的压缩存储如图 4.7 所示。

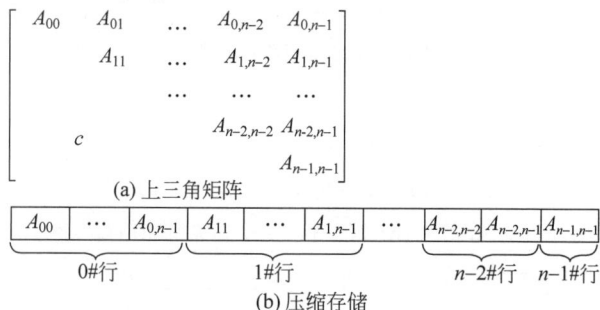

$$\begin{bmatrix} A_{00} & A_{01} & \cdots & A_{0,n-2} & A_{0,n-1} \\ & A_{11} & \cdots & A_{1,n-2} & A_{1,n-1} \\ & & \cdots & \cdots & \cdots \\ & c & & A_{n-2,n-2} & A_{n-2,n-1} \\ & & & & A_{n-1,n-1} \end{bmatrix}$$
(a) 上三角矩阵

A_{00}	$\cdots$	$A_{0,n-1}$	A_{11}	$\cdots$	$A_{1,n-1}$	$\cdots$	$A_{n-2,n-2}$	$A_{n-2,n-1}$	$A_{n-1,n-1}$

0#行　　　　1#行　　　　　n-2#行　n-1#行
(b) 压缩存储

图 4.7 上三角矩阵的压缩存储

设将 n 行 n 列的上三角矩阵 A 压缩存储于一维数组 B，其中，元素 $A[i][j]$（$0 \leqslant i \leqslant n-1$，$i \leqslant j \leqslant n-1$）存储于 $B[k]$（$0 \leqslant k \leqslant n(n+1)/2-1$），则 k 值为 $k=(n+(n-1)+\cdots+(n-i+1))+(j-i)=(2n-i+1)\times i/2+j-i$。

2. 对称矩阵

对于 n 行 n 列的对称矩阵，只需要按照下三角矩阵的规则进行压缩存储即可，设元素 $A[i][j]$（$0 \leqslant i \leqslant n-1$，$0 \leqslant j \leqslant n-1$）存储于 $B[k]$（$0 \leqslant k \leqslant n(n+1)/2-1$），则 k 值为

$$k=\begin{cases} \dfrac{i(i+1)}{2}+j & (i \geqslant j) \\ \dfrac{j(j+1)}{2}+i & (i < j) \end{cases}$$

3. 对角矩阵

1）对角矩阵

对角矩阵除了主对角线元素以外，其他元素均为 0。对角矩阵的压缩存储非常简单，只需将矩阵元素 $A[i][i]$ 存储于一维数组 $B[i]$ 即可。

2）三对角矩阵

对于 n 行 n 列的三对角矩阵，只需要以行序为主序存储其三对角部分的元素即可，其中，行下标为 0 或 $n-1$ 的行只有 2 个元素，其他行只有 3 个元素需要存储，整个矩阵共需存储 $3n-2$ 个元素。三对角矩阵的压缩存储如图 4.8 所示。

已知 n 行 n 列的三对角矩阵 A 的元素 $A[i][j]$（$0 \leqslant i \leqslant n-1$，$0 \leqslant j \leqslant n-1$，$|i-j| \leqslant 1$）存储于一维数组元素 $B[k]$（$0 \leqslant k \leqslant 3n-3$），则 k 值为 $k=2i+j$。

这是因为在 $A[i][j]$ 之前共有 i 行，共 $3i-1$ 个元素，在下标为 i 的行中 $A[i][j]$ 之前有 $j-i+1$ 个元素，合在一起，在三对角中处于 $A[i][j]$ 之前的元素个数为 $2i+j$。

4. 稀疏矩阵

如果一个矩阵中值为 0 的元素数远远大于非 0 元素数，并且非 0 元素的分布没有规律，

(a) 三对角矩阵

(b) 压缩存储

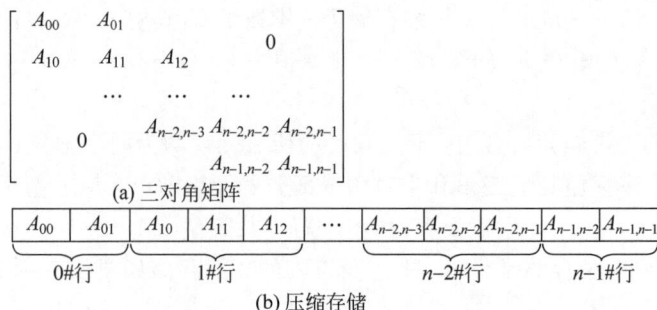

图 4.8　三对角矩阵的压缩存储

则称该矩阵为**稀疏矩阵**(sparse matrix)。在很多科学和工程领域都会经常用到稀疏矩阵。

1) 三元组表存储方式

稀疏矩阵可以采用三元组表来进行存储，每个三元组是< row，col，val >形式，其中，row、col 和 val 分别表示非 0 元素所在的行号、列号和元素值，如图 4.9 所示。

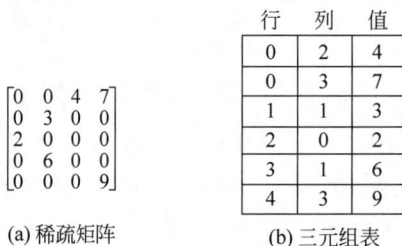

(a) 稀疏矩阵　　　(b) 三元组表

图 4.9　稀疏矩阵的三元组表示例

2) 十字链表存储方式

稀疏矩阵的十字链表由三部分组成：行表头指针数组 rhead、列表头指针数组 chead 和非 0 元素结点。

设稀疏矩阵行数为 m，列数为 n。每个非 0 元素结点包含 5 个域：行号 row、列号 col、值 val、同一行中下一个结点指针 right 和同一列中下一个结点指针 down。所有非 0 元素结点通过 right 指针构成 m 个行链表，通过 down 指针构成 n 个列链表。行表头指针数组 rhead 用于存储 m 个行链表头指针，列表头指针数组 chead 用于存储 n 个列链表头指针。稀疏矩阵的十字链表如图 4.10 所示。

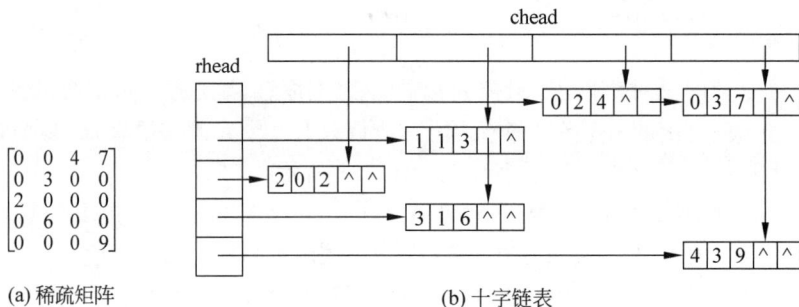

(a) 稀疏矩阵　　　　　　　　　(b) 十字链表

图 4.10　稀疏矩阵的十字链表示例

4.3　广义表

广义表是一种基本的数据结构,在实际应用中,被广泛应用于人工智能等领域。

4.3.1　基本概念

1. 广义表的定义

广义表(generalized list)是一种非线性的数据结构,是线性表的一种推广。在广义表中,元素可以是单个的数据元素,称为**原子**,也可以是**子表**,即广义表的元素可以是其他的广义表,具有递归的特性,能够表示复杂的数据结构。

广义表具有如下特点。

(1) 广义表是一种多层次的数据结构,其元素可以是原子,也可以是子表,而子表的元素还可以是子表。

(2) 广义表可以是递归的,即广义表也可以是其自身的子表。

(3) 广义表可以被其他表所共享,例如,一个广义表可以引用另一个广义表作为其子表。

广义表可以用$(e_1, e_2, \cdots, e_n)$形式来表示,其包含的元素个数称为广义表的长度,其层次数称为广义表的深度,注意,原子的深度为 0,空表的深度为 1,例如(设小写字母表示原子,大写字母表示表):

$A = ()$　　　　　　　　A 是一个空表,长度为 0,深度为 1

$B = (e)$　　　　　　　B 只包含一个原子e,长度为 1,深度为 1

$C = (a, (b, c, d))$　　C 包含两个元素:原子a 和子表(b, c, d),长度为 2,深度为 2

$D = (A, B, C)$　　　　D 包含 3 个元素,均为子表,长度为 3,深度为 3(表 C 深度$+1$)

$E = (a, E)$　　　　　E 包含两个元素:原子a 和子表E,长度为 2,是一个递归的表

2. 广义表的操作

广义表有两个基本的操作:取表头和取表尾。

非空广义表的第一个元素称为**表头**,表头可以是原子,也可能是表;除了表头以外的其他元素构成的表称为**表尾**,注意,表尾必定为表。例如:

$A = ((a, b, c), e)$　　A 的表头为表(a, b, c),表尾为表(e)

$B = (e)$　　　　　　　B 的表头为原子e,表尾为空表$()$

$C = (a, (b, c, d))$　　C 的表头为原子a,表尾为表$((b, c, d))$

$D = (A, B, C)$　　　　D 的表头为表A,表尾为表(B, C)

$E = (a, E)$　　　　　E 的表头为原子a,表尾为(E)

4.3.2　存储结构

广义表一般常用两种链式存储结构:头尾链表和扩展线性表。

1. 头尾链表

头尾链表包含两类结点:表结点和原子结点,其中,表结点有三个域:标志域 tag(tag=1)、head(表头指针)和 tail(表尾指针);原子结点有两个域:标志域 tag(tag=0)、stom(原

子数据）。

例如，对于如下广义表：

$A=(\ )$

$B=(e)$

$C=(a,(b,c,d))$

$D=(A,B,C)$

$E=(a,E)$

它们的头尾链表如图 4.11 所示。

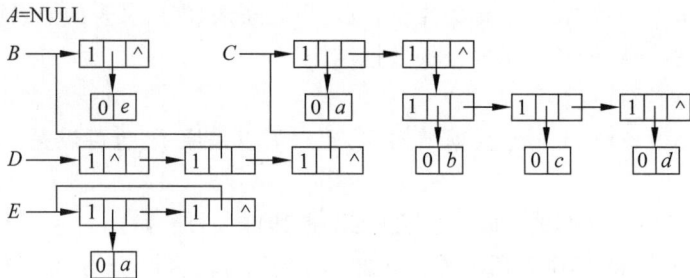

图 4.11　广义表的头尾链表示例

2. 扩展线性表

扩展线性表包含两类结点：表结点和原子结点，其中，表结点有三个域：标志域 tag(tag＝1)、head(表头指针)和 next(直接后继指针)；原子结点有三个域：标志域 tag(tag＝0)、stom(原子数据)和 next(直接后继指针)。

例如，对于如下广义表：

$A=(\ )$

$B=(e)$

$C=(a,(b,c,d))$

$D=(A,B,C)$

$E=(a,E)$

它们的扩展线性表如图 4.12 所示。

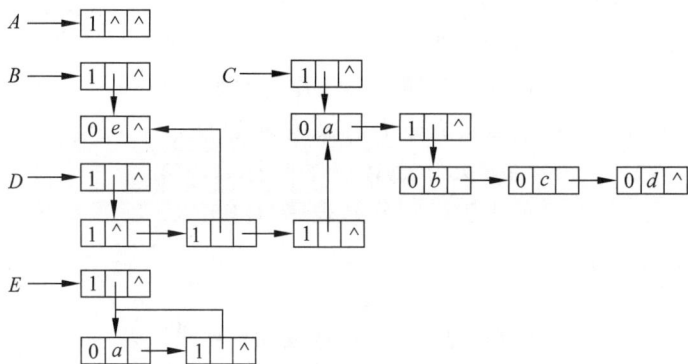

图 4.12　广义表的扩展线性表示例

小结

本章的知识点归纳总结如下。

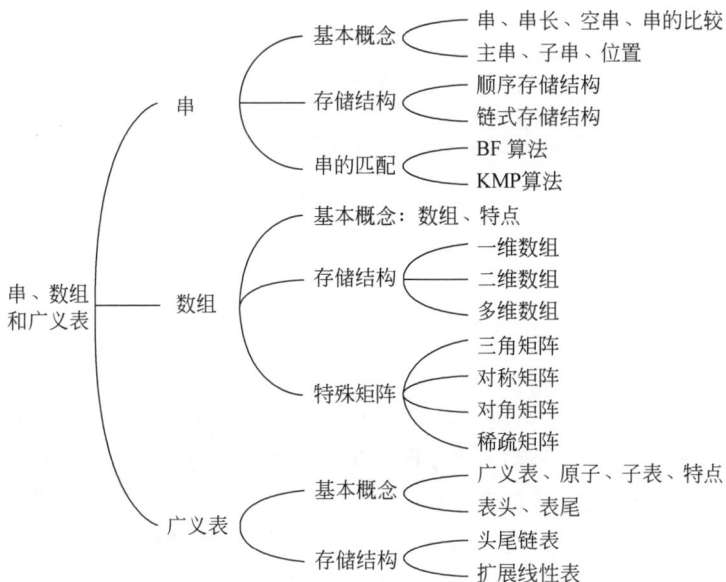

```
                               ┌─ 基本概念 ──┬─ 串、串长、空串、串的比较
                               │            └─ 主串、子串、位置
                        ┌─ 串 ─┼─ 存储结构 ──┬─ 顺序存储结构
                        │      │            └─ 链式存储结构
                        │      └─ 串的匹配 ──┬─ BF 算法
                        │                   └─ KMP算法
                        │              ┌─ 基本概念：数组、特点
                        │              │            ┌─ 一维数组
 串、数组 ──┼─ 数组 ─┼─ 存储结构 ──┼─ 二维数组
 和广义表              │              │            └─ 多维数组
                        │              │            ┌─ 三角矩阵
                        │              └─ 特殊矩阵 ─┼─ 对称矩阵
                        │                          ├─ 对角矩阵
                        │                          └─ 稀疏矩阵
                        │                ┌─ 广义表、原子、子表、特点
                        └─ 广义表 ┬─ 基本概念 ─┴─ 表头、表尾
                                  └─ 存储结构 ──┬─ 头尾链表
                                               └─ 扩展线性表
```

本章需要重点掌握的内容有：

（1）串、数组和广义表的基本概念。

（2）串匹配算法：BF 算法和 KMP 算法。

（3）特殊矩阵的压缩存储方法。

习题 4

1. 设计对两个串进行比较的算法。

2. 设计一个算法，按照设定的多种间隔符，将一个串中的所有单词输出出来，并返回单词个数。注：一般将空格、标点符号等作为间隔符，连续的多个间隔符视同一个间隔符。

3. 设计求字符串 s 中的最长回文子串长度的算法，并给出该算法的时间复杂度和空间复杂度。所谓回文串就是前后对称的串，例如,"a"、"aa"、"aba"、"abccba"等。

第5章

树

前面所讲的线性表、栈和队列等,均属于线性结构,本章要讲一种重要的非线性结构——树。在自然界中,存在种类繁多、千姿百态的树,但它们都具有一组共同的特点:具有唯一的根和主干,主干之上分出若干分枝,每个分枝又分出若干更小的分枝,以此类推,直到树叶。很明显,自然界中的树是具有分支的层次结构。类似的结构在客观世界中还有很多,例如,家族世系、社会组织结构、行政区划等。本书内容也是以树结构组织起来的。全书分为若干章,章下分节,节下分条。树结构在计算机领域也有非常广泛的应用,例如,文件系统、域名系统、园区网络的树状拓扑结构,等等。

本章讨论树结构,涉及基本概念、存储结构和各种操作,重点是二叉树的存储结构及其操作,也讨论一般树和森林与二叉树之间的相互转换关系,最后介绍二叉树的一种典型应用实例——哈夫曼树。

5.1 基本概念

5.1.1 树的定义

树(tree)是 $n(n \geqslant 0)$ 个结点(node)组成的有限集合。

(1) 当 $n = 0$ 时,称该树为一棵**空树**,空树中不包含任何结点。

(2) 当 $n > 0$ 时,称该树为一棵**非空树**,且

① 有且仅有一个特定的结点称为**根**(root)结点。

② 当 $n > 1$ 时,除根以外的其余结点分为若干互不相交的子集,每个子集又是一棵树(有可能是空树),称为根的**子树**。

上述树的定义是递归形式的,用树来定义树。递归形式的定义在本书中还有很多,读者要理解和掌握递归形式来定义各种术语。

图 5.1(a)即是一棵只具有一个根结点的树,图 5.1(b)是一棵具有 10 个结点的树,其中,A 为根结点,其余结点分为三个互不相交的子集:$T_1 = \{B, E, F\}$、$T_2 = \{C, G\}$、$T_3 = \{D, H, I, J\}$,T_1、T_2 和 T_3 均为根结点 A 的子树。在 T_1 中,B 是 T_1 的根结点,其余结点

分为两个互不相交的子集：$T_{11}=\{E\}$、$T_{12}=\{F\}$，T_{11} 和 T_{12} 均为 B 的子树。T_{11} 是只具有一个根结点 E 的树。

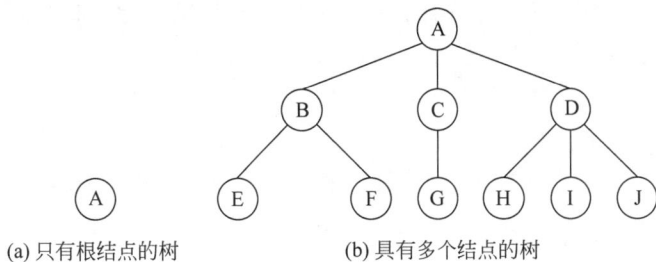

(a) 只有根结点的树　　　　(b) 具有多个结点的树

图 5.1　树结构示例

树具有但不限于如下基本操作。

init()：初始化空树。

destroy()：销毁树。

setRoot(node)：设置 node 为树的根结点。

clear()：清空树。

find(data)：查找数据域值为 data 的结点。

getRoot()：获得树的根结点。

getFirstChild(node)：获得 node 的第一个孩子结点。

getNextSibling(node)：获得 node 的下一个兄弟结点。

getData(node)：获得 node 的数据域值。

setFirstChild(node，child)：将 child 设置为 node 的第一个孩子结点。

setNextSibling(node，sibling)：将 sibling 设置为 node 的下一个兄弟结点。

setData(node，data)：设置 node 的数据域值为 data。

height()：获得树的高度。

degree(node)：获得结点 node 的度。

traversal()：对树进行遍历。

5.1.2　树的基本术语

1. 结点的层次和树的深度

树结构是一种层次结构,结点的**层次**(level)从根结点开始定义,例如,对于一棵非空树,定义：

(1) 根结点的层次号为 1。

(2) 如果某结点的层次号为 $m(m\geqslant1)$,则该结点所有子树的根结点的层次号为 $m+1$。

树中结点的最大层次号(即整棵树总共分了几层)称为树的**深度**(depth)或**高度**(height)。

在图 5.1(b)中,A 的层次号为 1,B、C、D 的层次号为 2,E、F、G、H、I、J 的层次号为 3;整棵树的深度或高度为 3。只有一个根结点的树的深度或高度为 1,空树的深度或高度为 0。

2. 边和路径

非空树中一个结点 A 和 A 的某个子树的根结点 B 之间的关系称为一条**边**(edge),例如,图 5.1(b)中结点(圆圈形式)之间的每一条线均为边,A、B 之间存在一条边,A、C 之间存在一条边,D、H 之间也存在一条边,整棵树中存在 9 条边,用二元组表示边的集合即为 {<A,B>,<A,C>,<A,D>,<B,E>,<B,F>,<C,G>,<D,H>,<D,I>,<D,J>}。

忽略边的方向,则非空树中 $k+1$ 个结点之间通过 k 条边构成的序列 $\{<v_0,v_1>,<v_1,v_2>,\cdots,<v_{k-1},v_k>\}$ 称为**路径**(path),路径中包含的边数称为该**路径的长度**(length)。这里讨论的路径均为简单路径,路径中不存在重复结点和重复边。由单个结点构成的路径由 0 条边构成,路径长度为 0。

图 5.1(b)中 A 和 H 之间存在路径 {<A,D>,<D,H>},该路径长度为 2;F 和 J 之间也存在路径 {<F,B>,<B,A>,<A,D>,<D,J>},该路径长度为 4。

3. 结点之间的关系

对于一棵非空的树,某结点 R 是 R 的所有子树的根结点的**双亲**(parent)结点(通常也称为父结点),某结点 R 的所有子树的根结点均为 R 的**孩子**(child)结点,同一结点的多个孩子结点之间互为**兄弟**(sibling),父结点互为兄弟的多个结点之间互为**堂兄弟**。

例如,图 5.1(a)中,A 结点没有孩子结点,图 5.1(b)中,A 是 B、C、D 的父结点,B、C、D 是 A 的孩子结点,B、C、D 之间互为兄弟;D 是 H、I、J 的父结点,H、I、J 是 D 的孩子结点,H、I、J 之间互为兄弟;E、G、H 之间互为堂兄弟,F、G、J 之间也互为堂兄弟。

将结点之间的父子关系进一步扩展,可以得到祖先和子孙关系。对于非空树中的某个结点 v,以 v 为根的树(子树)中的所有结点均为 v 的**子孙**,从整棵树的根到 v 的路径上的所有结点(除 v 以外)均为 v 的**祖先**。

在图 5.1(b)中,除 A 以外的所有结点均为 A 的子孙,A 和 B 均为 F 的祖先。

再如,经过中华民族一万多年文化史和五千多年文明史的形成和发展,中华民族已形成一棵枝繁叶茂的参天大树,无论我们属于哪一个民族,无论我们是哪一个姓氏,所有炎黄子孙都同根同源,都是中华民族这棵参天大树中的一个结点。在这棵参天大树中,同样存在众多的兄弟、父子、祖孙等关系。

4. 分支结点和叶子结点

拥有孩子的结点称为**分支**(branch)结点,没有孩子的结点称为**叶子**(leaf)结点,例如,图 5.1(b)中的 A、B、C、D 均为分支结点,E、F、G、H、I、J 均为叶子结点,图 5.1(a)中的 A 是根结点,也是叶子结点。叶子结点也称为**终端结点**,分支结点也称为**非终端结点**。

5. 结点的度和树的度

在非空树中,一个结点的孩子个数称为该**结点的度**(degree),树中所有结点的度的最大值称为**树的度**。显然,分支结点的度不为 0,叶子结点的度为 0。

在图 5.1(b)中,A 的度为 3,B 的度为 2,C 的度为 1,D 的度为 3,E、F、G、H、I、J 均为叶子结点,度均为 0;所有结点的度的最大值为 3,因此该树的度为 3。

性质 5.1　设非空树中结点数为 n,则树的边数为 $n-1$,结点的度数之和为 $n-1$。

对于非空树,假设共有 n 个结点,除根结点以外,每个结点均和其父结点之间有一条边,则该树的边数为 $n-1$。对于任意一个结点,假设该结点的度为 d,则该结点有 d 个孩子,和这些孩子之间存在 d 条边,显然,树中结点的度数之和等于树的边数,也为 $n-1$。

例如,如图 5.1(b)所示的树具有 10 个结点,边数为 9,结点的度数之和为 9。

6. 有序树和无序树

如果树中所有结点的子树有严格的排列次序,则该树称为**有序树**,否则为**无序树**。对于有序树,一个结点的子树有严格的次序,例如,第一棵子树、第二棵子树、第三棵子树,等等;一个结点的孩子也可明确定义为第一个孩子、第二个孩子、第三个孩子,直至最后一个孩子。一般讨论的树均为有序树。

7. 森林

森林(forrest)是零棵或多棵树构成的有序集合。

8. 树的形式化表示

习惯上用如图 5.1 所示的形式来直观地表示树,其实也可以用集合或广义表形式来表示树。例如,如图 5.1(b)所示的树,用集合形式表示为 $T=\{V,E\}$,其中,结点集 $V=\{A,B,C,D,E,F,G,H,I,J\}$,边集 $E=\{<A,B>,<A,C>,<A,D>,<B,E>,<B,F>,<C,G>,<D,H>,<D,I>,<D,J>\}$,结点 A 为根结点。用广义表形式表示为 A(B(E,F),C(G),D(H,I,J))。

5.2 二叉树

5.2.1 二叉树的定义

一棵**二叉树**(binary tree)要么是一棵空树,要么是由一个根结点和两棵互不相交的分别称为左子树和右子树的子树构成的非空树。

二叉树中,每个结点的度只有 0、1 和 2 三种取值。一个结点的孩子有左右之分,如果一个结点有两个孩子,则其中一个为**左孩子**(left child),另一个为**右孩子**(right child);如果一个结点只有一个孩子,则这个孩子要么是左孩子,要么是右孩子。

例如,如图 5.2 所示的二叉树中,A 是根结点,{B,D,E,G}是 A 的左子树结点集,{C,F}是 A 的右子树结点集,B 是 A 的左孩子,C 是 A 的右孩子;同理,{D,G}是 B 的左子树结点集,{E}是 B 的右子树结点集,D 是 B 的左孩子,E 是 B 的右孩子;{F}是 C 的右子树结点集,F 是 C 的右孩子,C 没有左孩子。

二叉树具有但不限于如下基本操作。

init():初始化空的二叉树。

destroy():销毁二叉树。

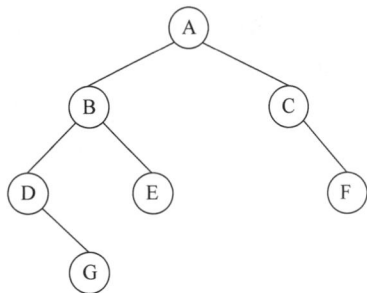

图 5.2 二叉树示例

setRoot(node):设置 node 为二叉树的根结点。

clear():清空二叉树。

find(data):查找数据域值为 data 的结点。

getRoot():获得二叉树的根结点。

getLeft(node):获得 node 的左孩子结点。

getRight(node):获得 node 的右孩子结点。

getData(node):获得 node 的数据域值。

setLeft(node，child)：将 child 设置为 node 的左孩子结点。

setRight(node，child)：将 child 设置为 node 的右孩子结点。

setData(node，data)：设置 node 的数据域值为 data。

height()：获得二叉树的高度。

traversal()：对二叉树进行遍历。

5.2.2　二叉树的基本形态

如图 5.3 所示，二叉树有 5 种基本形态：空树、只有根结点、只有根结点和左子树、只有根结点和右子树、根结点和左右子树均有。

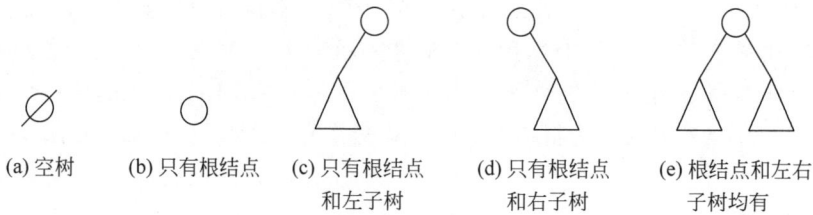

| (a) 空树 | (b) 只有根结点 | (c) 只有根结点和左子树 | (d) 只有根结点和右子树 | (e) 根结点和左右子树均有 |

图 5.3　二叉树的 5 种基本形态示例

5.2.3　满二叉树和完全二叉树

高度为 k 且具有 2^k-1 个结点的二叉树称为**满二叉树**（full binary tree）。满二叉树的每层结点数均达到最大值，即每层结点均是满的，其第 1 层有 1 个结点，第 2 层有 2 个结点，第 3 层有 4 个结点，第 4 层有 8 个结点，……，第 k 层($k \geqslant 1$)有 2^{k-1} 个结点。

可以对具有 n 个结点的满二叉树按照从第一层到最后一层，每层从左向右的顺序依次对结点由 1 到 n 进行编号。例如，如图 5.4(a)所示二叉树就是一棵满二叉树。

在一棵满二叉树中，从编号最大的结点开始删除编号连续的若干结点，即得到一棵**完全二叉树**（complete binary tree）。如果对一棵具有 n 个结点的完全二叉树，按照从第一层到最后一层，每层从左向右的顺序依次对结点由 1 到 n 进行编号，其结点位置与具有相同高度的满二叉树中编号为 $1 \sim n$ 的结点位置完全一致。如图 5.4(b)所示二叉树就是一棵完全二叉树。

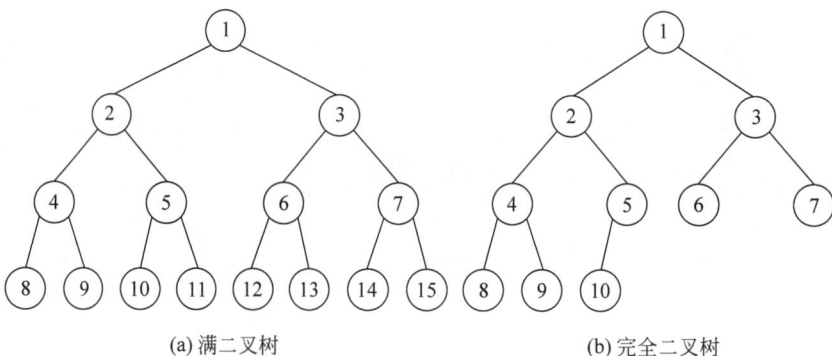

| (a) 满二叉树 | (b) 完全二叉树 |

图 5.4　满二叉树和完全二叉树示例

满二叉树必定是完全二叉树，而完全二叉树不一定是满二叉树。

5.2.4　二叉树的性质

性质 5.2　二叉树的第 k 层 $(k \geqslant 1)$ 最多有 2^{k-1} 个结点。

性质 5.3　高度为 $k(k \geqslant 0)$ 的二叉树最多具有 $2^k - 1$ 个结点。

性质 5.4　设一棵二叉树中叶子结点数为 n_0，度为 2 的结点数为 n_2，则 $n_0 = n_2 + 1$。

证明：假设二叉树的结点数为 n，度为 1 的结点数为 n_1，则 $n = n_0 + n_1 + n_2$。

由性质 5.1 可知 $n = n_1 + 2n_2 + 1$。所以得 $n_0 = n_2 + 1$。

性质 5.5　具有 $n(n \geqslant 1)$ 个结点的满二叉树的高度为 $\log_2(n+1)$，具有 $n(n \geqslant 1)$ 个结点的完全二叉树的高度为 $\lfloor \log_2 n \rfloor + 1$（或 $\lceil \log_2(n+1) \rceil$）。

证明：假设具有 $n(n \geqslant 1)$ 个结点的满二叉树或完全二叉树的高度为 h。

对于满二叉树，根据性质 5.3 及满二叉树的定义可知，其结点数为 $n = 2^h - 1$，则 $h = \log_2(n+1)$。

对于完全二叉树，根据性质 5.3 及完全二叉树的定义可知，其结点数必定大于高度为 $h-1$ 的满二叉树结点数，必定小于或等于高度为 h 的满二叉树结点数，即 $2^{h-1} \leqslant n \leqslant 2^h - 1$，得 $h-1 \leqslant \log_2 n < h$ 或者 $h-1 < \log_2(n+1) \leqslant h$，由于 h 是整数，因此 $h = \lfloor \log_2 n \rfloor + 1$（或 $\lceil \log_2(n+1) \rceil$）。

注：对于具有 $n(n \geqslant 1)$ 个结点的二叉树，完全二叉树是高度最小的一种二叉树，而高度最大的是每一层有且仅有一个结点的二叉树。

性质 5.6　对一棵具有 $n(n \geqslant 1)$ 个结点的完全二叉树，按照从第一层到最后一层，每一层从左向右依次对结点由 1 到 n 进行编号，对于编号为 $i(1 \leqslant i \leqslant n)$ 的结点，有：

（1）如果 $i=1$，则该结点为根结点，无父结点；如果 $i>1$，则其父结点编号为 $\lfloor i/2 \rfloor$。

（2）如果 $2i \leqslant n$，则其左孩子编号为 $2i$，否则无左孩子。

（3）如果 $2i+1 \leqslant n$，则其右孩子编号为 $2i+1$，否则无右孩子。

5.2.5　二叉树的顺序存储结构

1. 完全二叉树的顺序存储结构

对于具有 n 个结点的完全二叉树，可以按照结点的编号（由 1 到 n）用一维数组来实现其顺序存储结构，将编号为 $i(1 \leqslant i \leqslant n)$ 的结点数据元素存储于下标为 $i-1$ 的一维数组元素，结点之间的关系依靠性质 5.6 来确定，如图 5.5 所示。

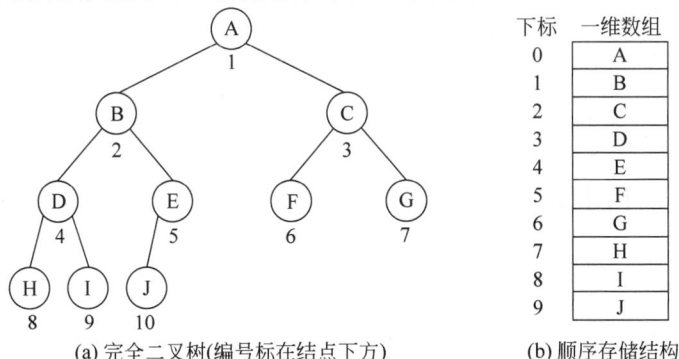

(a) 完全二叉树(编号标在结点下方)　　　(b) 顺序存储结构

图 5.5　完全二叉树的顺序存储结构示例

完全二叉树采用顺序存储结构是非常合适的,既不浪费空间,结点间关系也非常容易确定。

2. 一般二叉树的顺序存储结构

对于一般的二叉树,可以用"虚结点"将二叉树补成一棵完全二叉树之后,再采用顺序存储结构来存储,补充"虚结点"的目的是能够确定结点之间关系,但可能需要补充较多的"虚结点",造成空间的浪费,如图5.6所示。

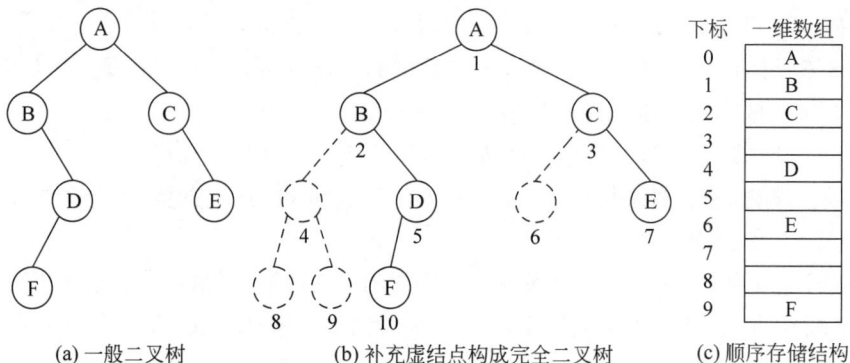

图 5.6　一般二叉树的顺序存储结构示例

一般的二叉树也可以采用双亲表示法来实现顺序存储结构,用一维数组来存储一般二叉树,每个数组元素分为三个域:数据域、标志域和双亲域,数据域存储对应结点的数据元素,标志域用来区分该结点是其双亲结点的左孩子还是右孩子,双亲域存储对应结点的双亲在数组中的下标,如图5.7所示(图中标志域为0表示该结点是其双亲结点的左孩子,为1表示是右孩子;双亲域为-1表示该结点为根结点。)。

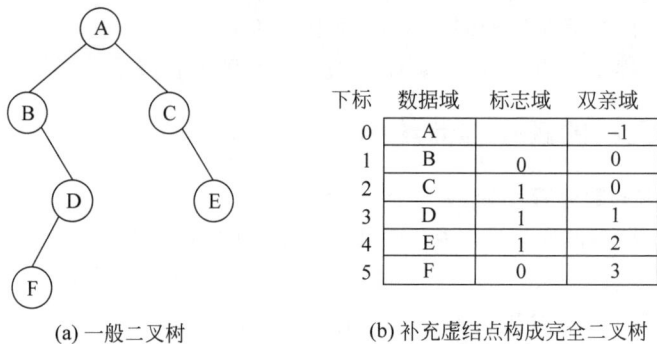

图 5.7　双亲表示法的顺序存储结构示例

二叉树的双亲表示法顺序存储结构上的操作是比较低效的,例如,寻找某个结点的左孩子或者右孩子往往需要对整个一维数组进行扫描,而不能直接定位。

5.2.6　二叉树的链式存储结构

1. 二叉链表

具有 $n(n\geq0)$ 个结点的二叉树,其二叉链表具有 n 个结点,每个结点包含三个域:数据域、左孩子域、右孩子域。其中,数据域存储数据元素,左孩子域存储指向左孩子的指针(如果没有左孩子则左孩子域为空指针),右孩子域存储指向右孩子的指针(如果没有右孩子则右孩子域为空指针),整棵二叉树用一个根指针指向根结点,如图 5.8 所示。

左孩子域	数据域	右孩子域

(a) 二叉链表结点结构

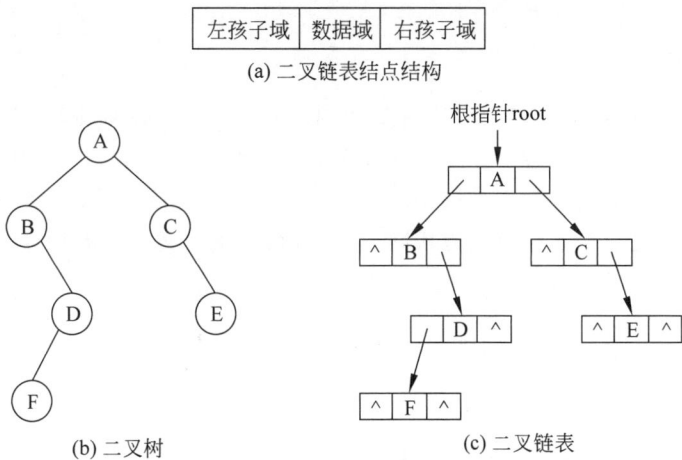

(b) 二叉树   (c) 二叉链表

图 5.8 二叉树的二叉链表示例

二叉链表存储二叉树需要额外的链接域(左孩子域和右孩子域),但可以很容易地从一个结点定位其孩子结点,进而对孩子结点乃至子孙结点进行操作。

二叉链表结点类型的 C 语言定义如下。

```
typedef struct btnode{
    ElemType data;                      //数据域
    struct btnode * left, * right;      //左孩子指针、右孩子指针
} BTreeNode;
```

二叉链表结点类型的 Java 语言定义如下。

```
public class BTreeNode {
    private ElemType data;              //数据域
    private BTreeNode left, right;      //左孩子、右孩子
    public BTreeNode() {
        this(null);
    }
    public BTreeNode(ElemType elem) {   //构造方法
        data = elem;
        left = right = null;
    }
    public ElemType getData() {
        return data;
    }
    public BTreeNode getLeft() {
        return left;
    }
    public BTreeNode getRight() {
        return right;
    }
    public void setData(ElemType elem) {
        data = elem;
    }
    public void setLeft(BTreeNode child) {
        left = child;
    }
    public void setRight(BTreeNode child) {
```

```
        right = child;
    }
}
```

2. 三叉链表

在二叉链表中,查找某个结点的父结点(或祖先结点)是不容易的,可能需要从根结点开始对整棵二叉树进行遍历。为了方便查找父结点(或祖先结点),可以采用三叉链表存储结构。三叉链表的每个结点包含 4 个域:数据域、左孩子域、右孩子域、双亲域。其中,前三个域的功能与二叉链表结点中对应的域相同,双亲域存储指向父结点的指针,如图 5.9 所示。

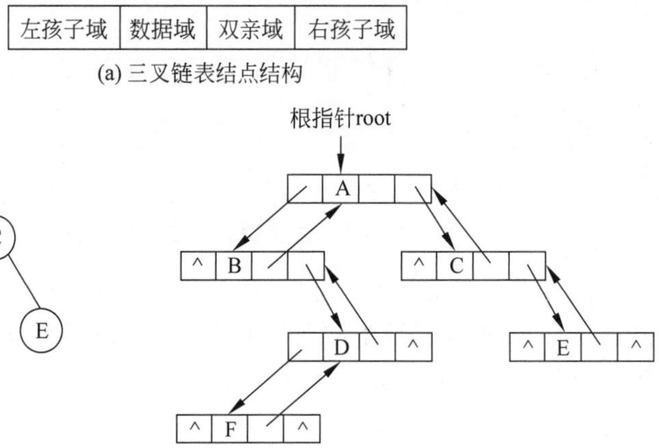

| 左孩子域 | 数据域 | 双亲域 | 右孩子域 |

(a) 三叉链表结点结构

(b) 二叉树　　　　　　　　　　(c) 三叉链表

图 5.9　二叉树的三叉链表示例

三叉链表结点类型的 C 语言定义如下。

```
typedef struct btnode{
    ElemType data;                           //数据域
    struct btnode * left, * right, * parent;  //左孩子指针、右孩子指针、双亲指针
} BTreeNode;
```

三叉链表结点类型的 Java 语言定义如下。

```
public class BTreeNode {
    private ElemType data;                   //数据域
    private BTreeNode left, right, parent;   //左孩子、右孩子、双亲
    public BTreeNode() {
        this(null);
    }
    public BTreeNode(ElemType elem) {        //构造方法
        data = elem;
        left = right = parent = null;
    }
    public ElemType getData() {
        return data;
    }
    public BTreeNode getLeft() {
        return left;
    }
    public BTreeNode getRight() {
        return right;
    }
    public BTreeNode getParent() {
```

```
        return parent;
    }
    public void setData(ElemType elem) {
        data = elem;
    }
    public void setLeft(BTreeNode node) {
        left = node;
    }
    public void setRight(BTreeNode node) {
        right = node;
    }
    public void setParent(BTreeNode node) {
        parent = node;
    }
}
```

5.3　二叉树的遍历

对二叉树中的所有结点按照某种次序依次进行访问,且每个结点恰好被访问一次,这种操作称为**二叉树的遍历**(traversal)。这里的"访问"是广义的,可以理解为对结点的各种操作处理,例如,输出结点数据元素、更新结点数据元素等。二叉树的很多实际处理需求往往都需要通过遍历来实现,但在实际应用中有时不需要完全的遍历,而是部分遍历,即按照某种规则依次访问二叉树的一部分结点。

二叉树的遍历可以看作二叉树的人为线性化,即将二叉树的结点按照遍历次序排列成一个线性序列。

5.3.1　按层次遍历

二叉树的按层次遍历就是从根结点开始,按照从第一层到最后一层,每一层从左向右的次序依次访问每一个结点,且每一个结点仅被访问一次。

非空二叉树的按层次遍历需要借助队列来实现,方法如下。

(1)初始化空队列。

(2)将根结点指针入队。

(3)当队列非空时循环。

① 将一个结点指针出队,并访问该结点。

② 如果其左孩子域非空,则将其左孩子指针入队。

③ 如果其右孩子域非空,则将其右孩子指针入队。

(4)结束。

算法 5.1　二叉树的按层次遍历。

该算法的 C 语言描述如下。

```
void levelOrder(BTreeNode * root) {
    if(root == NULL) {
        return;
    }
    Queue queue;
    initQueue(&queue);
```

```
        enQueue(&queue, root);
        while(!isEmpty(&queue)) {
            BTreeNode * nodePtr = deQueue(&queue);
            visit(nodePtr);
            if(nodePtr -> left != NULL) {
                enQueue(&queue, nodePtr -> left);
            }
            if(nodePtr -> right != NULL) {
                enQueue(&queue, nodePtr -> right);
            }
        }
    }
```

该算法的 Java 语言描述如下。

```
public void levelOrder(BTreeNode root) {
    if(root == null) {
        return;
    }
    Queue queue = new Queue();
    queue.enQueue(root);
    while(!queue.isEmpty()) {
        BTreeNode node = queue.deQueue();
        visit(node);
        if(node.getLeft() != null) {
            queue.enQueue(node.getLeft());
        }
        if(node.getRight() != null) {
            queue.enQueue(node.getRight());
        }
    }
}
```

5.3.2 先序遍历、中序遍历和后序遍历

一棵非空的二叉树整体分为三部分：根结点、根的左子树、根的右子树。整棵二叉树的遍历需要遍历这三部分，根据这三部分遍历的先后顺序，可得二叉树的 6 种遍历方案。

(1)"根-左-右"型：先访问根结点，再遍历左子树，最后遍历右子树。

(2)"根-右-左"型：先访问根结点，再遍历右子树，最后遍历左子树。

(3)"左-根-右"型：先遍历左子树，再访问根结点，最后遍历右子树。

(4)"右-根-左"型：先遍历右子树，再访问根结点，最后遍历左子树。

(5)"左-右-根"型：先遍历左子树，再遍历右子树，最后访问根结点。

(6)"右-左-根"型：先遍历右子树，再遍历左子树，最后访问根结点。

这里的每一种方案中"遍历左子树"和"遍历右子树"也要按照同等规律进行，因此是一种递归的遍历方案。

上述 6 种方案中，(1)和(2)、(3)和(4)、(5)和(6)分别是对称的，规定左子树的遍历先于右子树的遍历，则只剩下 3 种方案："根-左-右"型、"左-根-右"型和"左-右-根"型，每一种方案总体上都分为三步，根据其中"访问根结点"是第一步、第二步还是第三步，将"根-左-右"型遍历称为先序(先根)遍历(preorder traversal)，将"左-根-右"型遍历称为中序(中根)遍历(inorder traversal)，将"左-右-根"型遍历称为后序(后根)遍历(postorder traversal)。

1．先序遍历

非空二叉树的先序遍历分为如下三步。

（1）访问根结点。

（2）先序遍历左子树。

（3）先序遍历右子树。

算法5.2 二叉树的先序遍历。

该算法的 C 语言描述如下。

```
void preOrder(BTreeNode * root) {
    if(root != NULL) {
        visit(root);                    //访问根结点
        preOrder(root -> left);         //先序遍历左子树
        preOrder(root -> right);        //先序遍历右子树
    }
}
```

该算法的 Java 语言描述如下。

```
public void preOrder(BTreeNode root) {
    if(root != null) {
        visit(root);                    //访问根结点
        preOrder(root.getLeft());       //先序遍历左子树
        preOrder(root.getRight());      //先序遍历右子树
    }
}
```

2．中序遍历

非空二叉树的中序遍历分为如下三步。

（1）中序遍历左子树。

（2）访问根结点。

（3）中序遍历右子树。

算法5.3 二叉树的中序遍历。

该算法的 C 语言描述如下。

```
void inOrder(BTreeNode * root) {
    if(root != NULL) {
        inOrder(root -> left);          //中序遍历左子树
        visit(root);                    //访问根结点
        inOrder(root -> right);         //中序遍历右子树
    }
}
```

该算法的 Java 语言描述如下。

```
public void inOrder(BTreeNode root) {
    if(root != null) {
        inOrder(root.getLeft());        //中序遍历左子树
        visit(root);                    //访问根结点
        inOrder(root.getRight());       //中序遍历右子树
    }
}
```

3．后序遍历

非空二叉树的后序遍历分为如下三步。

（1）后序遍历左子树。

（2）后序遍历右子树。

（3）访问根结点。

算法 5.4 二叉树的后序遍历。

该算法的 C 语言描述如下。

```
void postOrder(BTreeNode * root) {
    if(root != NULL) {
        postOrder(root -> left);         //后序遍历左子树
        postOrder(root -> right);        //后序遍历右子树
        visit(root);                     //访问根结点
    }
}
```

该算法的 Java 语言描述如下。

```
public void postOrder(BTreeNode root) {
    if(root != null) {
        postOrder(root.getLeft());       //后序遍历左子树
        postOrder(root.getRight());      //后序遍历右子树
        visit(root);                     //访问根结点
    }
}
```

例如，对如图 5.10 所示的二叉树进行遍历，得到的结点访问序列为

先序遍历：ABDEGKHCFIJ

中序遍历：DBGKEHACIFJ

后序遍历：DKGHEBIJFCA

从二叉树的根结点开始，从上往下，从左向右，沿着结点和边的外围画一系列首尾相连的箭头，最终回到根结点，对这些箭头按如下规则进行标记（如图 5.11 所示）。

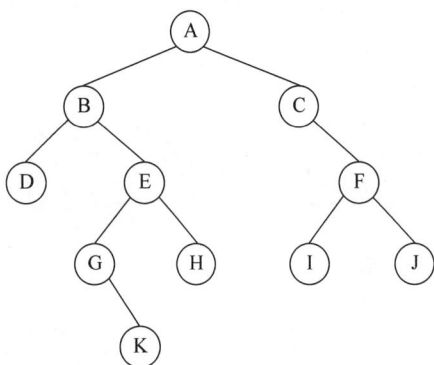

图 5.10   待遍历的二叉树示例

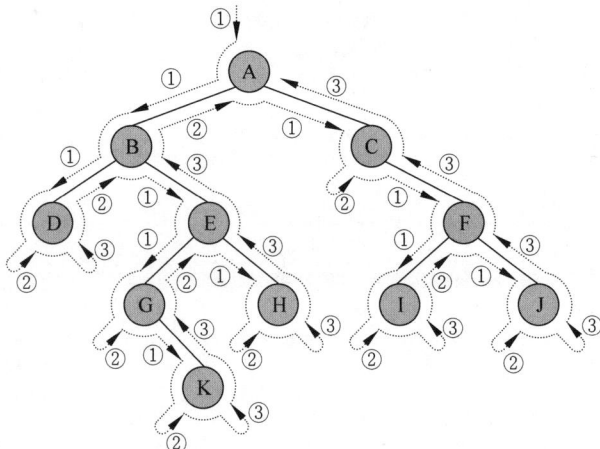

图 5.11   二叉树的遍历示例

（1）将从一个结点到其左孩子、右孩子的箭头标记为①（含指向根结点的箭头）。

　　（2）将从一个结点的左孩子到该结点的箭头标记为②（含没有左孩子的结点到自身的箭头）。

　　（3）将从一个结点的右孩子到该结点的箭头标记为③（含没有右孩子的结点到自身的箭头）。

　　则这一系列首尾相连的箭头中，将具有某些标记的箭头所指向的结点排成一个序列，即得到某种遍历序列。

　　（1）先序遍历序列：标记为①的箭头所指向的结点排成的序列。

　　（2）中序遍历序列：标记为②的箭头所指向的结点排成的序列。

　　（3）后序遍历序列：标记为③的箭头所指向的结点排成的序列。

　　下面以中序遍历为例详述如图 5.10 所示二叉树的递归遍历过程，如表 5.1 所示。

表 5.1　二叉树的中序遍历过程

第 1 层	第 2 层	第 3 层	第 4 层	第 5 层	访问
中序遍历 A 的左子树（B、D、E、G、H、K）	中序遍历 B 的左子树 ⑩	中序遍历 D 的左子树：空			
		访问 D			D
		中序遍历 D 的右子树：空			
	访问 B				B
	中序遍历 B 的右子树（E、G、H、K）	中序遍历 E 的左子树 ⑥	中序遍历 G 的左子树：空		
			访问 G		G
			中序遍历 G 的右子树 ⑱	中序遍历 K 的左子树：空	
				访问 K	K
				中序遍历 K 的右子树：空	
		访问 E			E
		中序遍历 E 的右子树 ⑪	中序遍历 H 的左子树：空		
			访问 H		H
			中序遍历 H 的右子树：空		
访问 A					A
中序遍历 A 的右子树（C、F、I、J）	中序遍历 C 的左子树：空				
	访问 C				C
	中序遍历 C 的右子树 ⑪	中序遍历 F 的左子树 ⑪	中序遍历 I 的左子树：空		
			访问 I		I
			中序遍历 I 的右子树：空		
		访问 F			F
		中序遍历 F 的右子树 ⑪	中序遍历 J 的左子树：空		
			访问 J		J
			中序遍历 J 的右子树：空		

5.3.3　由遍历序列重构二叉树

　　任意给定一棵二叉树，都能够得到按层次遍历、先序遍历、中序遍历、后序遍历的唯一的结点访问序列，那么，给定某种遍历的结点访问序列，能否重构该二叉树呢？答案是否定的。

　　例如，如果一棵二叉树的按层次遍历序列或者先序遍历序列为 ABC，则可能的二叉树有如图 5.12 所示的几种情况。

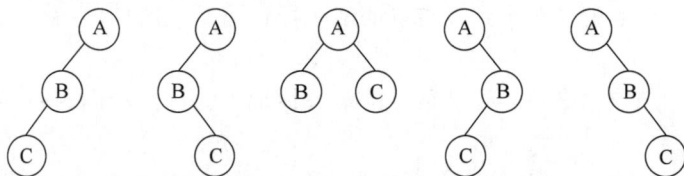

图 5.12　按层次遍历序列或者先序遍历序列为 ABC 的二叉树示例

例如,如果一棵二叉树的中序遍历序列为 ABC,则可能的二叉树有如图 5.13 所示的几种情况。

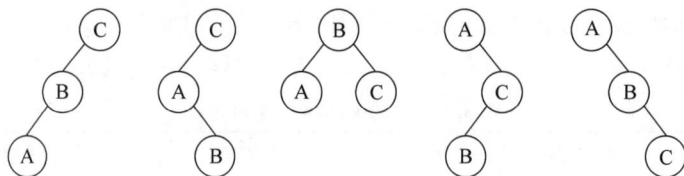

图 5.13　中序遍历序列为 ABC 的二叉树示例

例如,如果一棵二叉树的后序遍历序列为 ABC,则可能的二叉树有如图 5.14 所示的几种情况。

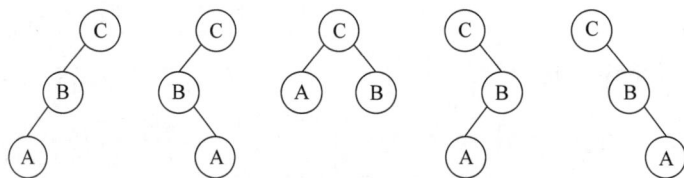

图 5.14　后序遍历序列为 ABC 的二叉树示例

1. 由先序遍历和中序遍历序列重构二叉树

由一棵二叉树的先序遍历和中序遍历序列可以唯一重构该二叉树,假设先序遍历序列为 preOrder[0 .. $n-1$],中序遍历序列为 inOrder[0 .. $n-1$],则重构该二叉树的方法和步骤如下。

(1) preOrder[0]即为根结点。

(2) 在 inOrder[0 .. $n-1$]中查找 preOrder[0],若查找失败则构造失败,结束;若查找成功,设查找成功的位置为 p(即 inOrder[p] == preOrder[0]),则继续。

(3) 根据左子树的先序遍历序列 preOrder[1 .. p]、中序遍历序列 inOrder[0 .. $p-1$]依照同样的方法和步骤构造出左子树。

(4) 根据右子树的先序遍历序列 preOrder[$p+1$ .. $n-1$]、中序遍历序列 inOrder[$p+1$ .. $n-1$]依照同样的方法和步骤构造出右子树。

依据二叉树的先序遍历序列和中序遍历序列确定根结点、左右子树各自的先序遍历序列和中序遍历序列的方法如图 5.15 所示。

例如,已知一棵二叉树的先序遍历序列为 ABDEGKHCFIJ,中序遍历序列为 DBGKEHACIFJ,则手工重构该二叉树的过程如图 5.16 所示(自上而下逐层构造)。

2. 由后序遍历和中序遍历序列重构二叉树

由一棵二叉树的后序遍历和中序遍历序列也可以唯一重构该二叉树,假设后序遍历序

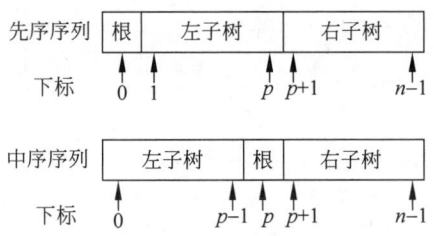

图 5.15 由先序、中序序列确定根及左右子树

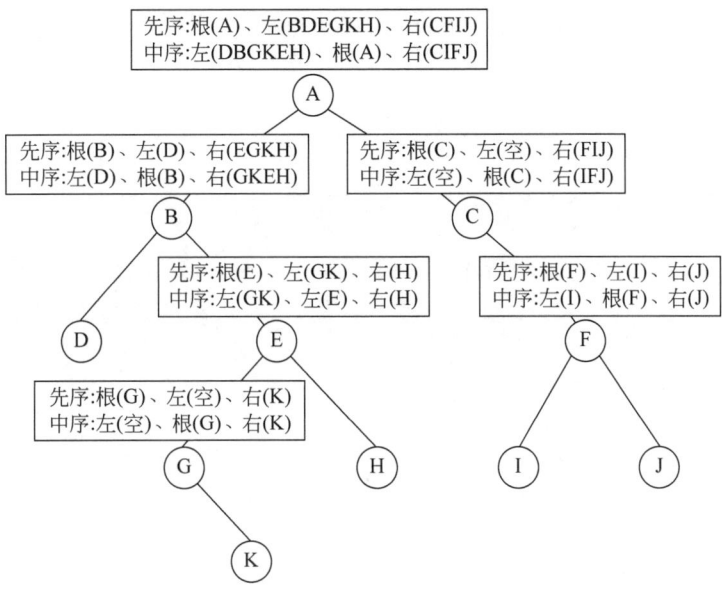

图 5.16 由先序遍历、中序遍历序列重构二叉树示例

列为 postOrder[0 .. n−1],中序遍历序列为 inOrder[0 .. n−1],则重构该二叉树的方法和步骤如下。

(1) postOrder[n−1]即为根结点。

(2) 在 inOrder[0 .. n−1]中查找 postOrder[n−1],若查找失败则构造失败,结束;若查找成功,设查找成功的位置为 p(即 inOrder[p] == postOrder[n−1]),则继续。

(3) 根据左子树的后序遍历序列 postOrder[0 .. p−1]、中序遍历序列 inOrder[0 .. p−1]依照同样的方法和步骤构造出左子树。

(4) 根据右子树的后序遍历序列 postOrder[p .. n−2]、中序遍历序列 inOrder[p+1 .. n−1]依照同样的方法和步骤构造出右子树。

依据二叉树的后序遍历序列和中序遍历序列确定根结点、左右子树各自的后序遍历序列和中序遍历序列的方法如图 5.17 所示。

例如,已知一棵二叉树的后序遍历序列为 DKGHEBIJFCA,中序遍历序列为 DBGKEHACIFJ,则手工重构该二叉树的过程如图 5.18 所示(自上而下逐层构造)。

5.3.4 二元运算表达式与二叉树的遍历

加减乘除等二元运算符有两个操作数,分别是左操作数和右操作数,例如,3+4 的左操

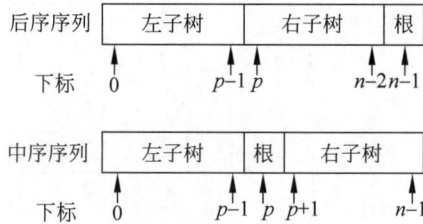

图 5.17　由后序、中序序列确定根及左右子树

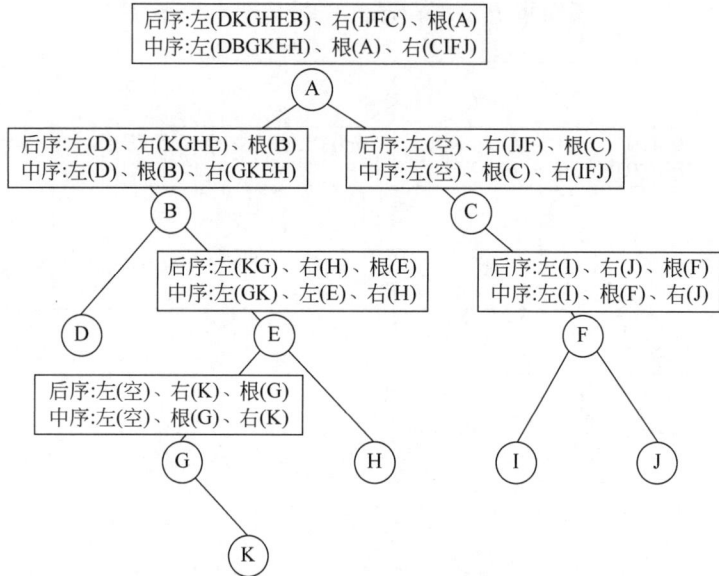

图 5.18　由后序遍历、中序遍历序列重构二叉树示例

作数为 3,右操作数为 4,则可以将 3+4 这个表达式用如图 5.19 所示的二叉树来表示。

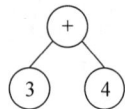

图 5.19　表达式 3+4 的二叉树表示

对于比较复杂的二元运算表达式,也可以用二叉树来表示,其中,运算符均用分支结点来表示,操作数均用叶子结点来表示,每个以分支结点为根的整棵树或子树均以左子树的运算结果为左操作数,以右子树的运算结果为右操作数,进行根结点所表示的二元运算,得到运算结果。

所有的二元运算表达式均可以用二叉树来表示,其先序遍历序列为对应的前缀表达式(波兰式),后序遍历序列为对应的后缀表达式(逆波兰式)。

例如,二元运算表达式 a+(b−c)*d−e/f 是一个中缀表达式,其对应的二叉树如图 5.20 所示。

对如图 5.20 所示的二叉树进行先序遍历和后序遍历,得到的先序遍历序列为−+a*−bcd/ef,正是对应的前缀表达式(波兰式);后序遍历序列为 abc−d*+ef/−,正是对应的后缀表达式(逆波兰式)。

5.3.5　非递归遍历

前面所讲二叉树的先序遍历算法 5.2、中序遍历算法 5.3 和后序遍历算法 5.4 均是递

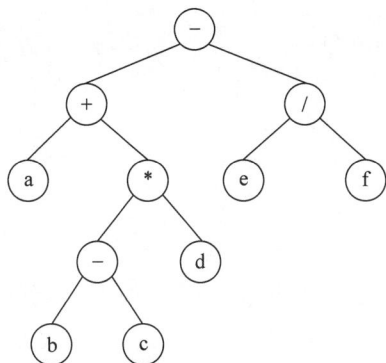

图 5.20 二元运算表达式的二叉树表示

归算法,如果编程实现,则每一次递归调用都需要在程序的栈空间中为参数、返回地址和局部变量分配空间,占用空间较大。

可以利用自定义的栈来实现二叉树的非递归的先序遍历、中序遍历和后序遍历。

1. 非递归先序遍历

根据二叉树的先序遍历的操作特点,二叉树的非递归先序遍历的操作步骤如下。

(1) 初始化一个空栈。

(2) 初始化一个指向根结点的指针。

(3) 当指针非空或者栈非空时循环。

① 当指针非空时,从指针所指结点开始沿着左孩子指针一直访问下去(同时将结点指针入栈),直到不存在左孩子的结点。

② 出栈一个结点指针(此时该结点及其左子树已遍历完毕),令指针指向该结点的右孩子,转入对该结点的右子树进行遍历。

算法 5.5 二叉树的非递归先序遍历。

该算法的 C 语言描述如下。

```
void preOrder(BTreeNode * root) {
    Stack stack;
    initStack(&stack);
    BTreeNode * current = root;
    while(current != NULL || !isEmpty(&stack)) {
        while(current != NULL) {
            visit(current);
            push(&stack, current);
            current = current->left;
        }
        BTreeNode * ancestor = pop(&stack);
        current = ancestor->right;
    }
}
```

该算法的 Java 语言描述如下。

```
public void preOrder(BTreeNode root) {
    Stack stack = new Stack();
    BTreeNode current = root;
    while(current != null || !stack.isEmpty()) {
        while(current != null) {
```

```
        visit(current);
        stack.push(current);
        current = current.getLeft();
    }
    BTreeNode ancestor = stack.pop();
    current = ancestor.getRight();
    }
}
```

2. 非递归中序遍历

二叉树的非递归先序遍历是在结点指针入栈的同时对结点进行访问,而非递归中序遍历则是在结点指针出栈时(此时该结点的左子树已经遍历完毕)对结点进行访问。

算法 5.6 二叉树的非递归中序遍历。

该算法的 C 语言描述如下。

```c
void inOrder(BTreeNode * root) {
    Stack stack;
    initStack(&stack);
    BTreeNode * current = root;
    while(current != NULL || !isEmpty(&stack)) {
        while(current != NULL) {
            push(&stack, current);
            current = current->left;
        }
        BTreeNode * ancestor = pop(&stack);
        visit(ancestor);
        current = ancestor->right;
    }
}
```

该算法的 Java 语言描述如下。

```java
public void inOrder(BTreeNode root) {
    Stack stack = new Stack();
    BTreeNode current = root;
    while(current != null || !stack.isEmpty()) {
        while(current != null) {
            stack.push(current);
            current = current.getLeft();
        }
        BTreeNode ancestor = stack.pop();
        visit(ancestor);
        current = ancestor.getRight();
    }
}
```

3. 非递归后序遍历

二叉树的非递归后序遍历比较麻烦,在一个结点的左子树和右子树均遍历完毕之后才能访问根结点,因此,在左子树遍历完毕之后,不能像非递归中序遍历那样出栈并访问,而是要判断栈顶结点是否有右孩子,如果有右孩子,则转入右子树进行处理;如果栈顶结点没有右孩子,则需要持续出栈并访问,直到刚刚访问的结点是栈顶结点的左孩子或者栈为空为止。

算法 5.7 二叉树的非递归后序遍历。

该算法的 C 语言描述如下。

```
void postOrder(BTreeNode * root) {
    Stack stack;
    initStack(&stack);
    BTreeNode * current = root;
    while(current != NULL || !isEmpty(&stack)) {
        while(current != NULL) {
            push(&stack, current);
            current = current->left;
        }
        BTreeNode * nodePtr = getTop(&stack);
        if(nodePtr->right != NULL) current = nodePtr->right;
        else {
            nodePtr = pop(&stack);
            visit(nodePtr);
            while(!isEmpty(&stack) && nodePtr == getTop(&stack)->right) {
                nodePtr = pop(&stack);
                visit(nodePtr);
            }
            current = isEmpty(&stack) ? NULL : getTop(&stack)->right;
        }
    }
}
```

该算法的 Java 语言描述如下。

```
public void postOrder(BTreeNode root) {
    Stack stack = new Stack();
    BTreeNode current = root;
    while(current != null || !stack.isEmpty()) {
        while(current != null) {
            stack.push(current);
            current = current.getLeft();
        }
        BTreeNode node = stack.getTop();
        if(node.getRight() != null) {
            current = node.getRight();
        }
        else {
            node = stack.pop();
            visit(node);
            while(!stack.isEmpty() && node == stack.getTop().getRight()) {
                node = stack.pop();
                visit(node);
            }
            current = stack.isEmpty() ? null : stack.getTop().getRight();
        }
    }
}
```

5.3.6 通过遍历对二叉树进行处理

实际应用中,往往通过二叉树的遍历来对二叉树中的结点或子树进行处理。

1. 二叉树的分治处理

采用分治法思想,可以将一个二叉树的处理问题分解为根结点、左子树和右子树的处理问题,其中,左子树和右子树的处理与整棵二叉树的处理要求相同或相似,但规模更小,则可以递归地对左子树问题和右子树问题进行求解,然后将根结点、左子树问题和右子树问题的解组合起来构成原问题的解。

这种方法在每层递归上均包括以下三个步骤。

分解:将问题划分为根结点、左子树和右子树的处理三个子问题。

治理:递归地求解这些子问题,若子问题规模足够小,则直接解决(递归终结)。

组合:将子问题的解组合成原问题的解。

采用分治法对二叉树进行处理能使很多问题变得非常简单。

算法 5.8 对二叉树进行复制,返回复制的二叉树的根结点指针。

方法:先复制根结点,再分别复制左右子树。

该算法的 C 语言描述如下。

```c
BTreeNode * copy(BTreeNode * root) {
    if(root == NULL) {
        return NULL;                          //将空树复制为空树
    }
    BTreeNode * node = (BTreeNode * )malloc(sizeof(BTreeNode));
    node->data = root->data;                  //复制根结点
    node->left = copy(root->left);            //复制左子树
    node->right = copy(root->right);          //复制右子树
    return node;
}
```

该算法的 Java 语言描述如下。

```java
public BTreeNode copy(BTreeNode root) {
    if(root == null) {
        return null;                          //将空树复制为空树
    }
    BTreeNode node = new BTreeNode();
    node.setData(root.getData());             //复制根结点
    node.setLeft(copy(root.getLeft()));       //复制左子树
    node.setRight(copy(root.getRight()));     //复制右子树
    return node;
}
```

算法 5.9 统计二叉树中度为 2 的结点个数。

方法:分别统计根结点的左右子树中度为 2 的结点个数,两者求和,如果根结点的度为 2 则再加 1 即为整棵二叉树中度为 2 的结点个数。

该算法的 C 语言描述如下。

```c
int countD2(BTreeNode * root) {
    if(root == NULL) {
        return 0;                             //空树的结点个数为 0
    }
    //cnt 为左右子树度为 2 的结点个数之和
    int cnt = countD2(root->left) + countD2(root->right);
    //如果根的度为 2 则 cnt 加 1
    if(root->left != NULL && root->right != NULL) {
        cnt ++;
    }
    return cnt;
}
```

该算法的 Java 语言描述如下。

```
public int countD2(BTreeNode root) {
    if(root == null) {
        return 0;                        //空树的结点个数为 0
    }
    //cnt 为左右子树度为 2 的结点个数之和
    int cnt = countD2(root.getLeft()) + countD2(root.getRight());
    //如果根的度为 2 则 cnt 加 1
    if(root.getLeft() != null && root.getRight() != null) {
        cnt ++;
    }
    return cnt;
}
```

算法 5.10　返回二叉树的高度。

方法：分别求解根结点的左右子树的高度，二者的最大值再加 1 即为整棵树的高度。

该算法的 C 语言描述如下。

```
int height(BTreeNode * root) {
    if(root == NULL) {
        return 0;                        //空树高度为 0
    }
    int h1 = height(root->left);         //左子树高度
    int h2 = height(root->right);        //右子树高度
    return (h1 > h2 ? h1 : h2) + 1;
}
```

该算法的 Java 语言描述如下。

```
public int height(BTreeNode root) {
    if(root == null) {
        return 0;                        //空树高度为 0
    }
    int h1 = height(root.getLeft());     //左子树高度
    int h2 = height(root.getRight());    //右子树高度
    return (h1 > h2 ? h1 : h2) + 1;
}
```

算法 5.11　将二叉树中每一个结点的左孩子、右孩子交换位置。

方法：将根结点的左右孩子进行交换，然后再对左右子树进行同样的处理。

该算法的 C 语言描述如下。

```
void swapChild(BTreeNode * root) {
    if(root != NULL) {
        BTreeNode * tmp = root->left;
        root->left = root->right;
        root->right = tmp;               //交换左右孩子
        swapChild(root->left);           //对左子树进行同样的处理
        swapChild(root->right);          //对右子树进行同样的处理
    }
}
```

该算法的 Java 语言描述如下。

```
public void swapChild(BTreeNode root) {
    if(root != null) {
        BTreeNode tmp = root.getLeft();
        root.setLeft(root.getRight());
        root.setRight(tmp);              //交换左右孩子
```

```
        swapChild(root.getLeft());              //对左子树进行同样处理
        swapChild(root.getRight());             //对右子树进行同样处理
    }
}
```

算法 5.12 统计二叉树第 k 层结点总数。

方法：分别统计根结点的左右子树第 $k-1$ 层的结点总数，二者之和即为整棵树第 k 层的结点总数。

该算法的 C 语言描述如下。

```
int countLevelK(BTreeNode * root, int k) {
    if(root == NULL || k <= 0) {
        return 0;                               //空树或层号小于 1 则结点数为 0
    }
    if(k == 1) {
        return 1;                               //非空树第 1 层只有 1 个结点
    }
    int n1 = countLevelK(root -> left, k - 1);  //左子树第 k - 1 层结点总数
    int n2 = countLevelK(root -> right, k - 1); //右子树第 k - 1 层结点总数
    return n1 + n2;
}
```

该算法的 Java 语言描述如下。

```
public int countLevelK(BTreeNode root, int k) {
    if(root == null || k <= 0) {
        return 0;                               //空树或层号小于 1 则结点数为 0
    }
    if(k == 1) {
        return 1;                               //非空树第 1 层只有 1 个结点
    }
    int n1 = countLevelK(root.getLeft(), k - 1);   //左子树第 k - 1 层结点总数
    int n2 = countLevelK(root.getRight(), k - 1);  //右子树第 k - 1 层结点总数
    return n1 + n2;
}
```

算法 5.13 统计二叉树前 k 层结点总数。

方法：分别统计根结点的左右子树前 $k-1$ 层的结点总数，二者之和再加 1 即为整棵树前 k 层的结点总数。

该算法的 C 语言描述如下。

```
int countKLevel(BTreeNode * root, int k) {
    if(root == NULL || k <= 0) {
        return 0;                               //空树或层号小于 1 则结点数为 0
    }
    int n1 = countKLevel(root -> left, k - 1);  //左子树前 k - 1 层结点总数
    int n2 = countKLevel(root -> right, k - 1); //右子树前 k - 1 层结点总数
    return n1 + n2 + 1;                          //还要将根结点算进去
}
```

该算法的 Java 语言描述如下。

```
public int countKLevel(BTreeNode root, int k) {
    if(root == null || k <= 0) {
        return 0;                               //空树或层号小于 1 则结点数为 0
    }
    int n1 = countKLevel(root.getLeft(), k - 1);   //左子树前 k - 1 层结点总数
```

```
    int n2 = countKLevel(root.getRight(), k-1);   //右子树前k-1层结点总数
    return n1 + n2 + 1;                            //还要将根结点算进去
}
```

算法 5.14 判断两棵二叉树是否相似,相似则返回 **1(true)**,否则返回 **0(false)**(相似是指结构相同但结点值可不相同)。

方法:对于两棵非空二叉树,只有二者的左子树相似,右子树也相似,两棵二叉树才相似。

该算法的 C 语言描述如下。

```c
int similar(BTreeNode * root1, BTreeNode * root2) {
    if(root1 == NULL && root2 == NULL) {
        return 1;
    }
    if((root1 == NULL && root2!= NULL) || (root2 == NULL && root1!= NULL)) {
        return 0;
    }
    return similar(root1 -> left, root2 -> left)
            && similar(root1 -> right, root2 -> right);
}
```

该算法的 Java 语言描述如下。

```java
public boolean similar(BTreeNode root1, BTreeNode root2) {
    if(root1 == null && root2 == null) {
        return true;
    }
    if((root1 == null && root2!= null) || (root2 == null && root1!= null)) {
        return false;
    }
    return similar(root1.getLeft(), root2.getLeft())
            && similar(root1.getRight(), root2.getRight());
}
```

算法 5.15 将二叉树中所有数据域为 x 的结点及其子树均删除,返回新的根结点指针。

方法:如果根结点的数据域为 x 则删除整棵树,否则到左右子树分别进行同样的处理。

该算法的 C 语言描述如下。

```c
BTreeNode * deleteSubBTree(BTreeNode * root, ElemType x){
    if(root == NULL) {
        return NULL;
    }
    if(root -> data == x) {       //如果根的数据域为x则整棵树删除变为空树
        deleteBTree(root);        //删除以root所指结点为根的树(子树)
        return NULL;
    }
    else {                        //分别到左右子树中删除数据域为x的结点及其子树
        root -> left = deleteSubBTree(root -> left, x);
        root -> right = deleteSubBTree(root -> right, x);
        return root;
    }
}
```

其中,deleteBTree 函数描述如下。

```c
void deleteBTree(BTreeNode * root){
```

```
    if(root != NULL) {
        deleteBTree(root->left);        //删除左子树
        deleteBTree(root->right);       //删除右子树
        free(root);                     //释放根结点
    }
}
```

该算法的 Java 语言描述如下。

```java
public BTreeNode deleteSubBTree(BTreeNode root, ElemType x){
    if(root == null) {
        return null;
    }
    if(root.getData() == x) {           //如果根的数据域为 x 则整个树删除变为空树
        return null;
    }
    else {                              //分别到左右子树中删除数据域为 x 的结点及其子树
        root.setLeft(deleteSubBTree(root.getLeft(), x));
        root.setRight(deleteSubBTree(root.getRight(), x));
        return root;
    }
}
```

算法 5.16　求二叉树中最大路径长度。

方法：二叉树中的最长路径有如下三种情况。

（1）从左子树层次号最大的叶子到根结点，再到右子树层次号最大的叶子，路径长度为左子树高度＋右子树高度。

（2）左子树中的最长路径。

（3）右子树中的最长路径。

上述三者的路径长度最大值即为整棵二叉树的最大路径长度。

该算法的 C 语言描述如下。

```c
//该函数返回最大路径长度,同时通过 * height 返回二叉树的高度
int maxPathLength(BTreeNode * root, int * height) {
    if(root == NULL) {
        * height = 0;
        return 0;
    }
    int h1, h2, len1, len2;
    len1 = maxPathLength(root->left, &h1);
    len2 = maxPathLength(root->right, &h2);
    if(len2 > len1) {
        len1 = len2;
    }
    if(h1 + h2 > len1) {
        len1 = h1 + h2;
    }
    * height = (h1 > h2 ? h1 : h2) + 1;
    return len1;
}
```

该算法的 Java 语言描述如下。

```java
//该函数通过 retval[0]返回最大路径长度,通过 retval[1]返回二叉树的高度
public void maxPathLength(BTreeNode root, int[] retval) {
    if(root == null) {
```

```
        retval[0] = 0;
        retval[1] = 0;
        return;
    }
    int[] right = new int[2];
    maxPathLength(root.getLeft(), retval);
    maxPathLength(root.getRight(), right);
    if(right[0] > retval[0]) {
        retval[0] = right[0];
    }
    if(retval[1] + right[1] > retval[0]) {
        retval[0] = retval[1] + right[1];
    }
    retval[1] = (retval[1] > right[1] ? retval[1] : right[1]) + 1;
    return;
}
```

算法 5.17 假设二叉树结点值互不相同,设计算法将值为 x 的结点的所有祖先结点自下而上直至根结点输出结点的值。

方法:如果根结点的值不为 x,则分别到左右子树进行查找以及题目所要求的输出,只有在左右子树中存在值为 x 的结点时,才输出根结点的值。此操作是后序遍历,因此是自下而上直至根结点进行输出的。

该算法的 C 语言描述如下。

```
//返回值为 1 表示该树(子树)上存在值为 x 的结点
int printAncestors(BTreeNode * root, ElemType x) {
    if(root == NULL) {
        return 0;                    //空树上不存在值为 x 的结点
    }
    if(root -> data == x) {          //如果根结点的值为 x
        return 1;
    }
    if(printAncestors(root -> left, x)
        || printAncestors(root -> right, x)) {
        output(root -> data);        //输出根结点值
        return 1;
    }
    return 0;
}
```

该算法的 Java 语言描述如下。

```
//返回值为 true 表示该树(子树)上存在值为 x 的结点
public boolean printAncestors(BTreeNode root, ElemType x) {
    if(root == null) {
        return false;                //空树上不存在值为 x 的结点
    }
    if(root.getData() == x) {        //如果根结点的值为 x
        return true;
    }
    if(printAncestors(root.getLeft(), x)
        || printAncestors(root.getRight(), x)) {
        output(root.getData());      //输出根结点值
        return true;
    }
    return false;
}
```

2. 按层次对二叉树进行处理

算法 5.18 定义二叉树中某一层的结点个数为该层的宽度,各层宽度的最大值为二叉树的宽度,编写算法求二叉树的宽度。

方法:利用队列,对二叉树按层次进行遍历,同时统计每层结点数,求出最大值。

该算法的 C 语言描述如下。

```c
int width(BTreeNode * root) {
    if(root == NULL) {
        return 0;
    }
    Queue queue;
    initQueue(&queue);
    enQueue(&queue, root);
    //cnt1、cnt2 分别统计当前层、下一层结点数
    int max = 1, cnt1 = 1, cnt2 = 0;
    while(!isEmpty(&queue)) {
        //出队一个结点,队列中当前层尚存结点个数减 1
        BTreeNode * nodePtr = deQueue(&queue);
        cnt1 -- ;
        //如果存在左孩子则左孩子入队,队列中下一层结点个数加 1
        if(nodePtr -> left != NULL) {
            enQueue(&queue, nodePtr -> left);
            cnt2 ++ ;
        }
        //如果存在右孩子则右孩子入队,队列中下一层结点个数加 1
        if(nodePtr -> right != NULL) {
            enQueue(&queue, nodePtr -> right);
            cnt2 ++ ;
        }
        //如果当前层结点全部出队了,则说明下一层结点已全部入队
        //下次循环时下一层成为当前层,将 cnt2 赋值给 cnt1,cnt2 归零
        if(cnt1 == 0) {
            if(cnt2 > max) {
                max = cnt2;
            }
            cnt1 = cnt2;
            cnt2 = 0;
        }
    }
    return max;
}
```

该算法的 Java 语言描述如下。

```java
public int width(BTreeNode root) {
    if(root == null) {
        return 0;
    }
    Queue queue = new Queue();
    queue.enQueue(root);
    //cnt1、cnt2 分别统计当前层、下一层结点数
    int max = 1, cnt1 = 1, cnt2 = 0;
    while(!queue.isEmpty()) {
        //出队一个结点,队列中当前层尚存结点个数减 1
```

```
        BTreeNode node = queue.deQueue();
        cnt1 -- ;
        //如果存在左孩子则左孩子入队,队列中下一层结点个数加1
        if(node.getLeft() != null) {
            queue.enQueue(node.getLeft());
            cnt2 ++;
        }
        //如果存在右孩子则右孩子入队,队列中下一层结点个数加1
        if(node.getRight() != null) {
            queue.enQueue(node.getRight());
            cnt2 ++;
        }
        //如果当前层结点全部出队了,说明下一层结点已全部入队
        //下次循环时下一层成为当前层,将 cnt2 赋值给 cnt1,cnt2 归零
        if(cnt1 == 0) {
            if(cnt2 > max) {
                max = cnt2;
            }
            cnt1 = cnt2;
            cnt2 = 0;
        }
    }
    return max;
}
```

算法 5.19 定义二叉树中叶子结点的最小层号为二叉树的最小高度,编写算法求二叉树的最小高度。

方法:利用队列对二叉树按层次进行遍历,遇到叶子结点时其层号即为最小深度,之后的结点不再遍历访问。

该算法的 C 语言描述如下。

```
int minHeight(BTreeNode * root) {
    if(root == NULL) {
        return 0;
    }
    Queue queue;
    initQueue(&queue);
    enQueue(&queue, root);
    //lev 存当前层号,cnt1、cnt2 存当前层、下一层结点数
    int lev = 1, cnt1 = 1, cnt2 = 0;
    while(!isEmpty(&queue)) {
        //出队一个结点,队列中当前层尚存结点个数减1
        BTreeNode * nodePtr = deQueue(&queue);
        cnt1 -- ;
        //遇到叶子结点即结束
        if(nodePtr -> left == NULL && nodePtr -> right == NULL) break;
        //如果存在左孩子则左孩子入队,队列中下一层结点个数加1
        if(nodePtr -> left != NULL) {
            enQueue(&queue, nodePtr -> left);
            cnt2 ++;
        }
        //如果存在右孩子则右孩子入队,队列中下一层结点个数加1
        if(nodePtr -> right != NULL) {
            enQueue(&queue, nodePtr -> right);
            cnt2 ++;
        }
    }
```

```
        //如果当前层结点全部出队了,说明下一层结点已全部入队
        //下次循环时下一层成为当前层,将 cnt2 赋值给 cnt1,cnt2 归零
        if(cnt1 == 0) {
            cnt1 = cnt2;
            cnt2 = 0;
            lev ++;
        }
    }
    return lev;
}
```

该算法的 Java 语言描述如下。

```
public int minHeight(BTreeNode root) {
    if(root == null) {
        return 0;
    }
    Queue queue = new Queue();
    queue. enQueue(root);
    //lev 存当前层号,cnt1、cnt2 存当前层、下一层结点数
    int lev = 1, cnt1 = 1, cnt2 = 0;
    while(!queue. isEmpty()) {
        //出队一个结点,队列中当前层尚存结点个数减 1
        BTreeNode node = queue. deQueue();
        cnt1 -- ;
        //遇到叶子结点即结束
        if(node.getLeft() == null && node.getRight() == null) break;
        //如果存在左孩子则左孩子入队,队列中下一层结点个数加 1
        if(node.getLeft() != null) {
            queue. enQueue(node.getLeft());
            cnt2 ++;
        }
        //如果存在右孩子则右孩子入队,队列中下一层结点个数加 1
        if(node.getRight() != null) {
            queue. enQueue(node.getRight());
            cnt2 ++;
        }
        //如果当前层结点全部出队了,说明下一层结点已全部入队
        //下次循环时下一层成为当前层,将 cnt2 赋值给 cnt1,cnt2 归零
        if(cnt1 == 0) {
            cnt1 = cnt2;
            cnt2 = 0;
            lev ++;
        }
    }
    return lev;
}
```

5.4 线索二叉树

5.4.1 线索二叉树的基本概念

具有 n 个结点的二叉树拥有 $n-1$ 条边,如果采用二叉链表存储结构,则其链接域

(左孩子域和右孩子域)共有 $2n$ 个,其中,$n+1$ 个链接域为空指针。二叉树的先序遍历、中序遍历和后序遍历是常用的操作,可以把二叉树的二叉链表结点的空链接域充分利用起来,用来指向遍历序列中的直接前趋或直接后继,构建为线索二叉树,提高二叉树的遍历效率。

线索二叉树(threaded binary tree)的二叉链表的每个结点至少包含 5 个域。

(1) 数据域 data 存储结点数据元素。

(2) 左链接域 left 指向左孩子或直接前趋。

(3) 右链接域 right 指向右孩子或直接后继。

(4) 左标记域 ltag 用来标志 left 是指向左孩子还是直接前趋,例如,该域为 1 则表示 left 指向左孩子,为 0 则表示 left 指向直接前趋。

(5) 右标记域 rtag 用来标志 right 是指向右孩子还是直接后继,例如,该域为 1 则表示 right 指向右孩子,为 0 则表示 right 指向直接后继。

如果 left 指向遍历序列中的直接前趋,称为**左线索**(left thread)。如果 right 指向遍历序列中的直接后继,称为**右线索**(left thread)。将普通二叉树构建为线索二叉树的过程称为线索化。

用 C 语言描述的线索二叉链表结点结构如下。

```c
typedef struct threadedNode {
    ElemType data;                  //数据域
    struct threadedNode * left;     //左孩子指针或左线索
    struct threadedNode * right;    //右孩子指针或右线索
    int ltag;                       //为 1 表示 left 指向左孩子,否则为左线索
    int rtag;                       //为 1 表示 right 指向右孩子,否则为右线索
} ThreadedBTreeNode;
```

用 C 语言描述的线索二叉链表结点结构如下。

```java
public class ThreadedBTreeNode {
    private ElemType data;              //数据域
    private ThreadedBTreeNode left;     //左孩子或左线索
    private ThreadedBTreeNode right;    //右孩子或右线索
    private boolean ltag;               //为 true 表示 left 引用左孩子,否则为左线索
    private boolean rtag;               //为 true 表示 right 引用右孩子,否则为右线索
    public ThreadedBTreeNode() {
        this(null);
    }
    public ThreadedBTreeNode(ElemType elem) {
        data = elem;
        left = right = null;
        ltag = rtag = true;
    }
    public char getData() {
        return data;
    }
        public ThreadedBTreeNode getLeft() {
        return left;
    }
    public ThreadedBTreeNode getRight() {
        return right;
    }
```

```
    public boolean getLtag() {
        return ltag;
    }
    public boolean getRtag() {
        return rtag;
    }
    public void setData(char d) {
        data = d;
    }
    public void setLeft(ThreadedBTreeNode l) {
        left = l;
    }
    public void setRight(ThreadedBTreeNode r) {
        right = r;
    }
    public void setLtag(boolean b) {
        ltag = b;
    }
    public void setRtag(boolean b) {
        rtag = b;
    }
}
```

例如，对如图 5.21 所示的二叉树进行线索化。在线索二叉树中，当一个结点有左孩子时，其左链接域 left 指向左孩子且 ltag 为 1(true)，当没有左孩子时，left 指向遍历序列中的直接前趋且 ltag 为 0(false)；当一个结点有右孩子时，其右链接域 right 指向右孩子且 rtag 为 1(true)，当没有右孩子时，right 指向遍历序列中的直接后继且 rtag 为 0(false)。

其先序遍历序列为 ABDEGKHCFIJ，则对应的先序线索二叉树如图 5.22 所示(其中虚线箭头表示左线索或右线索)。

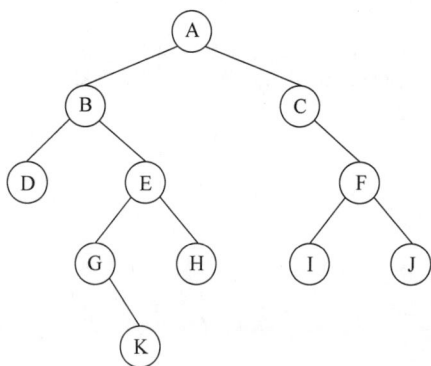

图 5.21　待线索化的二叉树示例

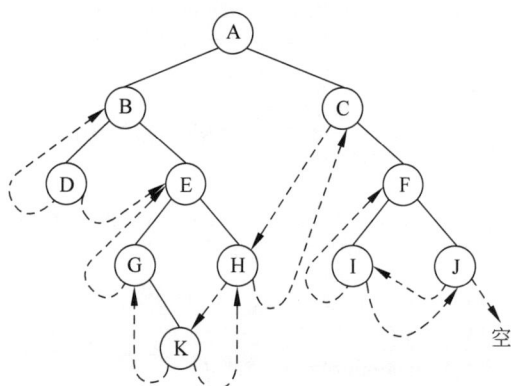

图 5.22　先序线索二叉树示例

类似地，其中序遍历序列为 DBGKEHACIFJ，则对应的中序线索二叉树如图 5.23 所示(其中虚线箭头表示左线索或右线索)。

类似地，其后序遍历序列为 DKGHEBIJFCA，则对应的后序线索二叉树如图 5.24 所示(其中虚线箭头表示左线索或右线索)。

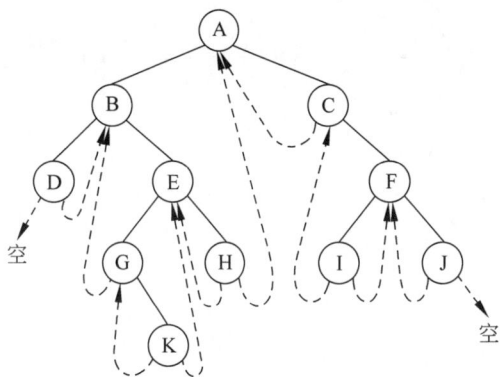

图 5.23　中序线索二叉树示例

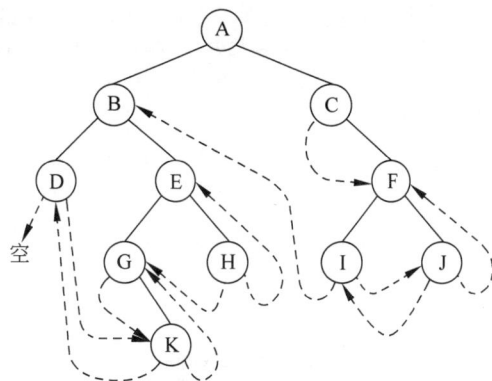

图 5.24　后序线索二叉树示例

5.4.2　线索二叉树的构建

二叉树线索化之前的二叉链表,每个结点的 left、right 分别指向该结点的左孩子、右孩子,ltag、rtag 值均为 1(true),在此基础上,分别通过二叉树的先序遍历、中序遍历和后序遍历对每一个结点进行处理,让空的 left 域指向该结点的直接前趋并将 ltag 置为 0(false),让空的 right 域指向该结点的直接后继并将 rtag 置为 0(false),从而构建为对应的先序线索二叉链表、中序线索二叉链表和后序线索二叉链表。

为此,需要设置一个全局变量 pre,用来指向当前待处理结点的直接前趋,其初始值为空指针。在遍历到某个结点 node 时,需要进行如下处理。

(1) 如果 node 的 left 域为空,则将 node 的 left 域置为 pre(指向直接前趋),并将 node 的 ltag 域置为 0(false),建立该结点的左线索。

(2) 如果 pre 所指结点(直接前趋)的 right 域为空,则让直接前趋的 right 域指向 node,并将直接前趋的 rtag 域置为 0(false),建立直接前趋结点的右线索。

(3) pre 改为指向 node 结点。

遍历结束后,pre 指向遍历序列的最后一个结点,如果该结点的 right 域为空,则需将该结点的 rtag 域置为 0(false)。对于先序遍历或中序遍历,遍历序列中的最后一个结点的 right 域必然为空,只有后序遍历序列的最后一个结点(整棵二叉树的根结点)的 right 域才有可能为空(整棵二叉树的根结点没有右子树)。

如下三个算法非常相似,差别就在于对二叉树(子树)的根结点及其直接前趋的处理、左子树线索化和右子树线索化三个步骤的排列顺序。

算法 5.20　创建先序线索二叉链表。

该算法的 C 语言描述如下。

```
ThreadedBTreeNode * pre;
void preThreading(ThreadedBTreeNode * root) {
    if(root == NULL) {
        return;
    }
    if(root -> left == NULL) {
        root -> left = pre;
        root -> ltag = 0;
    }
```

```c
        if(pre != NULL && pre->right == NULL) {
            pre->right = root;
            pre->rtag = 0;
        }
        pre = root;
        if(root->ltag == 1) {
            preThreading(root->left);
        }
        if(root->rtag == 1) {
            preThreading(root->right);
        }
    }
    void createPreThreadedBTree(ThreadedBTreeNode * root) {
        if(root == NULL) {
            return;
        }
        pre = NULL;
        preThreading(root);
        pre->rtag = 0;
    }
```

该算法的 Java 语言描述如下。

```java
private ThreadedBTreeNode pre;
private void preThreading(ThreadedBTreeNode root) {
    if(root == null) {
        return;
    }
    if(root.getLeft() == null) {
        root.setLeft(pre);
        root.setLtag(false);
    }
    if(pre != null && pre.getRight() == null) {
        pre.setRight(root);
        pre.setRtag(false);
    }
    pre = root;
    if(root.getLtag()) {
        preThreading(root.getLeft());
    }
    if(root.getRtag()) {
        preThreading(root.getRight());
    }
}
public void createPreThreadedBTree(ThreadedBTreeNode root) {
    if(root == null) {
        return;
    }
    pre = null;
    preThreading(root);
    pre.setRtag(false);
}
```

算法 5.21　创建中序线索二叉链表。

该算法的 C 语言描述如下。

```c
ThreadedBTreeNode * pre;
void inThreading(ThreadedBTreeNode * root) {
```

```
        if(root == NULL) {
            return;
        }
        inThreading(root -> left);
        if(root -> left == NULL) {
            root -> left = pre;
            root -> ltag = 0;
        }
        if(pre != NULL && pre -> right == NULL) {
            pre -> right = root;
            pre -> rtag = 0;
        }
        pre = root;
        inThreading(root -> right);
    }
    void createInThreadedBTree(ThreadedBTreeNode * root) {
        if(root == NULL) {
            return;
        }
        pre = NULL;
        inThreading(root);
        pre -> rtag = 0;
    }
```

该算法的 Java 语言描述如下。

```
    private ThreadedBTreeNode pre;
    private void inThreading(ThreadedBTreeNode root) {
        if(root == null) {
            return;
        }
        inThreading(root.getLeft());
        if(root.getLeft() == null) {
            root.setLeft(pre);
            root.setLtag(false);
        }
        if(pre != null && pre.getRight() == null) {
            pre.setRight(root);
            pre.setRtag(false);
        }
        pre = root;
        inThreading(root.getRight());
    }
    public void createInThreadedBTree(ThreadedBTreeNode root) {
        if(root == null) {
            return;
        }
        pre = null;
        inThreading(root);
        pre.setRtag(false);
    }
```

算法 5.22 创建后序线索二叉链表。

该算法的 C 语言描述如下。

```
    ThreadedBTreeNode * pre;
    void postThreading(ThreadedBTreeNode * root) {
        if(root == NULL) {
```

```
            return;
        }
        postThreading(root->left);
        postThreading(root->right);
        if(root->left == NULL) {
            root->left = pre;
            root->ltag = 0;
        }
        if(pre != NULL && pre->right == NULL) {
            pre->right = root;
            pre->rtag = 0;
        }
        pre = root;
    }
    void createPostThreadedBTree(ThreadedBTreeNode * root) {
        if(root == NULL) {
            return;
        }
        pre = NULL;
        postThreading(root);
        if(pre->right == NULL) {
            pre->rtag = 0;
        }
    }
```

该算法的 Java 语言描述如下。

```
private ThreadedBTreeNode pre;
private void postThreading(ThreadedBTreeNode root) {
    if(root == null) {
        return;
    }
    postThreading(root.getLeft());
    postThreading(root.getRight());
    if(root.getLeft() == null) {
        root.setLeft(pre);
        root.setLtag(false);
    }
    if(pre != null && pre.getRight() == null) {
        pre.setRight(root);
        pre.setRtag(false);
    }
    pre = root;
}
public void createPostThreadedBTree(ThreadedBTreeNode root) {
    if(root == null) {
        return;
    }
    pre = null;
    postThreading(root);
    if(pre.getRight() == null) {
        pre.setRtag(false);
    }
}
```

5.4.3　线索二叉树的遍历

对于先序线索二叉树或中序线索二叉树,利用线索,可以既不用递归也不用栈就能很方便地对二叉树进行遍历,提高遍历效率,但对于后序线索二叉树,如果既不用递归也不用栈或其他的辅助空间,则需要额外的双亲指针才能实现遍历。

在数据结构相关书籍和网上资料中,有线索二叉树的遍历算法的各种表述形式。在本书中,采用如下统一的思想来实现线索二叉树的先序、中序或后序遍历。

(1)找到遍历首结点并进行访问。

(2)找到该结点的直接后继结点并进行访问。

(3)重复步骤(2)直至遍历到尾结点。

对于线索二叉树的先序、中序或后序遍历,遍历首结点和直接后继结点的求解方法是不同的,需要区别对待。

1. 先序线索二叉树的遍历

在非空的先序线索二叉树中,根结点即为遍历首结点。已知一个结点的指针(非空),很容易获得该结点的直接后继,方法如下。

(1)如果该结点存在左孩子,则该结点的左孩子即为该结点的直接后继。

(2)如果该结点不存在左孩子,但存在右孩子或者右线索,则该结点的右链接域所指结点即为该结点的直接后继。

设定一个指针 current,初始指向根结点,则先序线索二叉树的遍历方法如下。

当 current 非空时循环执行如下步骤。

(1)访问 current 所指结点。

(2)current 指向当前结点的直接后继。

算法 5.23 先序线索二叉树的先序遍历。

该算法的 C 语言描述如下。

```
//获得非空先序线索二叉树中一个结点的直接后继结点
ThreadedBTreeNode * successor(ThreadedBTreeNode * current) {
    return current -> ltag == 1 ? current -> left : current -> right;
}
//先序线索二叉树的先序遍历
void threadedPreOrder(ThreadedBTreeNode * root) {
    ThreadedBTreeNode * current = root;
    while(current != NULL) {
        visit(current);
        current = successor(current);
    }
}
```

该算法的 Java 语言描述如下。

```
//获得非空先序线索二叉树中一个结点的直接后继结点
public ThreadedBTreeNode successor(ThreadedBTreeNode current) {
    return current.getLtag() ? current.getLeft() : current.getRight();
}
//先序线索二叉树的先序遍历
public void threadedPreOrder(ThreadedBTreeNode root) {
    ThreadedBTreeNode current = root;
    while(current != null) {
        visit(current);
        current = successor(current);
    }
}
```

2. 中序线索二叉树的遍历

在非空的中序线索二叉树中,最左端结点即为遍历首结点(从根结点开始沿着左孩子指针一直探查下去,直到不存在左孩子的结点)。已知一个结点的指针(非空),也很容易获得该结点的直接后继,方法如下。

(1) 如果该结点不存在右孩子,则该结点右线索所指向结点即为该结点的直接后继。

(2) 如果该结点存在右孩子,则该结点右子树最左端结点即为该结点的直接后继。

设定一个指针 current,初始指向遍历首结点,则中序线索二叉树的遍历方法如下。

当 current 非空时循环执行如下步骤。

(1) 访问 current 所指结点。

(2) current 指向当前结点的直接后继。

算法 5.24   中序线索二叉树的中序遍历。

该算法的 C 语言描述如下。

```c
//获得非空中序线索二叉树的最左端结点
ThreadedBTreeNode * leftMost(ThreadedBTreeNode * root) {
    while(root->ltag == 1) {
        root = root->left;
    }
    return root;
}
//获得非空中序线索二叉树中一个结点的直接后继结点
ThreadedBTreeNode * successor(ThreadedBTreeNode * current) {
    return current->rtag == 0 ? current->right : leftMost(current->right);
}
//中序线索二叉树的中序遍历
void threadedInOrder(ThreadedBTreeNode * root) {
    ThreadedBTreeNode * current = (root == NULL ? NULL : leftMost(root));
    while(current != NULL) {
        visit(current);
        current = successor(current);
    }
}
```

该算法的 Java 语言描述如下。

```java
//获得非空中序线索二叉树最左端结点
public ThreadedBTreeNode leftMost(ThreadedBTreeNode root) {
    while(root.getLtag()) {
        root = root.getLeft();
    }
    return root;
}
//获得非空中序线索二叉树中一个结点的直接后继结点
public ThreadedBTreeNode successor(ThreadedBTreeNode current) {
    return !current.getRtag() ? current.getRight()
            : leftMost(current.getRight());
}
//中序线索二叉树的中序遍历
public void threadedInOrder(ThreadedBTreeNode root) {
    ThreadedBTreeNode current = (root == null ? null : leftMost(root));
    while(current != null) {
        visit(current);
        current = successor(current);
```

```
        }
    }
```

3．后序线索二叉树的遍历

在非空的后序线索二叉树中,很容易获得遍历首结点,方法如下。

(1) 找到二叉树最左端结点。

(2) 如果该结点不存在右孩子,则该结点即为遍历首结点。

(3) 否则,到该结点的右子树继续执行步骤(1)和步骤(2)。

在非空的后序线索二叉树中,已知一个结点的指针(非空),很容易获得该结点的直接前趋,但不容易获得该结点的直接后继。

获得后序线索二叉树中一个结点的直接后继的方法如下。

(1) 如果该结点是根结点,则该结点不存在直接后继。

(2) 否则,如果该结点不存在右孩子,则该结点右线索所指向结点即为该结点的直接后继。

(3) 否则,如果该结点是其父结点的右孩子,则其父结点即为该结点的直接后继。

(4) 否则(该结点是其父结点的左孩子)。

① 如果该结点没有右兄弟,则其父结点即为该结点的直接后继。

② 否则,以其右兄弟为根的子树中的遍历首结点即为该结点的直接后继。

可见,如果按照前面所讲的线索二叉链表结点结构,获得一个指定结点的直接后继是比较难以实现的,除非在结点中增加一个双亲域 parent,用来指向双亲结点,构成后序线索三叉链表,则后序线索二叉树的遍历算法如下。

算法 5.25　后序线索二叉树(三叉链表)的遍历。

该算法的 C 语言描述如下。

```
//获得非空后序线索二叉树的后序遍历首结点
ThreadedBTreeNode * first(ThreadedBTreeNode * root) {
    ThreadedBTreeNode * current = root;
    while(1) {
        while(current -> ltag == 1) {
            current = current -> left;
        }
        if(current -> rtag == 0) break;
        current = current -> right;
    }
    return current;
}
//获得非空后序线索二叉树中一个结点的直接后继结点
ThreadedBTreeNode * successor(ThreadedBTreeNode * current) {
    if(current -> parent == NULL) {
        return NULL;
    }
    if(current -> rtag == 0) {
        return current -> right;
    }
    ThreadedBTreeNode * parent = current -> parent;
    if(parent -> rtag == 0 || parent -> right == current) {
        return parent;
    }
    return first(parent -> right);
```

```
    }
    //后序线索二叉树的后序遍历
    void threadedPostOrder(ThreadedBTreeNode * root) {
        ThreadedBTreeNode * current = (root == NULL ? NULL : first(root));
        while(current != NULL) {
            visit(current);
            current = successor(current);
        }
    }
```

该算法的 Java 语言描述如下。

```
//获得非空后序线索二叉树的后序遍历首结点
public ThreadedBTreeNode first(ThreadedBTreeNode root) {
    ThreadedBTreeNode current = root;
    while(true) {
        while(current.getLtag()) {
            current = current.getLeft();
        }
        if(!current.getRtag()) break;
        current = current.getRight();
    }
    return current;
}
//获得非空后序线索二叉树中一个结点的直接后继结点
public ThreadedBTreeNode successor(ThreadedBTreeNode current) {
    if(current.getParent() == null) {
        return null;
    }
    if(!current.getRtag()) {
        return current.getRight();
    }
    ThreadedBTreeNode parent = current.getParent();
    if(!parent.getRtag() || parent.getRight() == current) {
        return parent;
    }
    return first(parent.getRight());
}
//后序线索二叉树的后序遍历
public void threadedPostOrder(ThreadedBTreeNode root) {
    ThreadedBTreeNode current = (root == null ? null : first(root));
    while(current != null) {
        visit(current);
        current = successor(current);
    }
}
```

既然在非空的后序线索二叉链表中获得一个指定结点的直接前趋是很容易的,那么,也可以从后序遍历尾结点(根结点)开始,然后是该结点的直接前趋,再到直接前趋的直接前趋,……,这样循环下去,直到所有结点均被访问过,这个序列的逆序列即为后序遍历序列。

在非空的后序线索二叉树中,已知一个结点的指针(非空),很容易获得该结点的直接前趋,方法如下。

(1) 如果该结点存在右孩子,则该结点的右孩子即为该结点的直接前趋。

(2) 如果该结点不存在右孩子,但存在左孩子或者左线索,则该结点的左链接域所指结点即为该结点的直接前趋。

算法 5.26 后序线索二叉树(二叉链表)的遍历。

该算法的 C 语言描述如下。

```
//获得非空后序线索二叉树中一个结点的直接前趋结点
ThreadedBTreeNode * predecessor(ThreadedBTreeNode * current) {
    return current -> rtag == 1 ? current -> right : current -> left;
}
//后序线索二叉树的后序遍历
void threadedPostOrder(ThreadedBTreeNode * root) {
    Stack stack;
    initStack(&stack);
    ThreadedBTreeNode * current = root;
    while(current != NULL) {
        push(&stack, current);
        current = predecessor(current);
    }
    while(!isEmpty(&stack)) {
        current = pop(&stack);
        visit(current);
    }
}
```

该算法的 Java 语言描述如下。

```
//获得非空后序线索二叉树中一个结点的直接前趋结点
public ThreadedBTreeNode predecessor(ThreadedBTreeNode current) {
    return current.getRtag() ? current.getRight() : current.getLeft();
}
//后序线索二叉树的后序遍历
public void threadedPostOrder(ThreadedBTreeNode root) {
    Stack stack = new Stack();
    ThreadedBTreeNode current = root;
    while(current != null) {
        stack.push(current);
        current = predecessor(current);
    }
    while(!stack.isEmpty()) {
        current = stack.pop();
        visit(current);
    }
}
```

5.5 树和森林

5.5.1 树和森林的存储结构

1. 双亲表示法

双亲表示法一般采用顺序存储结构,顺序表中每个结点包含两个域:数据域和双亲域。其中,数据域用来存储该结点的数据元素,双亲域用来存储该结点的双亲结点在顺序表中的位置(一维数组元素的下标),如果不存在双亲结点,则双亲域用无效位置值来表示,如一1。

例如,如图 5.25(a)所示的树的双亲表示法存储结构如图 5.25(b)所示。

图 5.25 的内容：

下标	数据域	双亲域
0	A	-1
1	B	0
2	C	0
3	D	0
4	E	1
5	F	1
6	G	1
7	H	3
8	I	3
9	J	5

(a) 树　　　　(b) 双亲表示法

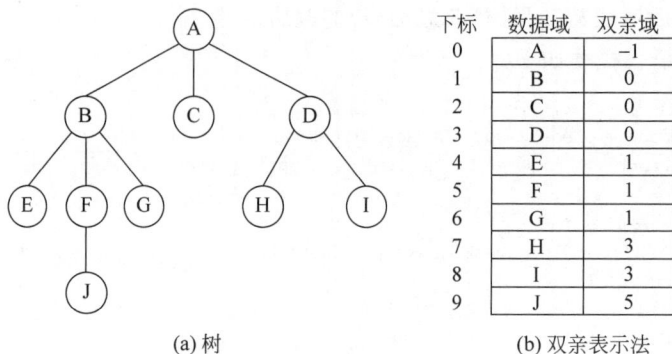

图 5.25　树的双亲表示法示例

采用双亲表示法,找到一个指定结点的双亲结点是很容易的,但找到该结点的所有孩子结点需要遍历整个顺序表,效率较低。

2. 孩子链表表示法

孩子链表表示法一般采用顺序存储结构和链式存储结构相结合,每个结点的孩子构成一个单链表,称为孩子链表,而结点数据元素和孩子链表头指针构成一个顺序表,注意孩子链表结点数据域仅存储对应的孩子结点在顺序表中的位置。

例如,如图 5.26(a)所示的树的孩子链表表示法存储结构如图 5.26(b)所示。

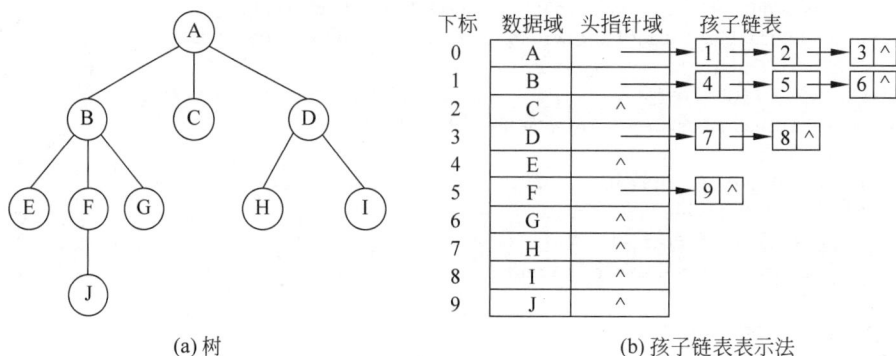

图 5.26 的内容：

下标	数据域	头指针域	孩子链表
0	A	→	1→2→3^
1	B	→	4→5→6^
2	C	^	
3	D	→	7→8^
4	E	^	
5	F	→	9^
6	G	^	
7	H	^	
8	I	^	
9	J	^	

(a) 树　　　　(b) 孩子链表表示法

图 5.26　树的孩子链表表示法示例

采用孩子链表表示法,找到一个指定结点的所有孩子结点是很容易的,但找到该结点的双亲结点需要遍历整个顺序表和孩子链表。

3. 孩子兄弟表示法

孩子兄弟表示法一般采用二叉链表,每个结点包含三个域:数据域 data、第一个孩子域 firstChild、下一个兄弟域 nextSibling。其中,data 域用来存储结点的数据元素,firstChild 域存储指向第一个孩子的指针,nextSibling 域存储指向下一个兄弟的指针,整棵树或整个森林用一个根指针 root 指向树的根结点(对于森林则指向第一棵树的根结点)。

树的孩子兄弟表示法如图 5.27 所示,其中,根结点没有兄弟,其 nextSibling 域为空指针。

森林的孩子兄弟表示法如图 5.28 所示,其二叉链表根结点为森林第一棵树的根结点,多棵树的根结点按照互为兄弟对待。

对于孩子兄弟表示法,如果二叉链表的根结点的 nextSibling 域为空,则该二叉链表表

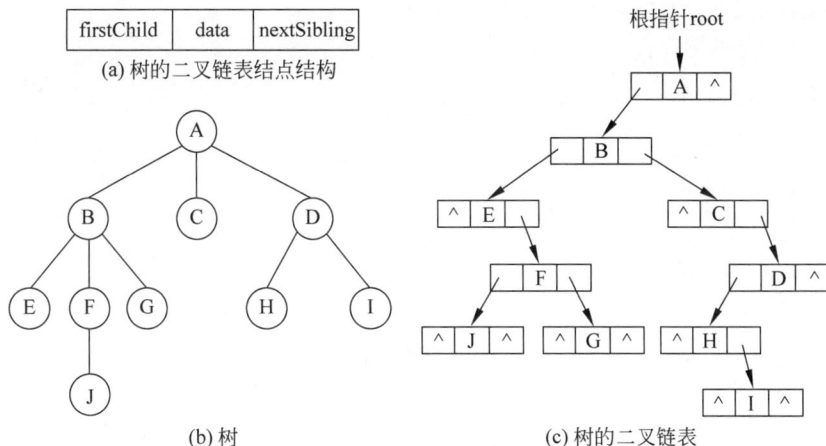

(a) 树的二叉链表结点结构

(b) 树

(c) 树的二叉链表

图 5.27 树的孩子兄弟表示法示例

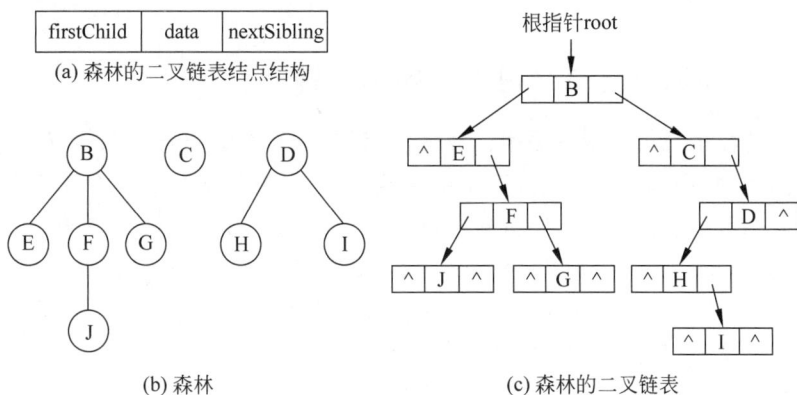

(a) 森林的二叉链表结点结构

(b) 森林

(c) 森林的二叉链表

图 5.28 森林的孩子兄弟表示法示例

示的是一棵树,否则为多棵树构成的森林。

采用孩子兄弟表示法,可以很容易地从树(或森林)的一个结点定位其孩子结点,进而对孩子结点乃至子孙结点进行操作。

树和森林的孩子兄弟表示法二叉链表结点类型的 C 语言定义如下。

```c
typedef struct forrestnode{
    ElemType data;
    struct forrestnode * firstChild, * nextSibling;
} ForrestNode;
```

树和森林的孩子兄弟表示法二叉链表结点类型的 Java 语言定义如下。

```java
public class ForrestNode {
    private ElemType data;
    private ForrestNode firstChild, nextSibling;
    public ForrestNode() {
        this(null);
    }
    public ForrestNode(ElemType elem) {
        data = elem;
        firstChild = nextSibling = null;
    }
}
```

```
public ElemType getData() {
    return data;
}
public ForrestNode getFirstChild() {
    return firstChild;
}
public ForrestNode getNextSibling() {
    return nextSibling;
}
public void setData(ElemType elem) {
    data = elem;
}
public void setFirstChild(ForrestNode node) {
    firstChild = node;
}
public void setNextSibling(ForrestNode node) {
    nextSibling = node;
}
}
```

5.5.2 树和森林与二叉树之间的相互转换

树和森林的孩子兄弟表示法采用二叉链表存储结构,其结点结构与二叉树的二叉链表结点结构是同构的,都具有数据域和两个链接域,只不过链接域的具体含义有所不同,二叉树的二叉链表结点的左链接域 left 指向左孩子,右链接域 right 指向右孩子,而树和森林的二叉链表结点的 firstChild 域(对应二叉树二叉链表结点的 left 域)指向第一个孩子,nextSibling 域(对应二叉树二叉链表结点的 right 域)指向下一个兄弟。因此,通过二叉链表,可以在树(或森林)与二叉树之间进行相互转换。

树与二叉树之间的相互转换示例如图 5.29 所示。

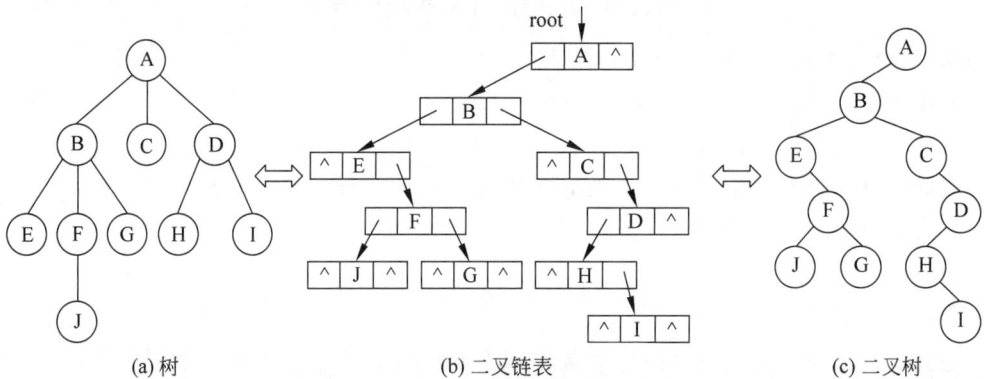

(a) 树   (b) 二叉链表   (c) 二叉树

图 5.29　树与二叉树之间的相互转换示例

森林与二叉树之间的相互转换示例如图 5.30 所示。

5.5.3 树和森林的遍历

1. 按层次遍历

对非空的树(或森林)按层次进行遍历就是从第一层到最后一层,每层从左向右顺序依次访问树(或森林)的每个结点,每个结点仅被访问一次。

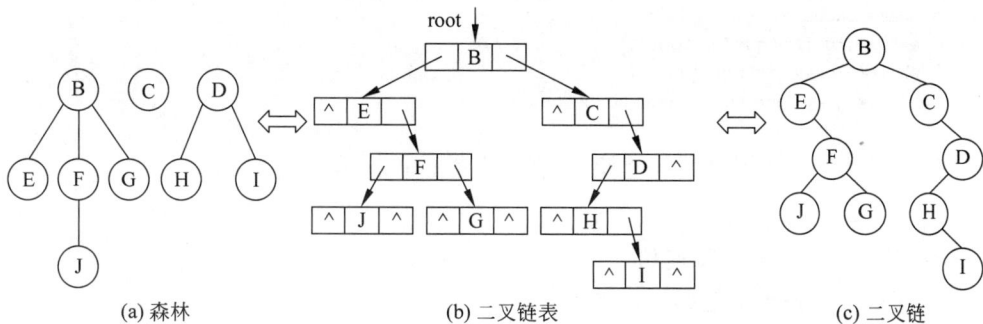

图 5.30　森林与二叉树之间的相互转换示例

与二叉树类似,可以借助队列来实现树(或森林)的按层次遍历,以孩子兄弟表示法为例,其按层次遍历算法如下。

算法 5.27　树(或森林)的按层次遍历。

该算法的 C 语言描述如下。

```c
//将一个结点及其兄弟结点指针入队
void enAllSiblings(Queue * queue, ForrestNode * nodePtr) {
    while(nodePtr != NULL) {
        enQueue(queue, nodePtr);
        nodePtr = nodePtr -> nextSibling;
    }
}

//对以 root 为根指针的树(或森林)按层次进行遍历
void levelOrder(ForrestNode * root) {
    if(root == NULL) {
        return;
    }
    Queue queue;
    initQueue(&queue);
    enAllSiblings(&queue, root);
    while(!isEmpty(&queue)) {
        ForrestNode * nodePtr = deQueue(&queue);
        visit(nodePtr);
        enAllSiblings(&queue, nodePtr -> firstChild);
    }
}
```

该算法的 Java 语言描述如下。

```java
//将一个结点及其兄弟结点入队
private void enAllSiblings(Queue queue, ForrestNode node) {
    while(node != null) {
        queue.enQueue(node);
        node = node.getNextSibling();
    }
}

//对以 root 为根的树(或森林)按层次进行遍历
public void levelOrder(ForrestNode root) {
    if(root == null) {
        return;
    }
```

```
    Queue queue = new Queue();
    enAllSiblings(queue, root);
    while(!queue.isEmpty()) {
        ForrestNode node = queue.deQueue();
        visit(node);
        enAllSiblings(queue, node.getFirstChild());
    }
}
```

2. 树的先根遍历和后根遍历

非空树的先根遍历的递归定义如下。

(1) 访问根结点。

(2) 先根遍历根结点的每一棵子树。

非空树的后根遍历的递归定义如下。

(1) 后根遍历根结点的每一棵子树。

(2) 访问根结点。

前面已经讲过,树与二叉树之间可以相互转换,那么,树的先根遍历和后根遍历也可能与对应的二叉树的某种遍历方法得到相同的遍历序列。例如,如图 5.31 所示的树的先根遍历序列与该树所对应的二叉树的先序遍历序列是一致的,树的后根遍历序列与该树所对应的二叉树的中序遍历序列是一致的。这并非一个特例,而是对所有形态的树都成立。

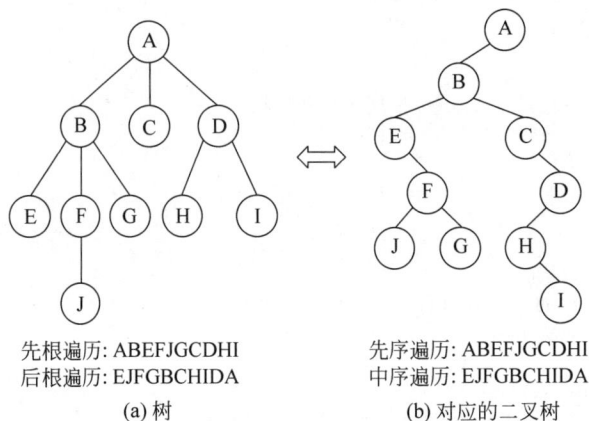

先根遍历: ABEFJGCDHI
后根遍历: EJFGBCHIDA

(a) 树

先序遍历: ABEFJGCDHI
中序遍历: EJFGBCHIDA

(b) 对应的二叉树

图 5.31　树与树所对应的二叉树的遍历示例

3. 森林的先序遍历和中序遍历

非空森林的先序遍历的递归定义如下。

(1) 访问第一棵树的根结点。

(2) 先序遍历第一棵树除根以外的子树森林。

(3) 先序遍历除第一棵树以外的其余的树构成的森林。

非空森林的中序遍历的递归定义如下。

(1) 中序遍历第一棵树除根以外的子树森林。

(2) 访问第一棵树的根结点。

(3) 中序遍历除第一棵树以外的其余的树构成的森林。

实际上,非空森林的中序遍历序列和从左向右依次后根遍历森林中的每一棵树得到的遍历序列是一致的。

很多书中只定义了森林的先序遍历和中序遍历,但也可以按如下步骤来定义非空森林的后序遍历。

(1)后序遍历第一棵树除根以外的子树森林。

(2)后序遍历除第一棵树以外的其余的树构成的森林。

(3)访问第一棵树的根结点。

例如,如图5.32所示的森林的先序遍历序列、中序遍历序列和后序遍历序列分别与该森林所对应的二叉树的先序遍历序列、中序遍历序列和后序遍历序列是一致的,该结论对所有形态的森林都成立。

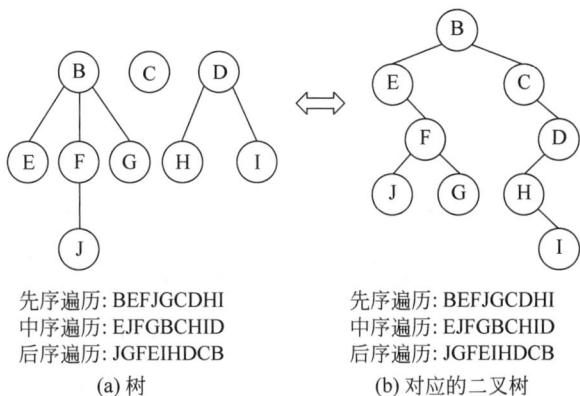

图5.32　树与树所对应的二叉树的遍历示例

以树和森林的孩子兄弟表示法为例,树的先根遍历、后根遍历算法以及森林的先序遍历、中序遍历、后序遍历算法描述如下。

(1)树的先根遍历、森林的先序遍历:用对应二叉树的先序遍历来实现。

(2)树的后根遍历、森林的中序遍历:用对应二叉树的中序遍历来实现。

(3)森林的后序遍历:用对应二叉树的后序遍历来实现。

算法 5.28　树的先根遍历、后根遍历以及森林的先序遍历、中序遍历、后序遍历。

该算法的C语言描述如下。

```
void preOrder(ForrestNode * root) {        //树的先根遍历、森林的先序遍历
    if(root != NULL) {
        visit(root);
        preOrder(root->firstChild);
        preOrder(root->nextSibling);
    }
}

void inOrder(ForrestNode * root) {         //树的后根遍历、森林的中序遍历
    if(root != NULL) {
        inOrder(root->firstChild);
        visit(root);
        inOrder(root->nextSibling);
    }
}

void postOrder(ForrestNode * root) {       //森林的后序遍历
```

```
if(root != NULL) {
    postOrder(root -> firstChild);
    postOrder(root -> nextSibling);
    visit(root);
}
}
```

该算法的 Java 语言描述如下。

```
public void preOrder(ForrestNode root) {    //树的先根遍历、森林的先序遍历
    if(root != null) {
        visit(root);
        preOrder(root.getFirstChild());
        preOrder(root.getNextSibling());
    }
}

public void inOrder(ForrestNode root) {    //树的后根遍历、森林的中序遍历
    if(root != null) {
        inOrder(root.getFirstChild());
        visit(root);
        inOrder(root.getNextSibling());
    }
}

public void postOrder(ForrestNode root) {    //森林的后序遍历
    if(root != null) {
        postOrder(root.getFirstChild());
        postOrder(root.getNextSibling());
        visit(root);
    }
}
```

5.5.4　通过遍历对树和森林进行处理

在二叉树的图示上,第 1 层、第 2 层、…、第 m 层是自上而下划分的,而树(或森林)所对应的二叉树的层次数(高度)绝不等于该树(或森林)的层次数(高度)。树(或森林)的分层如图 5.33 所示。

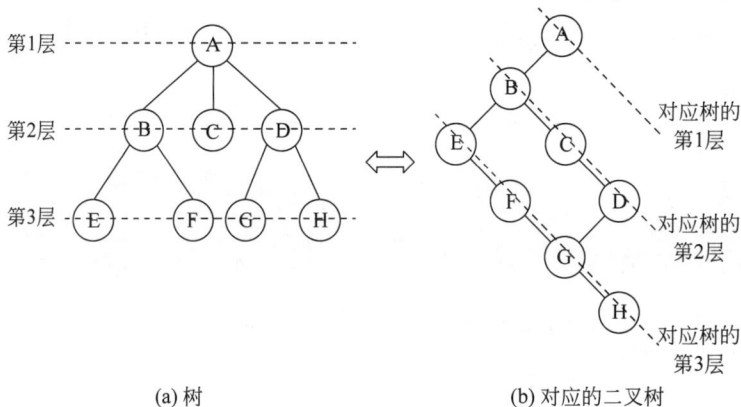

(a) 树　　　　　　　　　　(b) 对应的二叉树

图 5.33　树的层次划分示例

算法 5.29 获得树(或森林)的高度。

方法：

(1) 如果树(或森林)为空,则树(或森林)的高度 = 0。

(2) 否则,树(或森林)的高度 = 最大值{第一棵树的子树森林的高度+1,其余树构成的森林的高度}。

该算法的 C 语言描述如下。

```c
int height(ForrestNode * root) {
    if(root == NULL) {
        return 0;
    }
    int h1 = height(root->firstChild);       //第一棵树的子树森林的高度
    int h2 = height(root->nextSibling);      //其余树构成的森林的高度
    return h1 + 1 > h2 ? h1 + 1 : h2;
}
```

该算法的 Java 语言描述如下。

```java
public int height(ForrestNode root) {
    if(root == null) {
        return 0;
    }
    int h1 = height(root.getFirstChild());   //第一棵树的子树森林的高度
    int h2 = height(root.getNextSibling());  //其余树构成的森林的高度
    return h1 + 1 > h2 ? h1 + 1 : h2;
}
```

算法 5.30 统计树(或森林)中叶子结点总数。

方法：

(1) 如果树(或森林)为空,则叶子结点总数=0。

(2) 如果第一棵树没有子树(根也为叶子),则叶子结点总数=其余树构成的森林的叶子结点总数+1。

(3) 如果第一棵树有子树,则叶子结点总数=第一棵树的子树森林的叶子结点总数+其余树构成的森林的叶子结点总数。

该算法的 C 语言描述如下。

```c
int leafCount(ForrestNode * root) {
    if(root == NULL) {
        return 0;
    }
    int cnt = leafCount(root->firstChild) + leafCount(root->nextSibling);
    if(root->firstChild == NULL) {
        cnt ++;
    }
    return cnt;
}
```

该算法的 Java 语言描述如下。

```java
public int leafCount(ForrestNode root) {
    if(root == null) {
        return 0;
    }
    int cnt = leafCount(root.getFirstChild())
```

```
            + leafCount(root.getNextSibling());
        if(root.getFirstChild() == null) {
            cnt ++;
        }
        return cnt;
    }
```

算法 5.31 统计树(或森林)第 k 层结点总数。

方法:

(1) 如果树(或森林)为空或者 $k<1$,则第 k 层结点总数$=0$。

(2) 如果 $k = 1$,则第 k 层结点总数$=$森林中树的个数(二叉链表根结点及其兄弟的总数)。

(3) 如果 $k > 1$,则第 k 层结点总数$=$森林中所有树根结点的子树森林的第 $k-1$ 层结点总数。

该算法的 C 语言描述如下。

```
//返回 nodePtr 所指结点及其兄弟的总数
int siblingCount(ForrestNode * nodePtr) {
    int cnt = 0;
    while(nodePtr != NULL) {
        cnt ++;
        nodePtr = nodePtr -> nextSibling;
    }
    return cnt;
}

//返回树(或森林)第 k 层结点总数
int countLevelK(ForrestNode * root, int k) {
    if(root == NULL || k < 1) {
        return 0;
    }
    if(k == 1) {
        return siblingCount(root);
    }
    int cnt = 0;
    while(root != NULL) {
        cnt += countLevelK(root -> firstChild, k - 1);
        root = root -> nextSibling;
    }
    return cnt;
}
```

该算法的 Java 语言描述如下。

```
//返回 node 结点及其兄弟的总数
public int siblingCount(ForrestNode node) {
    int cnt = 0;
    while(node != null) {
        cnt ++;
        node = node.getNextSibling();
    }
    return cnt;
}
```

//返回树(或森林)第 k 层结点总数

```java
public int countLevelK(ForrestNode root, int k) {
    if(root == null || k < 1) {
        return 0;
    }
    if(k == 1) {
        return siblingCount(root);
    }
    int cnt = 0;
    while(root != null) {
        cnt += countLevelK(root.getFirstChild(), k - 1);
        root = root.getNextSibling();
    }
    return cnt;
}
```

算法 5.32　统计树(或森林)中度为 k 的结点总数(k 不小于 0)。

方法:

(1) 如果树(或森林)为空,则度为 k 的结点总数=0。

(2) 否则,度为 k 的结点总数=所有树根结点的子树森林中度为 k 的结点总数+所有树根结点孩子个数(根的第一个孩子及其兄弟的个数)为 k 的树的个数。

该算法的 C 语言描述如下。

```c
int countDegreeK(ForrestNode * root, int k) {
    int cnt = 0;
    while(root != NULL) {
        cnt += countDegreeK(root -> firstChild, k);
        if(siblingCount(root -> firstChild) == k) {
            cnt ++;
        }
        root = root -> nextSibling;
    }
    return cnt;
}
```

该算法的 Java 语言描述如下。

```java
public int countDegreeK(ForrestNode root, int k) {
    int cnt = 0;
    while(root != null) {
        cnt += countDegreeK(root.getFirstChild(), k);
        if(siblingCount(root.getFirstChild()) == k) {
            cnt ++;
        }
        root = root.getNextSibling();
    }
    return cnt;
}
```

5.5.5　基于森林的并查集

在线性表部分已经介绍了基于线性表的并查集,其查找操作的时间复杂度为 $O(1)$,但合并操作的时间复杂度为 $O(n)$。本节介绍基于森林的并查集。

并查集(disjoint set)用于查询一个元素属于多个互不相交集合中的哪一个集合,以及处理集合的合并,在解决相关问题中有广泛的应用,它在本书中就有一个典型的应用:最小生成树。

  n 个元素分别属于 k 个互不相交的集合($k \leqslant n$),可以用一个具有 k 棵树的森林来表示,其中每棵树表示一个集合,根结点的编号 $s(0 \leqslant s \leqslant n-1)$ 即为对应集合的编号。每棵树中所有结点元素均属于同一个集合,不同树中的结点元素则属于不同的集合。与本章所讲森林不同的是,在并查集所对应的森林中,将每棵树的根结点的双亲结点设定为它自身。

  初始状态下,n 个元素分属 n 个不同的集合。在进行查询时,待查元素如果存在于编号为 k 的树中,则该元素属于 k 号集合。如果两个元素所属的集合编号不同,则它们属于不同的集合,否则属于同一个集合。如果要将两个集合合并,只需将其中一个集合所对应的树作为另外一个集合所对应的树的子树即可。

  可以用长度为 n 的一维数组 set 来表示具有 n 个结点的并查集,其中,set[i]($0 \leqslant i \leqslant n-1$,$0 \leqslant$ set[i] $\leqslant n-1$)表示编号为 i 的结点的双亲结点编号,每棵树的根结点的双亲结点的编号为其自身编号。该存储结构类似于森林的双亲表示法。

  基于森林的并查集 set 及其存储结构如图 5.34 所示(假设共有 6 个元素)。

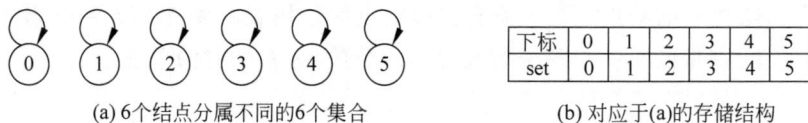

下标	0	1	2	3	4	5
set	0	1	2	3	4	5

(a) 6 个结点分属不同的 6 个集合   (b) 对应于(a)的存储结构

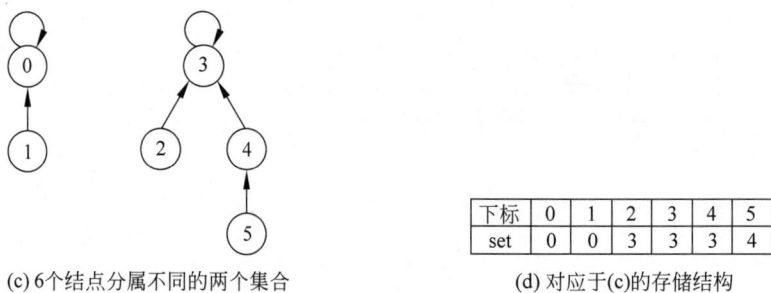

下标	0	1	2	3	4	5
set	0	0	3	3	3	4

(c) 6 个结点分属不同的两个集合   (d) 对应于(c)的存储结构

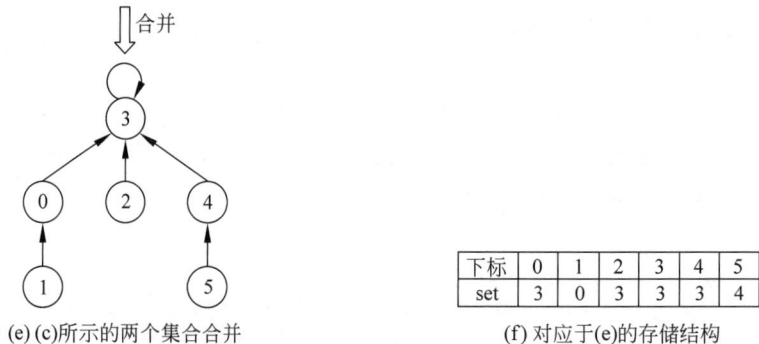

下标	0	1	2	3	4	5
set	3	0	3	3	3	4

(e) (c)所示的两个集合合并   (f) 对应于(e)的存储结构

图 5.34 并查集示例

算法 5.33 基于森林的并查集。

```
int set[N];                    //假设有 N 个元素
void init() {                  //初始化,N 个元素分属 N 个集合
    for(int i = 0; i < N; i ++) {
        set[i] = i;
    }
}
```

```
int find(int i) {                    //查询 i 属于哪个集合,返回集合编号
    while(set[i] != i) {             //当 i 不是根时循环
        i = set[i];                  //i 取为其双亲编号
    }
    return i;
}
void join(int i, int j) {            //i 和 j 分别所属的集合合并为一个集合
    int s1 = find(i), s2 = find(j);
    if(s1 != s2) {
        set[s1] = s2;
    }
}
```

该算法进行查询和合并的最差时间复杂度为 $O(n)$,最好及平均时间复杂度为 $O(\log n)$。在实际应用中,往往是在两个集合编号已知并且不同的情况下才进行合并,此时合并操作的时间复杂度为 $O(1)$。

5.6 哈夫曼树

哈夫曼树又称为最优二叉编码树,常用于构造最优编码,在数据压缩、数据传输等领域有着广泛的应用。

5.6.1 基本概念

1. 前缀编码

在计算机系统中,无论是存储还是传输,字符数据都需要进行二进制编码,例如,常用的 ASCII 码就定义了英文大小写字母、数字、标点符号等字符的二进制编码。ASCII 码对不同的字符采用等长的二进制位进行编码,是一种定长编码。

如果一段完整的文本包含字符集中的所有字符,且不同字符的使用频度都相同,则定长编码就是最优的,即该段文本的编码总长度(包含的二进制位数)达到最小。但是,在实际应用中,不同字符的使用频度可能有较大差异,例如,在一般的英文文章中,字母 e 使用的频度就远远高于其他字母。如果对不同字符采用不定长的编码,例如,对使用频度高的字符采用较短的编码,就能够缩短编码总长度。

例如,一段文本的字符序列为 ABAACDBA,只包含 4 种字符,文本长度为 8。如果采用定长编码,可以对每一种字符用 2b 来编码,例如,将 A、B、C、D 分别编码为 00、01、10、11,则该文本的编码总长度为 16。该文本中 A、B、C、D 使用的次数分别为 4、2、1、1,如果采用不定长编码,例如,将 A、B、C、D 分别编码为 0、10、110、111,则该文本的编码总长度为 14,小于采用定长编码的编码总长度。

如果将 A、B、C、D 分别编码为 0、1、10、01,则该文本的编码总长度为 10,这样编码是否可行呢？答案是不行！如果采用此编码,则 ABAACDBA 编码为 0100100110,那么解码结果就有 ABAACDBA、DAABADC、ABAABAABBA 等多种结果。

任意一个不定长编码系统,如果不使用分隔符,都要求采用前缀编码,即任意一个编码都不能是其他编码的前缀,这样才能实现唯一解码。{0,1,10,01}中 0 是 01 的前缀,1 是 10 的前缀,不符合前缀编码的要求,因此,解码时就不能唯一解码为原始字符序列。{0,10,

110,111}就是一种前缀编码,任意一个编码都不是另外一个编码的前缀,就能够做到唯一解码,不会产生歧义。

2. 二叉编码树

可以使用二叉编码树来构造前缀编码,即将字符集中的所有字符作为二叉树的叶子结点,通过构造若干分支结点最终构造为一棵二叉树,将每一个"双亲-左孩子"边标记为 0,将每一个"双亲-右孩子"边标记为 1,则每一个叶子结点所对应字符的编码就是从根结点直至该叶子结点的路径上边的标记所构成的比特序列。

例如,一个包含 A、B、C、D 4 个字符的字符集,其二叉编码树如图 5.35 所示,其中每个叶子结点下所标为对应字符的编码。

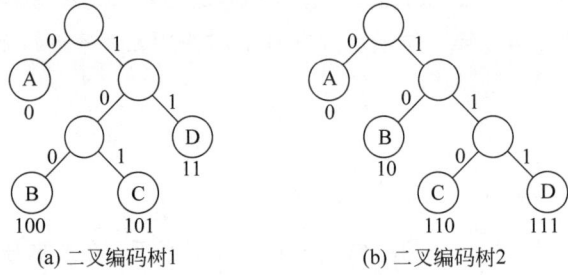

(a) 二叉编码树1　　　　(b) 二叉编码树2

图 5.35　二叉编码树示例

假设对文本 ABAACDBA 进行编码,如果采用如图 5.35(a)所示的二叉编码树,则最终编码序列为 010000101111000,总长度为 15;如果采用如图 5.35(b)所示的二叉编码树,则最终编码序列为 01000110111100,总长度为 14,优于如图 5.35(a)所示的二叉编码树。那么,已知一个字符集中所有字符的使用频度,哪种形态的二叉编码树才是最优的呢? 答案是:哈夫曼树。

3. 哈夫曼树

在二叉编码树中,叶子结点带有权值,表示对应字符的使用频度,分支结点不带权值。将叶子结点的权值和从根结点到该叶子结点的路径长度(路径包含的边数)的乘积称为该叶子结点的**带权路径长度**,将树中所有叶子结点的带权路径长度之和称为该**树的带权路径长度**(Weighted Path Length,WPL)。如图 5.36 所示的两棵二叉树均包含 4 个叶子结点,权值均标在结点下方,其中,如图 5.36(a)所示二叉树的 WPL 为 15,如图 5.36(b)所示二叉树的 WPL 为 14。

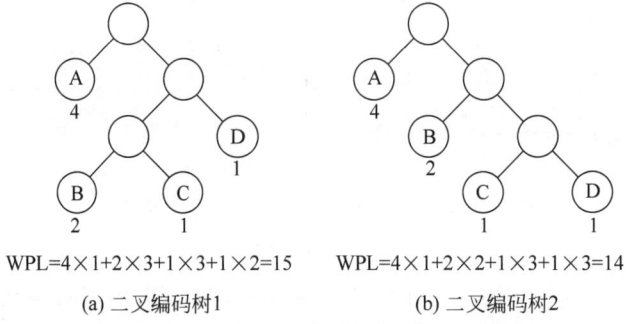

WPL=4×1+2×3+1×3+1×2=15　　　WPL=4×1+2×2+1×3+1×3=14

(a) 二叉编码树1　　　　(b) 二叉编码树2

图 5.36　二叉树的带权路径长度 WPL 示例

给定若干叶子结点及其权值,可以构造出所有可能的二叉编码树,其中,树的带权路径长度最小的就是**哈夫曼树**(Huffman tree)。哈夫曼树中只包含叶子结点和度为 2 的结点,不包含度为 1 的结点。

5.6.2　哈夫曼树的构建

哈夫曼树的概念和方法诞生于麻省理工学院在读博士生哈夫曼的"信息论"课程的课程报告,哈夫曼放弃对已有编码方案的研究,而是探索新的方法,最终发现了自底向上构造最优二叉编码树的方法。

给定 n 个权值,构造一棵哈夫曼树,该树包含 n 个带有对应权值的叶子结点,包含 $n-1$ 个度为 2 的分支结点,方法如下。

(1)构造 n 棵只包含根结点的二叉树构成一个森林 F,给定的 n 个权值分别是这些二叉树根结点的权值。

(2)在 F 中选择根结点的权值最小的两棵树,分别作为左右子树,构造一个双亲结点,其权值为左右子树根结点的权值之和,本步骤相当于将 F 中根结点的权值最小的两棵树合并到一棵新构造的树中。

(3)重复第(2)步,直至 F 中仅包含一棵树。

例如,给定一组权值{5,20,7,8,14,23,3},则构造哈夫曼树的过程如图 5.37 所示,其中,灰色结点为原来的带权结点,白色结点为后构造的分支结点,分支结点的权值为左右孩子的权值之和。

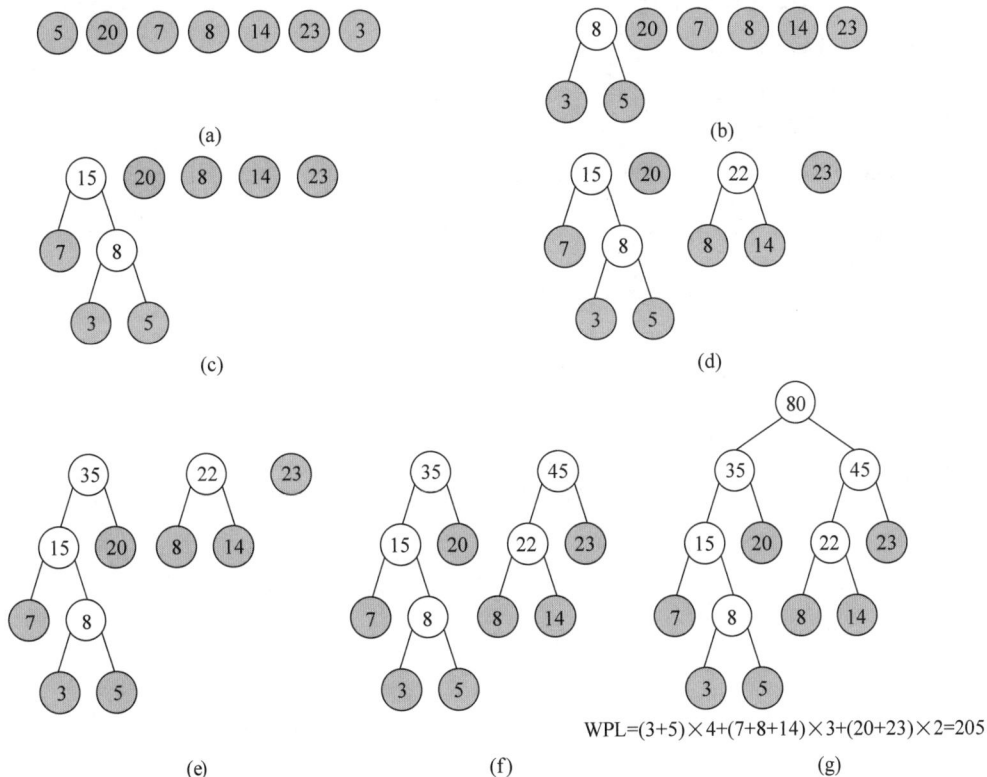

图 5.37　哈夫曼树的构造示例

构造哈夫曼树的实现可以采用顺序存储结构,也可以采用链式存储结构。下面以顺序存储结构来实现哈夫曼树的构造。

设哈夫曼树有 n 个带权叶子结点,则采用具有 $2n-1$ 个元素的一维数组来存储哈夫曼树,其中,下标为 $0\sim n-1$ 的元素依次存放 n 个叶子,下标为 $n\sim 2n-2$ 的元素依次存放后构造的分支结点,下标为 $2n-2$ 的结点为根结点。每个结点有 4 个域:权值域 weight、左孩子域 left、右孩子域 right 和双亲域 parent,其中,weight 存储结点的权值,left、right、parent 分别存储左孩子、右孩子、双亲结点在数组中的下标。

哈夫曼树的构造算法的步骤如下。

(1) 初始化。

将具有 $2n-1$ 个结点的一维数组中前 n 个结点的 parent、left、right 域赋值为 -1(既不存在双亲也不存在左右孩子),weight 域赋值为对应的权值,这 n 个结点构成具有 n 棵树的森林。

(2) 构造树。

构造 $n-1$ 个分支结点,每次构造一个分支结点,其中,第 i 个($1\leqslant i\leqslant n-1$)分支结点处理如下。

① 从森林中选择两个权值最小的根(根的 parent 域为 -1)。

② 构造一个双亲结点(下标为 $n+i-1$),其 weight 值为两个孩子的 weight 值之和,left 和 right 分别为两个孩子结点的下标,parent 域赋值为 -1,两个孩子结点的 parent 域赋值为 $n+i-1$。

算法 5.34 哈夫曼树的构造。

该算法的 C 语言描述如下。

```
//在 htnode[0..n-1]中选择权值最小的两个根结点,其下标存入 pos[0]和 pos[1]
void findMinWeight(HTNode htnode[], int n, int pos[]) {
    int min1 = 0;
    while(htnode[min1].parent != -1) min1 ++;
    int min2 = min1 + 1;
    while(htnode[min2].parent != -1) min2 ++;
    int s = min2 + 1;
    if(htnode[min2].weight < htnode[min1].weight) {
        int tmp = min1;
        min1 = min2;
        min2 = tmp;
    }
    for(int i = s; i < n; i ++) {
        if(htnode[i].parent != -1) continue;
        if(htnode[i].weight < htnode[min1].weight) {
            min2 = min1;
            min1 = i;
        }
        else if(htnode[i].weight < htnode[min2].weight) {
            min2 = i;
        }
    }
    pos[0] = min1;
    pos[1] = min2;
}
//根据 n 个权值 weight[0..n-1]构造哈夫曼树,存于 HTNode 数组
```

```
void createHuffmanTree(HTNode ht[], int weight[], int n) {
    int pos[2];
    for(int i = 0; i < n; i ++) {
        ht[i].weight = weight[i];
        ht[i].parent = ht[i].left = ht[i].right = -1;
    }
    for(i = n; i < 2 * n - 1; i ++) {
        //在 ht[0..i-1]中选择权值最小的两个根结点,其下标存入 pos[0]和 pos[1]
        findMinWeight(ht, i, pos);
        ht[pos[0]].parent = ht[pos[1]].parent = i;
        ht[i].parent = -1;
        ht[i].left = pos[0];
        ht[i].right = pos[1];
        ht[i].weight = ht[pos[0]].weight + ht[pos[1]].weight;
    }
}
```

该算法的 Java 语言描述如下。

```
//在 htnode[0..n-1]中选择权值最小的两个根结点,其下标存入 pos[0]和 pos[1]
private void findMinWeight(HTNode[] htnode, int n, int[] pos) {
    int min1 = 0;
    while(htnode[min1].parent != -1) min1 ++;
    int min2 = min1 + 1;
    while(htnode[min2].parent != -1) min2 ++;
    int s = min2 + 1;
    if(htnode[min2].weight < htnode[min1].weight) {
        int tmp = min1;
        min1 = min2;
        min2 = tmp;
    }
    for(int i = s; i < n; i ++) {
        if(htnode[i].parent != -1) continue;
        if(htnode[i].weight < htnode[min1].weight) {
            min2 = min1;
            min1 = i;
        }
        else if(htnode[i].weight < htnode[min2].weight) {
            min2 = i;
        }
    }
    pos[0] = min1;
    pos[1] = min2;
}
//根据 n 个权值 weight[0..n-1]构造哈夫曼树,存于 HTNode 数组
public void createHuffmanTree(HTNode[] ht, int[] weight, int n) {
    int[] pos = new int[2];
    for(int i = 0; i < n; i ++) {
        ht[i].setWeight(weight[i]);
        ht[i].setParent(-1);
        ht[i].setLeft(-1);
        ht[i].setRight(-1);
    }
    for(int i = n; i < 2 * n - 1; i ++) {
        //在 ht[0..i-1]中选择权值最小的两个根结点,其下标存入 pos[0]和 pos[1]
        findMinWeight(ht, i, pos);
        ht[pos[0]].setParent(i);
```

```
        ht[pos[1]].setParent(i);
        ht[i].setParent(-1);
        ht[i].setLeft(pos[0]);
        ht[i].setRight(pos[1]);
        ht[i].setWeight(ht[pos[0]].getWeight() + ht[pos[1]].getWeight());
    }
}
```

5.6.3　哈夫曼编码与解码

哈夫曼编码的生成过程一般包括以下几个步骤。

（1）统计待编码文本中每个字符的使用频度，作为字符的权值（一般折算为正整数）。

（2）根据各个字符的权值构造哈夫曼树。

（3）将哈夫曼树中每个"双亲-左孩子"边标记为 0，每个"双亲-右孩子"边标记为 1，将从根结点到每个叶子结点的路径上的标记序列作为该叶子结点所对应字符的编码。

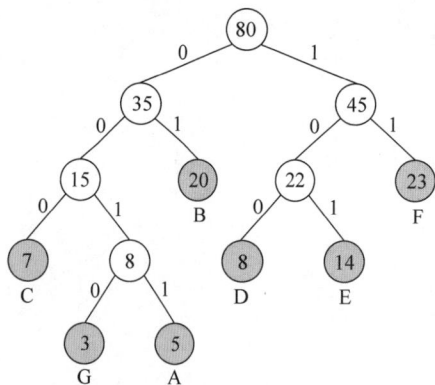

图 5.38　哈夫曼编码示例

（4）对待编码文本进行编码。

例如，待编码文本中共有 A、B、C、D、E、F、G 7 种字符，按使用频度折算的权值依次为 5、20、7、8、14、23、3，可以构造出如图 5.38 所示的哈夫曼树，进而可得这些字符的哈夫曼编码依次为 0011、01、000、100、101、11、0010。

对一段文本进行哈夫曼编码后得到的比特序列进行解码的过程如下。

（1）借助相同的哈夫曼树，从根开始。

（2）读入编码比特串，逐个比特进行处理：如果是 0 则转到左孩子结点，否则转到右孩子结点，直到叶子结点，则解码输出叶子结点对应的字符。

（3）从哈夫曼树的根结点重新开始步骤（2）。

5.7　应用案例

1. 问题描述

用树结构来模拟文件目录管理，并实现如下命令行命令。

1）dir

列目录，按创建时间降序显示当前目录下的子目录及文件名，其中显示子目录名时用方括号括起来。

2）md 子目录名

新建子目录，在当前目录下创建指定名字的子目录，如果指定名字的子目录或者文件已经存在，则不进行创建并提示。

3）mf 文件名

新建文件，在当前目录下创建指定名字的文件，如果指定名字的文件或者子目录已经存在，则不进行创建并提示。

4）del 文件名或子目录名

删除文件或者子目录，在当前目录下删除指定名字的文件或者子目录。

5）ren 文件名或子目录名 新的名字

文件或者子目录改名，在当前目录下将指定名字的文件或者子目录改名为新的名字，如果新的名字与当前目录下原有的文件或者子目录名重名，则不进行改名并提示。

6）cd 路径标识

改变当前目录，如果路径标识是当前目录下的某个子目录名，则进入该子目录，该子目录成为当前目录；如果路径标识是"/"，则转到根目录；如果路径标识为".."，则转到父目录。

要求命令行提示符格式为"当前目录的绝对路径＞"。

2．存储结构

采用孩子兄弟表示法来表示目录结构，将各个目录和文件结点用二叉链表组织为一棵树。

1）结点

每个结点包含以下 4 个域。

（1）name：存储文件或目录（子目录）的名字。

（2）tag：标识该结点是目录（子目录）结点还是文件结点，如果值为 1 则表示该结点为目录（子目录）结点，否则表示该结点为文件结点。

（3）firstChild：指向该结点的第一个孩子结点。

（4）nextSibling：指向该结点的下一个兄弟结点。

2）当前路径栈 Path

用一个栈来保存从根结点开始直至当前目录结点的路径上的所有结点的指针，其中根结点指针不用入栈。

3）目录管理

目录管理结构包含以下三个域。

（1）root：指向目录树二叉链表的根结点。

（2）current：指向当前目录结点。

（3）path：保存当前目录绝对路径信息的栈。

3．基本操作方法

（1）列目录。

从 current 所指当前结点的第一个孩子直至最后一个孩子依次显示每个结点的 name。

（2）新建子目录，名为 dirName。

① 在 current 所指当前结点的孩子中查找 name＝dirName 的结点。

② 如果找到则提示"同名文件或子目录已经存在"并结束。

③ 创建 name 为 dirName 的新目录结点并作为当前结点的第一个孩子。

（3）新建文件，名为 fileName。

① 在 current 所指当前结点的孩子中查找 name＝fileName 的结点。

② 如果找到则提示"同名文件或子目录已经存在"并结束。

③ 创建 name 为 fileName 的新文件结点并作为当前结点的第一个孩子。

（4）删除文件或者子目录，名为 delName。

① 在 current 所指当前结点的孩子中查找 name＝delName 的结点。

② 如果未找到则提示"要删除的文件或子目录不存在"并结束。

③ 在用户确认删除情况下，删除该结点及其子树。

（5）文件或子目录改名，原名为 oldName，新名为 newName。

① 在 current 所指当前结点的孩子中查找 name＝oldName 的结点。

② 如果未找到则提示"要改名的文件或子目录不存在"并结束。

③ 在 current 所指当前结点的孩子中查找 name＝newName 的结点。

④ 如果找到则提示"新名字与原有文件或子目录重名"并结束。

⑤ 将 name＝oldName 的结点的 name 改为 newName。

（6）回到根目录。

① 令 current 指向根结点。

② 清空当前路径栈。

（7）回到父目录。

① 如果当前路径栈为空则结束。

② 当前路径栈出栈，令 current 指向栈顶元素所指结点。

（8）进入当前目录下的子目录，名为 pathName。

① 在 current 所指当前结点的孩子中查找 name＝pathName 的目录结点。

② 如果未找到则提示"未发现指定名字的子目录"并结束。

③ 令 current 指向该结点，并将该结点压入当前路径栈。

4. C 语言程序

实际上机编程时，以下 C 语言程序最好按照模块化程序设计原则分为多个源文件。

```c
#include < stdio.h >
#include < stdlib.h >
#include < string.h >
#define FNAME_MAXLEN      50                    //名字的最大长度
#define MAX_DEPTH         30                    //CD 命令允许的最大深度
typedef struct dirnode {
    char name[FNAME_MAXLEN + 1];
    int tag;
    struct dirnode * firstChild, * nextSibling;
} DirNode;
typedef struct {
    DirNode * node[MAX_DEPTH];
    int top;
} Path;
typedef struct {
    DirNode * root, * current;
    Path path;
} DirTree;

//有关函数的原型声明
void getAbsolutePath(Path * path, char pathName[]);
int analyze(char command[], char cmd[][100]);
void execCommand(DirTree * dirTree, char cmd[][100]);
void initPath(Path * path);
```

```
void clearPath(Path * path);
void push(Path * path, DirNode * node);
DirNode * pop(Path * path);
DirNode * getTop(Path * path);
int isEmpty(Path * path);
int isFull(Path * path);
void getAbsolutePath(Path * path, char pathName[]);
DirNode * searchNode(DirNode * current, char name[], DirNode ** preSibling);
void deleteSubTree(DirNode * node);
void initDirTree(DirTree * dirTree);
void showDir(DirTree * dirTree);
void makeDir(DirTree * dirTree, char dirName[]);
void makeFile(DirTree * dirTree, char fileName[]);
void deleteFileOrDir(DirTree * dirTree, char name[]);
void renameFileOrDir(DirTree * dirTree, char oldName[], char newName[]);
void toRootDir(DirTree * dirTree);
void toParentDir(DirTree * dirTree);
void toSubDir(DirTree * dirTree, char pathName[]);
void toDir(DirTree * dirTree, char pathName[]);

//主程序
void main() {
    DirTree dirTree;
    char absolutePath[200];
    char command[100], cmd[3][100];
    //初始化只有一个根结点的树和空的当前路径栈
    initDirTree(&dirTree);
    while(1) {
        getAbsolutePath(&dirTree.path, absolutePath);
        printf(" % s>", absolutePath);              //显示命令提示符
        gets(command);                              //获得用户所输入的命令及参数串
        if(!analyze(command, cmd)) {                //检查命令格式是否正确并进行分解
            printf("命令格式不正确\n");
            continue;
        }
        if(cmd[0][0] == 0) continue;
        if(strcmp(cmd[0], "exit") == 0) break;      //退出命令
        execCommand(&dirTree, cmd);                 //根据命令及参数串执行对应的操作
    }
}

//检查命令格式是否正确并进行分解
//通过 cmd 返回至少 1~3 个字符串,其中,cmd[0]为命令串,其余为参数串
int analyze(char command[], char cmd[][100]) {
    int cnt = 0;
    char * validCmd[] = {"dir", "md", "mf", "del", "ren", "cd", "exit"};
    int validCnt[] = {1, 2, 2, 2, 3, 2, 1};
    char * token = strtok(command, " ");
    while(token != NULL) {
        strcpy(cmd[cnt ++], token);
        token = strtok(NULL, " ");
        if(cnt == 3) break;
    }
    if(token != NULL) {
        cnt ++;
    }
    if(cnt == 0) {
```

```
            cmd[0][0] = 0;
            return 1;
        }
        for(int i = 0; i < 7; i ++) {
            if(strcmp(cmd[0], validCmd[i]) == 0) break;
        }
        return i == 7 || cnt != validCnt[i] ? 0 : 1;
    }

//执行命令
void execCommand(DirTree * dirTree, char cmd[][100]) {
    if(strcmp(cmd[0], "dir") == 0) {
        showDir(dirTree);
    }
    else if(strcmp(cmd[0], "md") == 0) {
        makeDir(dirTree, cmd[1]);
    }
    else if(strcmp(cmd[0], "mf") == 0) {
        makeFile(dirTree, cmd[1]);
    }
    else if(strcmp(cmd[0], "del") == 0) {
        deleteFileOrDir(dirTree, cmd[1]);
    }
    else if(strcmp(cmd[0], "ren") == 0) {
        renameFileOrDir(dirTree, cmd[1], cmd[2]);
    }
    else if(strcmp(cmd[0], "cd") == 0) {
        toDir(dirTree, cmd[1]);
    }
}

//当前路径栈的各种操作
//当前路径栈的初始化
void initPath(Path * path) {
    path -> top = 0;
}
//清空当前路径栈
void clearPath(Path * path) {
    path -> top = 0;
}
//当前路径栈的入栈操作
void push(Path * path, DirNode * node) {
    path -> node[path -> top ++] = node;
}
//当前路径栈的出栈操作
DirNode * pop(Path * path) {
    return path -> node[ -- path -> top];
}
//取栈顶元素
DirNode * getTop(Path * path) {
    return path -> node[path -> top - 1];
}
//判断栈是否为空
int isEmpty(Path * path) {
    return path -> top == 0;
}
//判断栈是否为满
```

```
int isFull(Path * path) {
    return path->top == MAX_DEPTH;
}
//取绝对路径名
void getAbsolutePath(Path * path, char pathName[]) {
    if(path->top == 0) {
        pathName[0] = '/';
        pathName[1] = 0;
        return;
    }
    pathName[0] = 0;
    for(int i = 0; i < path->top; i++) {
        strcat(pathName, "/");
        strcat(pathName, path->node[i]->name);
    }
}

//在当前目录下查找指定名字的文件或子目录,返回该结点指针和前一个兄弟的指针
//返回空指针说明查找失败,如果查找成功则 * preSibling 指向前一个兄弟
DirNode * searchNode(DirNode * current, char name[], DirNode ** preSibling) {
    DirNode * pre = NULL, * node = current->firstChild;
    while(node != NULL && strcmp(node->name, name) != 0) {
        pre = node;
        node = node->nextSibling;
    }
    * preSibling = pre;
    return node;
}

//删除以指定结点为根的子树
void deleteSubTree(DirNode * node) {
    if(node != NULL) {
        DirNode * p = node->firstChild;
        free(node);
        while(p != NULL) {
            DirNode * q = p->nextSibling;
            deleteSubTree(p);
            p = q;
        }
    }
}

//目录树的操作
//初始化只有根结点的目录树
void initDirTree(DirTree * dirTree) {
    DirNode * node = (DirNode * )malloc(sizeof(DirNode));
    node->name[0] = 0;
    node->firstChild = node->nextSibling = NULL;
    dirTree->root = dirTree->current = node;
    initPath(&dirTree->path);
}

//列目录
void showDir(DirTree * dirTree) {
    DirNode * node = dirTree->current->firstChild;
    if(node == NULL) {
        printf("当前目录不存在任何文件或子目录\n");
```

```
            return;
        }
        while(node != NULL) {                //从第一个孩子开始遍历当前结点的所有孩子
            if(node->tag == 1) {
                printf("[%s]\n", node->name);
            }
            else {
                printf("%s\n", node->name);
            }
            node = node->nextSibling;
        }
    }

//新建子目录
void makeDir(DirTree * dirTree, char dirName[]) {
    //在当前目录下查找名为 dirName 的文件或子目录
    //返回找到的结点指针 node 以及其前一个兄弟指针 preSibling
    DirNode * preSibling, * node;
    node = searchNode(dirTree->current, dirName, &preSibling);
    if(node != NULL) {
        printf("同名文件或子目录已经存在\n");
        return;
    }
    node = (DirNode * )malloc(sizeof(DirNode));
    strcpy(node->name, dirName);
    node->tag = 1;
    node->firstChild = NULL;
    node->nextSibling = dirTree->current->firstChild;
    dirTree->current->firstChild = node;        //新结点作为当前结点的第一个孩子
}

//新建文件
void makeFile(DirTree * dirTree, char fileName[]) {
    //在当前目录下查找名为 fileName 的文件或子目录
    //返回找到的结点指针 node 以及其前一个兄弟指针 preSibling
    DirNode * preSibling, * node;
    node = searchNode(dirTree->current, fileName, &preSibling);
    if(node != NULL) {
        printf("同名文件或子目录已经存在\n");
        return;
    }
    node = (DirNode * )malloc(sizeof(DirNode));
    strcpy(node->name, fileName);
    node->tag = 0;
    node->firstChild = NULL;
    node->nextSibling = dirTree->current->firstChild;
    dirTree->current->firstChild = node;        //新结点作为当前结点的第一个孩子
}

//删除文件或者子目录
void deleteFileOrDir(DirTree * dirTree, char name[]) {
    //在当前目录下查找名为 name 的文件或子目录
    //返回找到的结点指针 node 以及其前一个兄弟指针 preSibling
    DirNode * preSibling, * node;
    node = searchNode(dirTree->current, name, &preSibling);
    if(node == NULL) {
        printf("要删除的文件或子目录不存在\n");
```

```
            return;
        }
        //提示用户做出选择
        printf("是否真的要删除<Y/N>:");
        char ch = getchar();
        getchar();
        if(ch == 'Y' || ch == 'y') {
            if(preSibling != NULL) {
                preSibling->nextSibling = node->nextSibling;
            }
            else {
                dirTree->current->firstChild = node->nextSibling;
            }
            deleteSubTree(node);                          //删除 node 所指结点及其子树
        }
    }

//文件或子目录改名
void renameFileOrDir(DirTree * dirTree, char oldName[], char newName[]) {
    //在当前目录下查找名为 oldName 的文件或子目录
    //返回找到的结点指针 node 以及其前一个兄弟指针 preSibling
    DirNode * preSibling, * node;
    node = searchNode(dirTree->current, oldName, &preSibling);
    if(node == NULL) {
        printf("要改名的文件或子目录不存在\n");
        return;
    }
    //在当前目录下查找名为 newName 的文件或子目录
    //返回找到的结点指针以及其前一个兄弟指针
    if(searchNode(dirTree->current, newName, &preSibling) != NULL) {
        printf("新名字与原有文件或子目录重名\n");
        return;
    }
    strcpy(node->name, newName);                          //对原结点中的 name 改名
}

//返回根目录
void toRootDir(DirTree * dirTree) {
    dirTree->current = dirTree->root;
    clearPath(&dirTree->path);                            //清空 path 栈
}

//返回父目录
void toParentDir(DirTree * dirTree) {
    if(dirTree->current == dirTree->root) {
        return;
    }
    pop(&dirTree->path);
    if(isEmpty(&dirTree->path)) {
        dirTree->current = dirTree->root;
    }
    else {
        dirTree->current = getTop(&dirTree->path);   //回到父结点
    }
}

//进入指定子目录
```

```
void toSubDir(DirTree * dirTree, char pathName[]) {
    //在当前目录下查找名为 pathName 的文件或子目录
    //返回找到的结点指针 node 以及其前一个兄弟指针 preSibling
    DirNode * preSibling, * node;
    node = searchNode(dirTree->current, pathName, &preSibling);
    if(node == NULL || node->tag == 0) {
        printf("未发现指定名字的子目录\n");
        return;
    }
    if(isFull(&dirTree->path)) {
        printf("已达到允许的最大深度,不能继续\n");
        return;
    }
    dirTree->current = node;                        //进入指定子目录
    push(&dirTree->path, node);
}


//转入指定目录
void toDir(DirTree * dirTree, char pathName[]) {
    if(strcmp(pathName, "/") == 0) {
        toRootDir(dirTree);
    }
    else if(strcmp(pathName, "..") == 0) {
        toParentDir(dirTree);
    }
    else {
        toSubDir(dirTree, pathName);
    }
}
```

5. Java 语言程序

（1）源程序文件 DirMan.java。

```
import java.util.Scanner;
public class DirMan {
    public static void main(String[] args) {
        //初始化只有一个根结点的树和空的当前路径栈
        DirTree dirTree = new DirTree();
        String command;
        String[] cmd = new String[3];
        Scanner scanner = new Scanner(System.in);
        while(true) {
            //显示命令提示符
            System.out.print(dirTree.getAbsolutePath() + ">");
            command = scanner.nextLine();       //获得用户所输入的命令及参数串
            if(!analyze(command, cmd)) {         //检查命令格式是否正确并进行分解
                System.out.println("命令格式不正确");
                continue;
            }
            if(cmd[0] == null) continue;
            if(cmd[0].equals("exit")) break;     //退出命令
            execCommand(dirTree, cmd);           //根据命令及参数串执行对应的操作
        }
        scanner.close();
    }
```

```
//检查命令格式是否正确并进行分解
//通过 cmd 返回至少 1～3 个字符串, 其中, cmd[0]为命令串, 其余为参数串
private static boolean analyze(String command, String[] cmd) {
    String[] validCmd = new String[] {"dir", "md", "mf", "del", "ren", "cd", "exit"};
    int[] validCnt = new int[] {1, 2, 2, 2, 3, 2, 1};
    String[] str = command.split("\\s + ");
    if(str.length == 0) {
        cmd[0] = null;
        return true;
    }
    if(str.length > 3) {
        return false;
    }
    cmd[0] = str[0];
    if(str.length > 1) cmd[1] = str[1];
    if(str.length > 2) cmd[2] = str[2];
    int i;
    for(i = 0; i < 7; i ++) {
        if(validCmd[i].equals(cmd[0])) break;
    }
    return i == 7 || str.length != validCnt[i] ? false : true;
}


//执行命令
private static void execCommand(DirTree dirTree, String[] cmd) {
    if(cmd[0].equals("dir")) {
        dirTree.showDir();
    }
    else if(cmd[0].equals("md")) {
        dirTree.makeDir(cmd[1]);
    }
    else if(cmd[0].equals("mf")) {
        dirTree.makeFile(cmd[1]);
    }
    else if(cmd[0].equals("del")) {
        dirTree.deleteFileOrDir(cmd[1]);
    }
    else if(cmd[0].equals("ren")) {
        dirTree.renameFileOrDir(cmd[1], cmd[2]);
    }
    else if(cmd[0].equals("cd")) {
        dirTree.toDir(cmd[1]);
    }
}
}
```

（2）源程序文件 DirNode.java。

```
public class DirNode {
    private String name;
    private boolean tag;
    private DirNode firstChild, nextSibling;
    public DirNode() {
        this(null, true, null, null);
    }
```

```java
    public DirNode(String name, boolean tag, DirNode firstChild, DirNode nextSibling) {
        this.name = name;
        this.tag = tag;
        this.firstChild = firstChild;
        this.nextSibling = nextSibling;
    }
    public String getName() {
        return name;
    }
    public boolean getTag() {
        return tag;
    }
    public DirNode getFirstChild() {
        return firstChild;
    }
    public DirNode getNextSibling() {
        return nextSibling;
    }
    public void setName(String name) {
        this.name = name;
    }
    public void setTag(boolean tag) {
        this.tag = tag;
    }
    public void setFirstChild(DirNode firstChild) {
        this.firstChild = firstChild;
    }
    public void setNextSibling(DirNode nextSibling) {
        this.nextSibling = nextSibling;
    }
}
```

（3）源程序文件 Path.java。

```java
public class Path {
    private final int maxDepth = 30;
    private DirNode[] node;
    private int top;
    public Path() {
        node = new DirNode[maxDepth];
        top = 0;
    }

    //清空当前路径栈
    public void clear() {
        top = 0;
    }
    //当前路径栈的入栈操作
    public void push(DirNode node) {
        this.node[top ++] = node;
    }
    //当前路径栈的出栈操作
    public DirNode pop() {
        return node[ -- top];
    }
    //取栈顶元素
    public DirNode getTop() {
```

```
            return node[top - 1];
        }
        //判断栈是否为空
        public boolean isEmpty() {
            return top == 0;
        }
        //判断栈是否为满
        public boolean isFull() {
            return top == maxDepth;
        }
        //取绝对路径名
        public String getAbsolutePath() {
            if(top == 0) {
                return "/";
            }
            String pathName = "";
            for(int i = 0; i < top; i ++) {
                pathName += "/" + node[i].getName();
            }
            return pathName;
        }
    }
}
```

（4）源程序文件 DirTree.java。

```
import java.util.Scanner;
public class DirTree {
    private DirNode root, current;
    private Path path;
    //初始化只有根结点的目录树
    public DirTree() {
        DirNode node = new DirNode();
        root = current = node;
        path = new Path();
    }

    //返回当前绝对路径
    public String getAbsolutePath() {
        return path.getAbsolutePath();
    }

    //在当前目录下查找指定名字的文件或子目录,返回该结点和前一个兄弟
    private DirNode[] searchNode(String name) {
        DirNode pre = null, node = current.getFirstChild();
        while(node != null && !node.getName().equals(name)) {
            pre = node;
            node = node.getNextSibling();
        }
        return new DirNode[] {node, pre};
    }

    //列目录
    public void showDir() {
        DirNode node = current.getFirstChild();
        if(node == null) {
            System.out.println("当前目录不存在任何文件或子目录");
            return;
```

```
        }
        while(node != null) {                    //从第一个孩子开始遍历当前结点的所有孩子
            if(node.getTag()) {
                System.out.println("[" + node.getName() + "]");
            }
            else {
                System.out.println(node.getName());
            }
            node = node.getNextSibling();
        }
    }

    //新建子目录
    public void makeDir(String dirName) {
        //在当前目录下查找名为 dirName 的文件或子目录
        //返回找到的结点及其前一个兄弟
        DirNode[] node = searchNode(dirName);
        if(node[0] != null) {
            System.out.println("同名文件或子目录已经存在");
            return;
        }
        DirNode newNode = new DirNode(dirName, true, null, current.getFirstChild());
        current.setFirstChild(newNode);          //新结点作为当前结点的第一个孩子
    }

    //新建文件
    public void makeFile(String fileName) {
        //在当前目录下查找名为 fileName 的文件或子目录
        //返回找到的结点及其前一个兄弟
        DirNode[] node = searchNode(fileName);
        if(node[0] != null) {
            System.out.println("同名文件或子目录已经存在");
            return;
        }
        DirNode newNode = new DirNode(fileName, false, null, current.getFirstChild());
        current.setFirstChild(newNode);            //新结点作为当前结点的第一个孩子
    }

    //删除文件或者子目录
    public void deleteFileOrDir(String name) {
        //在当前目录下查找名为 name 的文件或子目录
        //返回找到的结点及其前一个兄弟
        DirNode[] node = searchNode(name);
        if(node[0] == null) {
            System.out.println("要删除的文件或子目录不存在");
            return;
        }
        //提示用户做出选择
        System.out.print("是否真的要删除<Y/N>:");
        Scanner scanner = new Scanner(System.in);
        String ack = scanner.nextLine();
        if(ack.charAt(0) == 'Y' || ack.charAt(0) == 'y') {
            if(node[1] != null) {
                node[1].setNextSibling(node[0].getNextSibling());
            }
            else {
                current.setFirstChild(node[0].getNextSibling());
```

```
        }
    }
}

//文件或子目录改名
public void renameFileOrDir(String oldName, String newName) {
    //在当前目录下查找名为 oldName 的文件或子目录
    //返回找到的结点及其前一个兄弟
    DirNode[] oldNode = searchNode(oldName);
    if(oldNode[0] == null) {
        System.out.println("要改名的文件或子目录不存在");
        return;
    }
    //在当前目录下查找名为 newName 的文件或子目录
    //返回找到的结点及其前一个兄弟
    DirNode[] node = searchNode(newName);
    if(node[0] != null) {
        System.out.println("新名字与原有文件或子目录重名");
        return;
    }
    oldNode[0].setName(newName);              //对原结点中的 name 改名
}

//返回根目录
private void toRootDir() {
    current = root;
    path.clear();
}

//返回父目录
private void toParentDir() {
    if(current == root) {
        System.out.println("当前已是根目录");
        return;
    }
    path.pop();
    if(path.isEmpty()) {
        current = root;
    }
    else {
        current = path.getTop();          //回到父结点
    }
}

//进入指定子目录
private void toSubDir(String pathName) {
    //在当前目录下查找名为 pathName 的文件或子目录
    //返回找到的结点及其前一个兄弟
    DirNode[] node = searchNode(pathName);
    if(node[0] == null || !node[0].getTag()) {
        System.out.println("未发现指定名字的子目录");
        return;
    }
    if(path.isFull()) {
        System.out.println("已达到允许的最大深度,不能继续");
        return;
    }
```

```
            current = node[0];                      //进入指定子目录
            path.push(node[0]);
        }

    //转入指定目录
    public void toDir(String pathName) {
        if(pathName.equals("/")) {
            toRootDir();
        }
        else if(pathName.equals("..")) {
            toParentDir();
        }
        else {
            toSubDir(pathName);
        }
    }
}
```

小结

本章的知识点归纳总结如下。

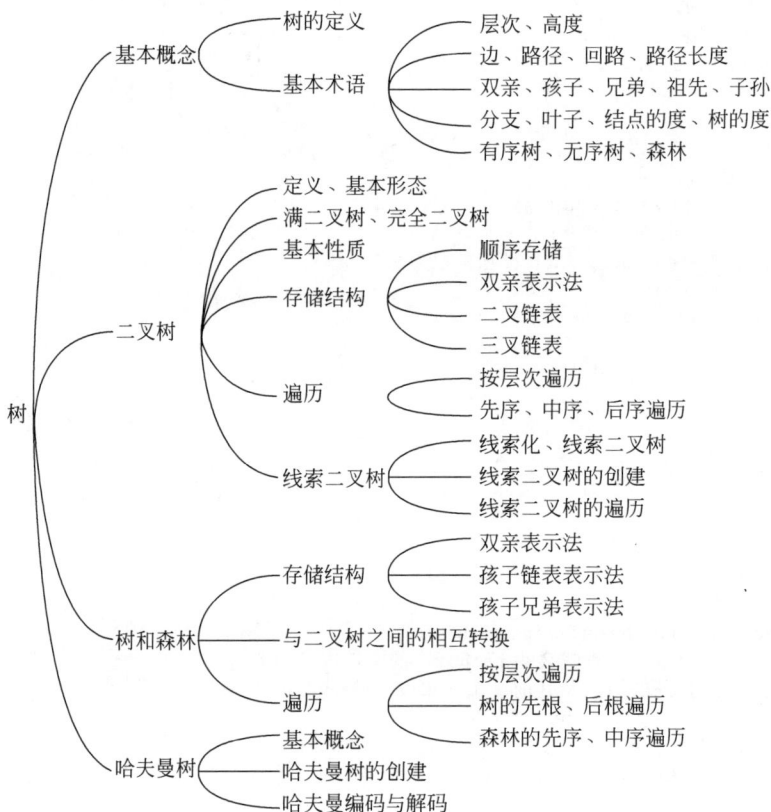

本章需要重点掌握的内容有：

(1) 树、二叉树、森林、哈夫曼树的基本概念。

(2) 二叉树的性质。

（3）二叉树、树、森林的存储结构。

（4）二叉树、树、森林的遍历。

（5）哈夫曼树的创建、编码与解码。

习题 5

1. 已知一棵二叉树的先序遍历序列为 ABDEGCFHK,中序遍历序列为 DBGEAHFKC,画出该二叉树示意图,写出该二叉树的后序遍历序列。

2. 已知一棵二叉树的先序遍历、中序遍历、后序遍历序列(有些序号不清)如下。

先序遍历：[ ]、2、3、[ ]、5、[ ]、7、8

中序遍历：3、[ ]、4、1、[ ]、7、8、6

后序遍历：[ ]、4、2、[ ]、[ ]、6、5、1

填写其中的空白。

3. 已知二叉树的按层次遍历序列为 ABCDEFGHIJ、中序遍历序列为 DBGEHJACIF,画出该二叉树,并转换为森林,写出该森林的先序遍历序列。

4. 已知 7 个字符 A、B、C、D、E、F 和 G 在一段文本中出现的次数依次为 10、4、8、10、20、7 和 9,请构造出哈夫曼树,并给出每个字符的哈夫曼编码。

5. 设二叉树以二叉链表进行存储,设计一个算法,统计二叉树中叶子结点的个数。

6. 设二叉树以二叉链表进行存储,设计一个算法,统计二叉树中的结点总数。

7. 设二叉树以二叉链表进行存储,设计一个算法,将二叉树中叶子结点数据元素按从右向左顺序构造成一个带头结点的单链表,返回单链表头指针。

8. 设二叉树以二叉链表进行存储,设计一个算法,求非空二叉树中所有结点数据域的最大值。

9. 设二叉树以二叉链表进行存储,并假设不存在数据域值相同的不同结点,设计一个算法,返回数据域值为 x 的结点的层次号,如果不存在则返回 0。

10. 设二叉树以二叉链表进行存储,设计一个算法,删除所有数据域值为 x 的结点的左右子树。

11. 设二叉树以二叉链表进行存储,设计一个算法,删除二叉树中所有的叶子结点。

12. 设二叉树结点数据域类型为 char,且所有结点数据域值都互不相同,设计一个算法,根据二叉树的先序遍历序列和中序遍历序列(均为结点数据域字符序列),构造该二叉树的二叉链表。

13. 已知一个完全二叉树用一个一维数组进行存储,设计该完全二叉树的先序遍历、中序遍历和后序遍历算法。

14. 设树以孩子兄弟表示法二叉链表进行存储,设计一个算法,返回树的度。

第6章

图

　　前面已经讲过了线性结构和树结构,本章介绍另一种重要的非线性结构——图。在日常的学习、工作和生活中,会接触到各种各样的图,如交通图、地下管网图、电路图等,它们具有一组共同的特点:可以抽象为若干的"点"和"线"。"点"和"点"之间用"线"相连,任意两个"点"之间均有可能存在"线"。很多现实问题,如棋类游戏、华容道游戏、走迷宫、一笔画等问题,都可以抽象为图的问题来寻找解决方案。再如,自从 2013 年"一带一路"倡议提出以来,经过持续的建设发展,"一带一路"所连通的国家和地区以及国内外主要城市已经形成了一个庞大复杂的图结构。图结构在很多科学和工程领域也有着广泛的应用。本章将学习图的基本概念和存储结构,学习图的遍历方法,还有图的若干典型应用,例如,最小生成树、最短路径和关键路径等。

6.1 基本概念

　　有一个数学分支称为图论,就是以图为研究对象。图论起源于一个非常经典的问题——哥尼斯堡七桥问题。哥尼斯堡城中有一条河,河中有两个河心岛,有七座桥把两个岛与河岸连接起来。有人提出了一个问题:一个人怎样才能不重复、不遗漏地一次走完七座桥,最后回到起点。大数学家欧拉(1707—1783 年)通过把它转换成一笔画问题,不仅解决了哥尼斯堡七桥问题,还由此开创了数学的一个新的分支——图论。本章的所有概念都源于图论。

1. 图

　　图(graph)是一种网状数据结构,由一个非空的**顶点**(vertex)集 V 和可空的**边**(edge)集 E 构成,其中,V 中的各个不同顶点是具有相同特性的数据元素,E 中的边表示 V 中两个顶点之间的关系,一般可用无序对或有序对 $<u,v>$ 来表示,其中,u 和 v 都是 V 中的顶点。

　　如果一个图中的边是无序对,即图中的边没有方向性,则称该图为**无向图**(undirected graph),如果图中的边是有序对,即图中的边有方向性,则称该图为**有向图**(directed graph)。

图 6.1 分别给出了一个无向图和有向图的示例,示例中的每个图都包含 5 个顶点和 6 条边。

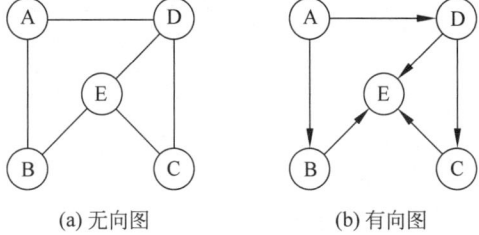

(a) 无向图　　　　　(b) 有向图

图 6.1　无向图和有向图示例

2. 边和邻接点

无向图中的边称为**无向边**,有向图中的边称为**有向边**,有向边通常简称为**弧**(arc),无向边和有向边统称为边。一条弧$<u,v>$与图中的顶点 u 和 v 相关联,表示从顶点 u 到顶点 v 的弧,其中,u 称为**弧尾**(tail)。v 称为**弧头**(head)。例如,图 6.1(b)中 A 到 B 有一条弧,其中,A 是弧尾,B 是弧头;对于 B 到 E 的弧,B 是弧尾,E 是弧头。

如果无向图中两个顶点之间存在一条边,则这两个顶点互为**邻接点**(adjacent vertex)。如果有向图中两个顶点之间存在一条弧,则该弧的弧头是弧尾的邻接点,弧尾是弧头的**逆邻接点**(inverse adjacent vertex)。例如,图 6.1(a)中 B 和 D 都是 A 的邻接点,B、C 和 D 都是 E 的邻接点;图 6.1(b)中 B 和 D 都是 A 的邻接点,E 是 C 的邻接点,而 E 没有邻接点,但 B、C 和 D 都是 E 的逆邻接点。

3. 简单图

图的边集一般来说不能含有重复边,但在实际应用中也有特殊情况,例如,在表示城市之间公路网的图结构中,顶点表示城市,边表示城市之间的公路,但两个城市之间可能存在多条公路,则这两个城市对应的两个顶点之间就存在多条边,这样同一对顶点之间的多条边称为平行边。还有一种特殊情况:图中的一条边的两个顶点是同一个顶点,这样的边称为自环边。不含特殊边的图,也就是既不包含平行边也不包含自环边的图称为**简单图**。在本章所讨论的均为简单图。

4. 完全图、稀疏图和稠密图

具有 n 个($n>0$)顶点和 $n(n-1)/2$ 条边的无向图称为无向完全图,无向完全图中任意两个顶点之间都有一条边。具有 n 个($n>0$)顶点和 $n(n-1)$ 条弧的有向图称为有向完全图,有向完全图中任意两个顶点之间都有方向相反的两条弧。

边(弧)数远远小于完全图的图称为稀疏图,而边(弧)数比较接近或等于完全图边(弧)数的称为稠密图。

5. 子图

如果一个图 S 的顶点集 $V(S)$ 是图 G 的顶点集 $V(G)$ 的非空子集,图 S 的边集 $E(S)$ 是图 G 的边集 $E(G)$ 的子集,且 $E(S)$ 中的每一条边的两个顶点均属于 $V(S)$,则称图 S 是图 G 的**子图**(subgraph)。如果图 S 是图 G 的子图,并且 $V(S)$ 是 $V(G)$ 的真子集或者 $E(S)$ 是 $E(G)$ 的真子集,则称图 S 是图 G 的**真子图**。如果图 S 是图 G 的子图,并且 $V(S)$ 等于 $V(G)$,则称图 S 是图 G 的**支撑子图**。

例如,图 6.2 中,图 6.2(b)是图 6.2(a)的子图,图 6.2(c)是图 6.2(d)的子图。

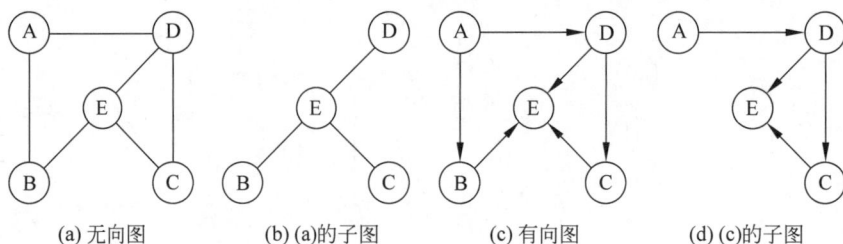

(a) 无向图　　　(b) (a)的子图　　　(c) 有向图　　　(d) (c)的子图

图 6.2　子图示例

6. 顶点的度

如果图中两个顶点 u 和 v 之间存在一条边(弧),则称该边(弧)为 u(或 v)相关联的边(弧)。和一个顶点相关联的边(弧)的个数称为该顶点的**度**(degree)。在有向图中,以一个顶点为弧尾的弧的个数称为该顶点的**出度**(out-degree),以一个顶点为弧头的弧的个数称为该顶点的**入度**(in-degree)。在有向图中,一个顶点的度等于该顶点的出度和入度之和。

例如,在图 6.2(a)中,与 E 相关联的边共有 3 条,则 E 的度为 3;在图 6.2(c)中,与 E 相关联的弧共有 3 条,E 的度为 3,其中,入度为 3,出度为 0;C 的度为 2,其中,出度为 1,入度为 1。

7. 路径

在图中从顶点 u 经历一系列边(弧)到顶点 v 的顶点序列称为顶点 u 到顶点 v 的一条**路径**(path),路径中包含的边(弧)数称为**路径长度**(path length),起点和终点相同的路径称为**回路或者环**(cycle),不存在重复顶点的路径称为**简单路径**(simple path),只包含一个顶点的简单路径的长度为 0,除起点和终点相同以外不存在其他重复顶点的回路称为**简单回路**(simple cycle)。注意,在有向图中,弧是有方向性的,路径中的每一条弧只能从弧尾走向弧头。

例如,在图 6.2(a)中,A—B—E—C 就是 A 到 C 的一条长度为 3 的简单路径,A—B—E—D—A 就是一条长度为 4 的简单回路,A—B—E—D—C—E 也是 A 到 E 的一条路径,但不是简单路径。在图 6.2(c)中,A—D—C—E 是 A 到 E 的一条简单路径,D 到 B 则不存在路径。

8. 图的连通性

在一个图中,如果从顶点 u 到顶点 v 存在路径,则称顶点 u 到顶点 v 是**连通或可达**的。例如,在图 6.2(a)中,5 个顶点都是互相可达的,在图 6.2(b)中,A 到其余顶点都是可达的,B 到 E 是可达的,但 B 到 A、C 和 D 都是不可达的。

对于一个图中的顶点 u,从 u 可达的所有顶点所构成的集合称为 u 的**可达分量**(注意 u 自身也属于 u 的可达分量)。对于一个有向图中的顶点 u,到 u 可达的所有顶点所构成的集合称为 u 的**逆可达分量**(注意 u 自身也属于 u 的逆可达分量)。对于一个无向图,如果任意两个顶点之间都是可达的,则称该图为**连通图**(connected graph)。对于一个有向图,如果任意两个顶点之间都是互相可达的,则称该图为**强连通图**(strongly connected graph)。

例如,在图 6.2(a)中,每个顶点的可达分量都是{A, B, C, D, E},在图 6.2(c)中,A 的可达分量为{A, B, C, D, E},B 的可达分量为{B, E},D 的可达分量为{D, C, E},A 的逆可达分量为{A},C 的逆可达分量为{C，A，D},E 的逆可达分量为{A，B，C，D，E}。

对于无向图,如果图中任意一个顶点的可达分量等于顶点全集,则该图必定是连通图,例如,如图 6.2(a)所示的无向图就是一个连通图。

如果一个有向图中任意一个顶点的可达分量等于顶点全集,该图不一定是强连通图,例如,在图 6.2(c)中,A 的可达分量是顶点全集,即从 A 到任意一个顶点都是可达的,但该图不是强连通图,例如,除了 A 自身以外,其余顶点到 A 都是不可达的。

如果一个有向图中任意一个顶点的可达分量和逆可达分量都等于顶点全集,则该图必定是强连通图,例如,如果在图 6.2(c)中增加一条 E 到 A 的弧,则该图就是一个强连通图。

一个无向图的极大连通子图称为该无向图的**连通分量**(connected component)。一个连通图的连通分量就是该图自身。一个有向图的极大强连通子图称为该有向图的**强连通分量**(strongly connected component)。一个强连通图的强连通分量就是该有向图自身。

注意连通分量(强连通分量)的定义中有以下三个关键词汇。

(1) 子图:必须是原图的子图,其顶点集和边(弧)集分别是原图的顶点集和边(弧)集的子集。

(2) 连通(强连通):任意两个顶点之间都是互相可达的。

(3) 极大:任意增加该子图之外的原图中的顶点或边(弧),所构成的新的子图都是非连图子图(非强连通子图)。

例如,如图 6.3(a)所示的无向图具有如图 6.3(b)和图 6.3(c)所示的两个连通分量。

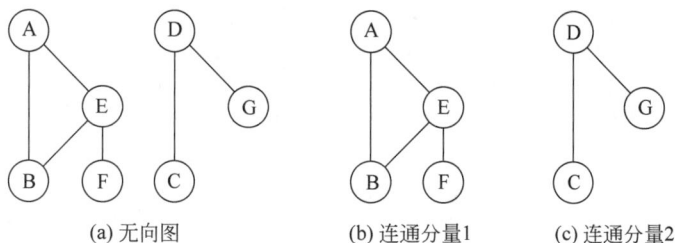

(a) 无向图 (b) 连通分量1 (c) 连通分量2

图 6.3 连通分量示例

例如,如图 6.4(a)所示的有向图具有如图 6.4(b)~图 6.4(d)所示的三个连通分量。

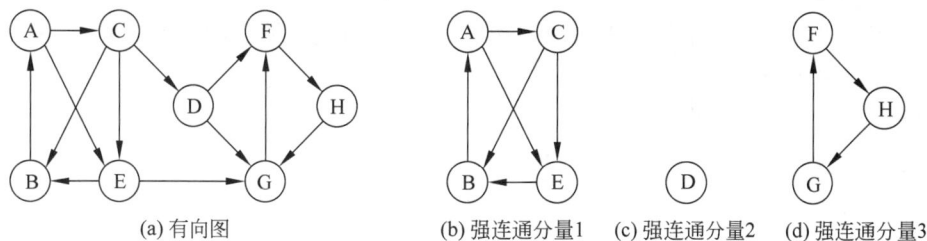

(a) 有向图 (b) 强连通分量1 (c) 强连通分量2 (d) 强连通分量3

图 6.4 强连通分量示例

对于无向图,一个具有 n 个顶点的连通图的**生成树**(spanning tree)包含图中的所有顶点和足以构成一棵树的 $n-1$ 条边。注意,只有连通图才会有生成树。非连通图有至少两个连通分量,每个连通分量可有一棵生成树,从而构成非连通图的**生成森林**(spanning forest)。无向图的生成树或生成森林都不是唯一的。

例如,如图 6.5(a)所示的连通图的生成树有如图 6.5(b)~图 6.5(d)所示的多种形态。

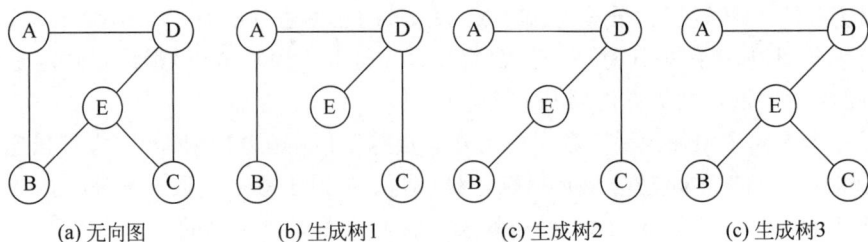

(a) 无向图　　　(b) 生成树1　　　(c) 生成树2　　　(c) 生成树3

图 6.5　无向生成树示例

对于有向图,一个具有 n 个顶点的有向图的**有向生成树**(directed spanning tree)包含图中的所有顶点和足以构成一棵树的 $n-1$ 条弧,其中有且仅有一个顶点的入度为 0(称为根),其余所有顶点的入度均为 1。

注意,一个强连通图必定有多种形态的有向生成树,但非强连通图也可能具有有向生成树,这与根的选择有关。非强连通图可能存在有向生成树,也可能只存在多棵有向树构成的生成森林。

有向图中到所有顶点都存在路径的顶点称为**有向图的根**,根的可达分量等于顶点全集。

例如,如图 6.6(a)所示的有向图不是强连通图,选择 A 为根,则有向生成树如图 6.6(b)所示。

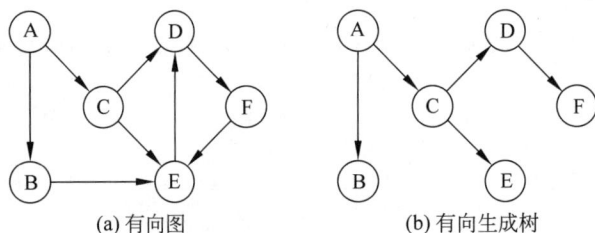

(a) 有向图　　　　　　(b) 有向生成树

图 6.6　有向生成树示例

9. 权和网

在实际应用中,图的边通常与具有一定意义的数值有关,称为**权**(weight),边带有权值的图称为**带权图**(weighted graph)或**网**(network)。例如,公路网中边的权可表示相邻城市之间的公路长度,本章还将学习 AOE 网,其中,边的权值表示活动的持续时间。

10. 图的基本操作

图具有但不限于如下操作。

init():初始化空图。

destroy():销毁图。

clear():清空图。

addVertex(node):添加一个顶点 node。

addEdge(vex1,vex2):在 vex1 和 vex2 号顶点之间添加一条边。

removeVertex(vex):删除 vex 号顶点。

removeEdge(vex1,vex2):删除 vex1 和 vex2 号顶点之间的边。

find(data):查找数据域值为 data 的顶点,返回顶点序号。

getData(vex):获得 vex 号顶点的数据域值。

setData(vex，data)：将 vex 号顶点数据域值设为 data。

degree(vex)：获得 vex 号顶点的度。

getVerticesCount()：获得图的顶点数。

getEdgesCount()：获得图的边数。

getFirstAdjacent(vex)：获得 vex 号顶点的第一个邻接点序号。

getNextAdjacent(vex，p)：获得 vex 号顶点的排在 p 号顶点之后的下一个邻接点序号。

dfs(vex)：从 vex 号顶点开始进行深度优先搜索。

bfs(vex)：从 vex 号顶点开始进行广度优先搜索。

6.2 图的存储结构

一般来说，一个图的所有顶点没有排列次序的要求，任意一个顶点都可以作为第一个顶点，也可以作为最后一个顶点。如果一个顶点有若干邻接点，哪个邻接点作为第一个邻接点，哪个邻接点作为第二个邻接点也没有硬性要求。为了方便实现图的存储结构和图的操作，往往对一个图的所有顶点以及一个顶点的所有邻接点人为规定一个排列次序，从而形成第 i 个顶点、第 k 个邻接点等概念。往往用 v_i 来表示第 i 个顶点。

6.2.1 邻接矩阵

邻接矩阵（adjacent matrix）表示法采用两个数组来存储图结构，其中一个是一维数组，用来存储所有顶点的信息，另外一个是二维数组，用来存储所有边（弧）的信息，这个二维数组也被称为邻接矩阵。

设一个图包含 n 个顶点 v_0、v_1、$\cdots$、v_{n-1}，则邻接矩阵是一个 $n \times n$ 的矩阵 $\boldsymbol{A}$，其矩阵元素为

$$\boldsymbol{A}[i][j] = \begin{cases} 1, & v_i \text{ 到 } v_j \text{ 有边（弧）} \\ \infty, & v_i \text{ 到 } v_j \text{ 无边（弧）} \end{cases}$$

通俗点说，就是如果 v_i 到 v_j（$0 \leqslant i \leqslant n-1$，$0 \leqslant j \leqslant n-1$）之间有边（弧）存在，则邻接矩阵中第 i 行第 j 列元素值为 1，否则为 ∞。

实际应用中，对于边不带权的无向图或有向图，可以用 0 来代替 ∞，表示对应的一对顶点之间不存在边。对于边带权的网，用边的权值来代替 1 作为邻接矩阵对应元素的值，但如何表示 ∞ 需要根据具体问题灵活处理，例如，可以用 0 来代替 ∞，但在涉及权值大小比较时，往往用一个正常情况下不可能达到的非常大的数值来表示 ∞。

例如，如图 6.7(a)所示的无向图的邻接矩阵存储结构如图 6.7(b)所示，如图 6.7(c)所示的有向图的邻接矩阵存储结构如图 6.7(d)所示。无向图的邻接矩阵必定是对称矩阵，因为如果顶点 u 到 v 存在一条边，则顶点 v 到 u 也必定存在一条边，而有向图的邻接矩阵往往是非对称矩阵。

在用邻接矩阵存储的无向图中，v_i 的度（邻接点个数）等于邻接矩阵第 i 行（或第 i 列）值为 1 的元素个数。在用邻接矩阵存储的有向图中，v_i 的出度（邻接点个数）等于邻接矩阵第 i 行值为 1 的元素个数，入度（逆邻接点个数）等于邻接矩阵第 i 列中值为 1 的元素个数，

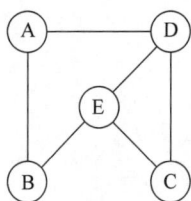

顶点表

下标	数据
0	A
1	B
2	C
3	D
4	E

邻接矩阵

下标	0	1	2	3	4
0	∞	1	∞	1	∞
1	1	∞	∞	∞	1
2	∞	∞	∞	1	1
3	1	∞	1	∞	1
4	∞	1	1	1	∞

(a) 无向图　　　　　　　　　(b) 无向图的邻接矩阵存储结构

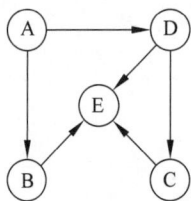

顶点表

下标	数据
0	A
1	B
2	C
3	D
4	E

邻接矩阵

下标	0	1	2	3	4
0	∞	1	∞	1	∞
1	∞	∞	∞	∞	1
2	∞	∞	∞	∞	∞
3	∞	∞	1	∞	1
4	∞	1	1	∞	∞

(c) 有向图　　　　　　　　　(d) 有向图的邻接矩阵存储结构

图 6.7　邻接矩阵示例

度等于出度和入度之和。

邻接矩阵存储结构便于判断任意两个顶点之间是否存在边(弧),其时间复杂度为 $O(1)$,对于稠密图比较节省空间,但不便于增删顶点。稀疏图的邻接矩阵中存在大量的∞。

邻接矩阵存储结构的 C 语言描述如下。

```
typedef struct {
    ElemType vertices[MAXVN];        //顶点表,最多 MAXVN 个顶点
    int edges[MAXVN][MAXVN];         //边(弧)表,邻接矩阵
    int vexnum;                      //实际顶点数
    int edgenum;                     //实际边(弧)数
} AdjMat;
```

邻接矩阵存储结构的 Java 语言描述如下。

```
public class AdjMat {
    private ElemType[] vertices;     //顶点表
    private int[][] edges;           //边(弧)表,邻接矩阵
    private int vexnum;              //实际顶点数
    private int edgenum;             //实际边(弧)数
    //以下应为构造方法和有关操作方法,在此不再赘述
}
```

6.2.2　邻接表

邻接表(adjacency list)表示法采用链式存储结构,类似于树的孩子链表表示法,对每个顶点的邻接点建立一个单链表(边表),用一个顶点表(一维数组)来存储所有顶点的信息和对应边表的头指针。

顶点表的每个结点包含两个域:数据域 data 和链接域 firstEdge。其中,data 域存储顶点信息,firstEdge 域存储对应的边表的头指针。

边表的每个结点包含三个域:邻接点域 adjvex、数据域 info 和链接域 nextEdge。其中,adjvex 域存储邻接点在顶点表中的位置;info 域存储和边相关的信息,如权值;nextEdge 域存储指向下一个边结点的指针。如果不存在和边相关的信息,则省略 info 域。

例如,如图 6.8(a)所示的无向图的邻接表存储结构如图 6.8(b)所示,如图 6.8(c)所示的有向网的邻接表存储结构如图 6.8(d)所示。

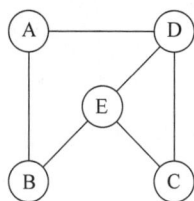

(a) 无向图

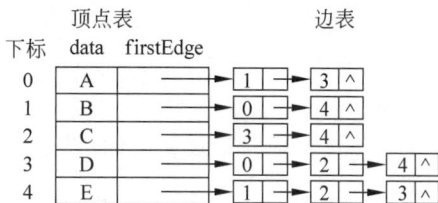

(b) 无向图的邻接表存储结构

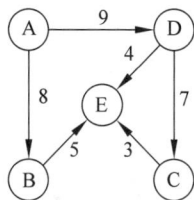

(c) 有向网

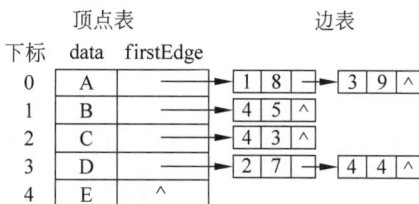

(d) 有向网的邻接表存储结构

图 6.8 邻接表示例

在用邻接表存储的无向图中,一个顶点的度(邻接点个数)等于该顶点的边表的长度。在用邻接表存储的有向图中,一个顶点的出度(邻接点个数)等于该顶点的边表的长度,但如果求一个顶点的入度,则需要对除了该顶点以外的所有顶点的边表进行遍历,包含该顶点的边表的个数即为该顶点的入度,时间复杂度为 $O(n+e)$,其中,n 是顶点数,e 是边数。

有向图还有一种存储结构称为**逆邻接表**(inverse adjacency list),其结构与邻接表类似,只不过其边表中结点的 adjvex 域表示逆邻接点在顶点表中的位置。图 6.9(b)就是图 6.9(a)所示有向网的逆邻接表。

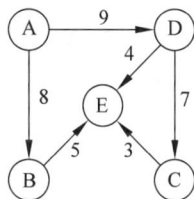

(a) 有向网

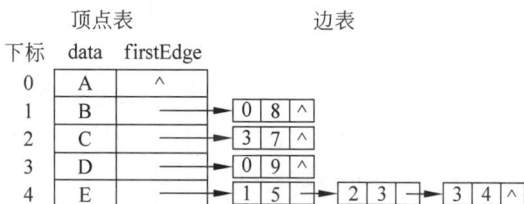

(b) 有向网的逆邻接表存储结构

图 6.9 逆邻接表示例

采用逆邻接表,很容易获得一个顶点的入度,但要获得一个顶点的出度则需要对除了该顶点以外的所有顶点的边表进行遍历。

邻接表存储结构的 C 语言描述如下(假设边的数据域表示权值并且为 int 型)。

```
typedef struct edgenode {          //边表结点结构
    int adjvex;                    //邻接点在顶点表中的位置
    int weight;                    //如果是无向网或有向网,需要有权值
    struct edgenode * nextEdge;    //指向下一个边结点
} EdgeNode;
typedef struct {                   //顶点表结点结构
    ElemType data;                 //顶点数据域
```

```
        EdgeNode *firstEdge;            //指向边表的首结点
    } VexNode;
    typedef struct {                    //邻接表
        VexNode vertices[MAXVN];        //顶点表,最多 MAXVN 个顶点
        int vexnum;                     //实际顶点数
        int edgenum;                    //实际的边数
    } AdjList;
```

邻接表存储结构的 Java 语言描述如下(假设边的数据域表示权值并且为 int 型)。

```
public class EdgeNode {                 //边表结点类
    private int adjvex;                 //邻接点在顶点表中的位置
    private int weight;                 //如果是无向网或有向网,需要有权值
    private EdgeNode nextEdge;          //指向下一个边结点
    //以下是构造方法及其他操作方法
}
public class VexNode {                  //顶点表结点类
    private ElemType data;              //顶点数据域
    private EdgeNode firstEdge;         //边表的首结点
    //以下是构造方法及其他操作方法
}
public class AdjList {                  //邻接表类
    private VexNode[] vertices;         //顶点表
    private int vexnum;                 //实际顶点数
    private int edgenum;                //实际的边数
    //以下是构造方法及其他操作方法
}
```

6.2.3 十字链表

前面所讲邻接矩阵和邻接表不仅适用于无向图,也适用于有向图,下面所讲十字链表一般仅用于有向图。

有向图的**十字链表**(orthogonal list)表示法也采用链式存储结构,相当于将有向图的邻接表和逆邻接表相结合,由顶点表和弧表组成。

顶点表用一维数组来实现,数组中的每个结点包含三个域:数据域 data、链接域 firstOut 和链接域 firstIn。其中,data 域存储顶点信息,firstOut 域指向以该顶点为弧尾的第一个弧结点,firstIn 域指向以该顶点为弧头的第一个弧结点。

弧表由所有弧结点组成,弧结点包含 5 个域:数据域 info、弧尾域 tail、弧头域 head、链接域 tlink 和链接域 hlink。其中,info 域存储弧的附加信息,如权值;tail 域存储该弧的弧尾在顶点表中的位置;head 域存储该弧的弧头在顶点表中的位置;tlink 域指向具有相同弧尾的下一个弧结点;hlink 域指向具有相同弧头的下一个弧结点。如果弧没有附加信息,应省略 info 域。

例如,如图 6.10(a)所示的有向图的十字链表存储结构如图 6.10(c)所示,其中,图 6.10(b)为弧结点结构(不含 info 域)。为了看着更加直观,图 6.10(c)中将顶点表人为画成了垂直的和水平的两部分,以呈现"十字"这种直观形式,实际存储并非分开的。

在十字链表中,以一个顶点的 firstOut 为头指针、以弧结点的 tlink 为链构成的"水平"单链表的长度即为该顶点的出度,弧结点中的 head 域值即为该顶点的邻接点在顶点表中的位置。例如,在图 6.10 中,A 的出度为 3,有 3 个邻接点,E 的出度为 1,仅有 1 个邻接点。以一个顶点的 firstIn 为头指针、以弧结点的 hlink 为链构成的"垂直"单链表的长度即为该

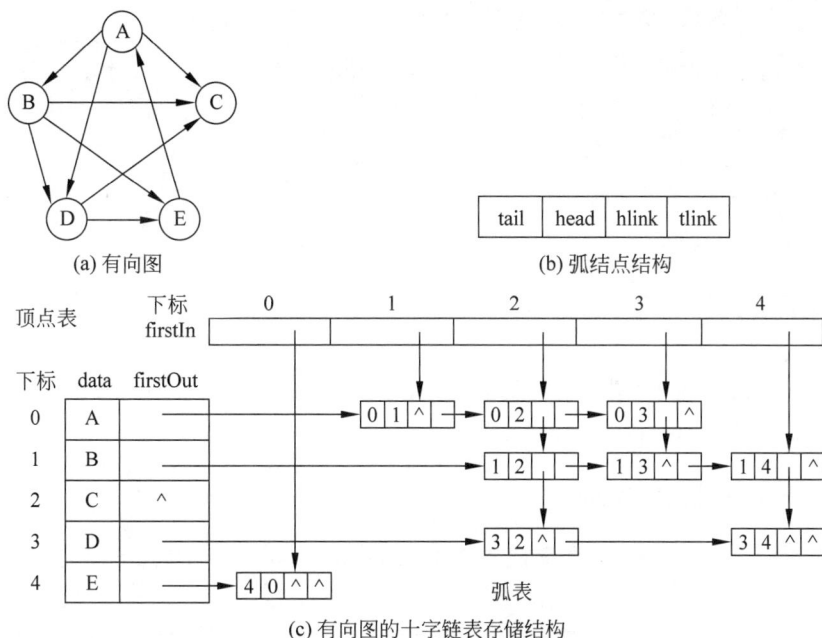

(a) 有向图

(b) 弧结点结构

(c) 有向图的十字链表存储结构

图 6.10 十字链表示例

顶点的入度,弧结点中的 tail 域值即为该顶点的逆邻接点在顶点表中的位置。例如,A 的入度为 1,仅有 1 个逆邻接点,E 的入度为 2,有 2 个逆邻接点。

十字链表存储结构的 C 语言描述如下(假设边的数据域表示权值并且为 int 型)。

```
typedef struct edgenode {          //弧结点结构
    int tail, head;                //弧尾、弧头顶点序号
    int weight;                    //如果是有向网,需要有权值
    struct edgenode * tlink, * hlink;  //分别指向弧尾相同、弧头相同的下一弧结点
} EdgeNode;
typedef struct {                   //顶点表结点结构
    ElemType data;                 //顶点数据域
    EdgeNode * firstin;            //指向以本顶点为弧头的第一个弧结点
    EdgeNode * firstout;           //指向以本顶点为弧头的第一个弧结点
} VexNode;
typedef struct {                   //十字链表
    VexNode vertices[MAXVN];       //顶点表,最多 MAXVN 个顶点
    int vexnum;                    //实际顶点数
    int edgenum;                   //实际弧数
} OrthList;
```

十字链表存储结构的 Java 语言描述如下(假设边的数据域表示权值并且为 int 型)。

```
public class EdgeNode {            //弧结点类
    private int tail, head;        //弧尾、弧头顶点序号
    private int weight;            //如果是有向网,需要有权值
    private EdgeNode tlink, hlink; //分别引用弧尾相同、弧头相同的下一弧结点
    //以下应为构造方法及其他操作方法
}
public class VexNode {             //顶点表结点类
    private ElemType data;         //顶点数据域
    private EdgeNode firstin;      //引用以本顶点为弧头的第一个弧结点
    private EdgeNode firstout;     //引用以本顶点为弧头的第一个弧结点
```

```
    //以下应为构造方法及其他操作方法
}
public class OrthList {                          //十字链表类
    private VexNode[ ] vertices;                 //顶点表
    private int vexnum;                          //实际顶点数
    private int edgenum;                         //实际弧数
    //以下应为构造方法及其他操作方法
}
```

6.3　图的遍历

　　类似于二叉树的遍历,图的遍历也是对图中的所有顶点按照某种次序依次进行访问,且每个顶点仅能够被访问一次。

6.3.1　深度优先搜索

　　图的遍历的第一种策略是**深度优先搜索**(Depth First Search,DFS),类似于树的先根遍历。

　　先考虑一个游戏问题:迷宫寻宝。一个迷宫中有很多路口和岔道,每个岔道连接两个路口,每个路口都藏了一个宝,迷宫入口到所有路口都是直接或间接可达的,要求游戏者找到所有的宝。假设游戏者有超强记忆力,能够记住所有走过的路口和岔道,那么,游戏者一般采用的方法如下。

　　从入口开始不断深入地走下去,每到一个未走过的路口就寻宝,遇到死胡同或者所有岔道都走过从而无法继续深入时,沿来时路径回退到还存在有未走的岔道的路口,然后从该岔道继续深入,直到走遍所有路口。

　　迷宫寻宝游戏问题本质上就是图的深度优先搜索问题,为了转换为图结构问题,将迷宫的路口(含入口)抽象为图结构的顶点,将岔道抽象为图结构的边,只不过计算机在执行DFS时不需要记住走过的边,但需要记住访问过的顶点。

　　为了记住图中的顶点是否被访问过,需要设置一个访问标志数组,保存所有顶点的访问状态。初始时每个顶点的访问标志均为"假",在遍历过程中,每当访问一个顶点时都要将该顶点的访问标志置为"真"。

　　从起点 v 开始的 DFS 策略如下。

　　(1)访问顶点 v。

　　(2)深度优先:走向并访问 v 的第一个未被访问过的邻接点 w_1,再走向并访问 w_1 的第一个未被访问过的邻接点 u_1,……,不断深入,直到所有邻接点都被访问过。

　　(3)回溯:回退到前一个顶点,如果存在其他未被访问过的邻接点 v,则转(1)继续执行;否则继续回溯,直到回退到起点且起点的所有邻接点均被访问过。

　　对于无向连通图,以任意一个顶点为起点,经过一轮的 DFS 就可以访问到所有的顶点;而对于无向非连通图,经过一轮 DFS 只能访问到该起点所在的连通分量的顶点。

　　对于有向强连通图,以任意一个顶点为起点,经过一轮的 DFS 就可以访问到所有的顶点;而对于非强连通图,如果是有根的有向图且以根为起点,则经过一轮 DFS 也能访问到所有的顶点,如果有根但不以根为起点,或者不存在根,则经过一轮 DFS 只能够访问到部分顶点,但不一定是起点所在的强连通分量顶点集。

如果经过一轮 DFS 不能访问图的所有顶点,则需要以某一个未被访问过的顶点为起点执行下一轮的 DFS,直到所有顶点均被访问过,这样才能实现图的遍历。

例如,对如图 6.11 所示的无向图进行深度优先搜索,人为规定按顶点中所标字母在字母表中的顺序来确定顶点排列顺序和邻接点排列顺序,则该无向图的 DFS 遍历的顶点访问序列为 ABDCEGFHIJ,其中,示例图中所标粗虚线箭头为前进路线(走向未被访问过的邻接点),细虚线箭头为回溯路线(回退到前一个顶点),顶点旁所标数字为顶点访问次序,粗实线标记的边是 DFS 生成森林中的边(该生成森林中两棵树的根分别为顶点 A 和 H)。

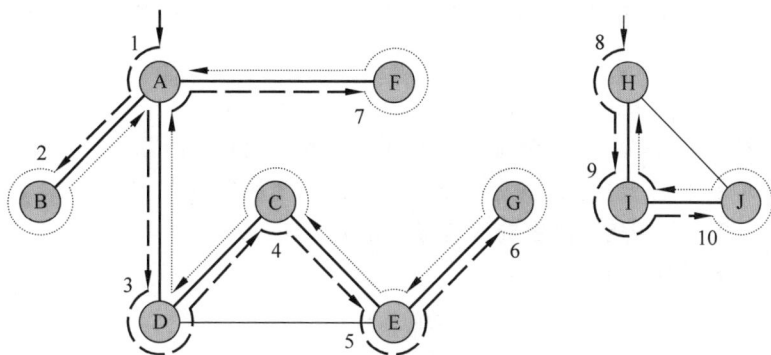

图 6.11　无向图的深度优先搜索示例

将该图的 DFS 生成森林按第 5 章中森林的画法调整一下,形成如图 6.12 所示的生成森林。

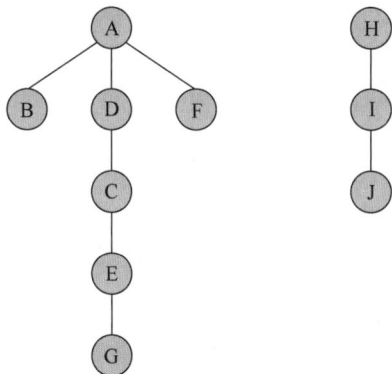

图 6.12　无向图的 DFS 生成森林示例

再如,对如图 6.13 所示的有向图进行深度优先搜索,人为规定按顶点中所标字母在字母表中的顺序来确定顶点排列顺序和邻接点排列顺序,则该有向图的 DFS 遍历的顶点访问序列为 ABCDFEG,其中,示例图中所标粗虚线箭头为前进路线(走向未被访问过的邻接点),细虚线箭头为回溯路线(回退到前一个顶点),顶点旁所标数字为顶点访问次序,粗实线的弧是 DFS 生成树中的弧(该生成树的根为顶点 A)。

将该图的 DFS 生成树按第 5 章中树的画法调整一下,形成如图 6.14 所示的生成树。

用递归形式表示以 v 为起点的 DFS 过程如下。

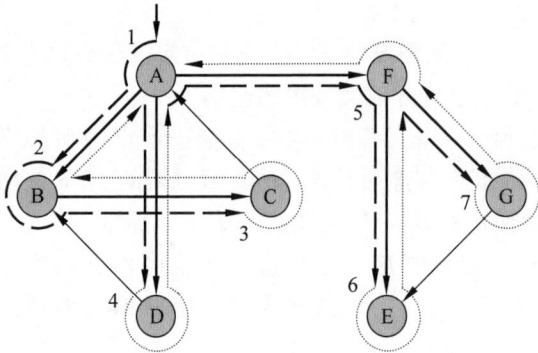

图 6.13　有向图的深度优先搜索 DFS 遍历示例　　　图 6.14　有向图的 DFS 生成树示例

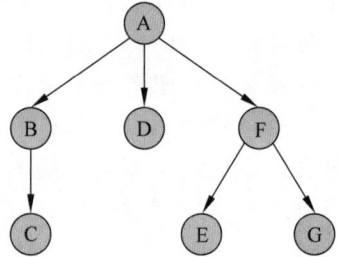

（1）访问顶点 v。

（2）从 v 的每一个未被访问过的邻接点为起点执行同样的 DFS。

下面以邻接矩阵和邻接表为例描述图的深度优先搜索和遍历算法,其中,对算法 6.2 进行简单修改即可实现基于十字链表存储结构的图的深度优先遍历。

算法 6.1　基于邻接矩阵的图的深度优先搜索及遍历。

该算法的 C 语言描述如下。

```
int visited[MAXVN];                 //访问标志数组

//以 v 为起点的一轮 DFS
void DFS(AdjMat * graph, int v) {
    visit(graph->vertices[v]);   //访问顶点 v
    visited[v] = 1;
    for(int p = 0; p < graph->vexnum; p ++) {
        if(graph->edges[v][p] == 1 && !visited[p]) {
            DFS(graph, p);
        }
    }
}

//深度优先遍历
void DFSTraversal(AdjMat * graph) {
    for(int v = 0; v < graph->vexnum; v ++) {
        visited[v] = 0;
    }
    for(v = 0; v < graph->vexnum; v ++) {
        if(!visited[v]) {
            DFS(graph, v);
        }
    }
}
```

该算法的 Java 语言描述如下(需定义在 AdjMat 类中)。

```
private boolean[] visited;                //访问标志数组

//以 v 为起点的一轮 DFS
private void DFS(int v) {
    visit(vertices[v]);                 //访问顶点 v
    visited[v] = true;
    for(int p = 0; p < vexnum; p ++) {
```

```
            if(edges[v][p] == 1 && !visited[p]) {
                DFS(p);
            }
        }
    }
}

//深度优先遍历
public void DFSTraversal() {
    visited = new boolean[vexnum];
    for(int v = 0; v < vexnum; v ++) {
        visited[v] = false;
    }
    for(int v = 0; v < vexnum; v ++) {
        if(!visited[v]) {
            DFS(v);
        }
    }
}
```

算法 6.2 基于邻接表的图的深度优先搜索及遍历。

该算法的 C 语言描述如下。

```
int visited[MAXVN];                     //访问标志数组

//以 v 为起点的一轮 DFS
void DFS(AdjList * graph, int v) {
    visit(graph->vertices[v].data);      //访问顶点 v
    visited[v] = 1;
    EdgeNode * ptr = graph->vertices[v].firstEdge;
    while(ptr != NULL) {
        if(!visited[ptr->adjvex]) {
            DFS(graph, ptr->adjvex);
        }
        ptr = ptr->nextEdge;
    }
}

//深度优先遍历
void DFSTraversal(AdjList * graph) {
    for(int v = 0; v < graph->vexnum; v ++) {
        visited[v] = 0;
    }
    for(v = 0; v < graph->vexnum; v ++) {
        if(!visited[v]) {
            DFS(graph, v);
        }
    }
}
```

该算法的 Java 语言描述如下(需定义在 AdjList 类中)。

```
private boolean[] visited;               //访问标志数组

//以 v 为起点的一轮 DFS
private void DFS(int v) {
    visit(vertices[v].getData());         //访问顶点 v
    visited[v] = true;
    EdgeNode edge = vertices[v].getFirstEdge();
```

```
        while(edge != null) {
            if(!visited[edge.getAdjVex()]) {
                DFS(edge.getAdjVex());
            }
            edge = edge.getNextEdge();
        }
    }

    //深度优先遍历
    public void DFSTraversal() {
        visited = new boolean[vexnum];
        for(int v = 0; v < vexnum; v ++) {
            visited[v] = false;
        }
        for(int v = 0; v < vexnum; v ++) {
            if(!visited[v]) {
                DFS(v);
            }
        }
    }
```

对于邻接矩阵,DFS 算法需要遍历每一个顶点,并且对每一个顶点都需要遍历该顶点的所有邻接点,因此该算法的时间复杂度为 $O(n^2)$;对于邻接表或十字链表,DFS 算法需要遍历所有顶点和边,因此 DFS 算法的时间复杂度为 $O(n+e)$,其中,n 是顶点数,e 是边数。因为需要用栈来存储从起点到当前被访问顶点的路径上的所有顶点,所以 DFS 算法在最坏情况下的空间复杂度为 $O(n)$。

DFS 算法比较容易实现,也比较容易通过自定义栈改造为非递归算法,所需栈空间一般小于后面要讲的广度优先搜索算法所需队列空间;但由于深度优先搜索的特性,可能难以找到从起点到其他顶点的最短路径,对稠密图的算法效率较低。

DFS 算法能够为很多可以抽象为图结构的问题提供求解方案,在很多领域都有广泛的应用。

6.3.2 广度优先搜索

图的**广度优先搜索**(Breadth First Search,BFS)遍历类似于树的按层次遍历。

BFS 的基本过程如下。

假设从图中某一个顶点 v 出发,在访问了 v 之后,再依次访问 v 的所有未被访问过的邻接点,然后再分别从这些邻接点出发,依次访问这些顶点的未被访问过的邻接点,整个过程中需保证在访问序列中"先被访问的顶点的所有未被访问过的邻接点"先于"后被访问的顶点的所有未被访问过的邻接点",以此不断访问下去,直到 v 的可达分量中的所有顶点均被访问为止。

与 DFS 类似,通过一轮 BFS 也可能不能访问所有顶点,而是部分顶点。

对于无向连通图,以任意一个顶点为起点,经过一轮的 BFS 就可以访问到所有的顶点;而对于无向非连通图,经过一轮 DFS 只能访问到该起点所在的连通分量的顶点。

对于有向强连通图,以任意一个顶点为起点,经过一轮的 BFS 就可以访问到所有的顶点;而对于非强连通图,如果是有根的有向图且以根为起点,则经过一轮 BFS 也能访问到所有的顶点,如果有根但不以根为起点,或者不存在根,则经过一轮 BFS 只能够访问到部分顶点,但不一定是起点所在的强连通分量顶点集。

如果经过一轮 BFS 不能访问图的所有顶点,则需要以某一个未被访问过的顶点为起点执行下一轮的 BFS,直到所有顶点均被访问过,这样才能实现图的遍历。

例如,对如图 6.15 所示的无向图进行广度优先搜索,人为规定按顶点中所标字母在字母表中的顺序来确定顶点排列顺序和邻接点排列顺序,则该无向图的 BFS 遍历的顶点访问序列为 ABDFCEGHIJ,其中,示例图中所标粗虚线箭头表示从一个顶点出发访问它的未被访问过的邻接点的路线,顶点旁所标数字为顶点访问次序,粗实线的边是 BFS 生成森林中的边(该生成森林中两棵树的根分别为顶点 A 和 H)。

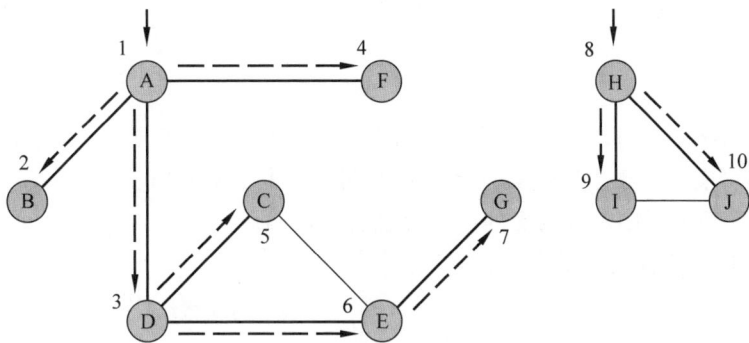

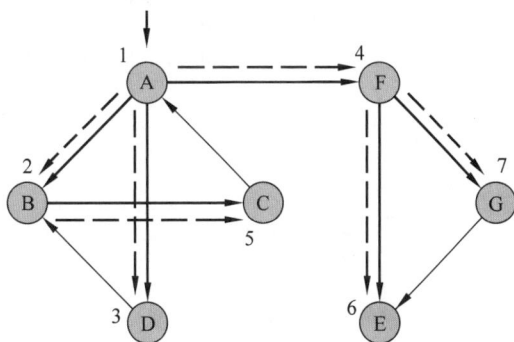

图 6.15　无向图的广度优先搜索示例

将该图的 BFS 生成森林按第 5 章中森林的画法调整一下,形成如图 6.16 所示的生成森林。

再例如,对如图 6.17 所示的有向图进行广度优先搜索,人为规定按顶点中所标字母在字母表中的顺序来确定顶点排列顺序和邻接点排列顺序,则该有向图的 BFS 遍历的顶点访问序列为 ABDFCEG,其中,示例图中所标粗虚线箭头表示从一个顶点出发访问它的未被访问过的邻接点的路线,顶点旁所标数字为顶点访问次序,粗实线的弧是 BFS 生成树中的弧(该生成树的根为顶点 A)。

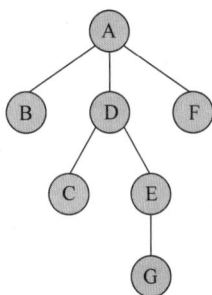

图 6.16　无向图的 BFS 生成森林示例　　　　图 6.17　有向图的广度优先搜索示例

将该图的 DFS 生成树按第 5 章中树的画法调整一下,形成如图 6.18 所示的生成树。

为了实现图的广度优先遍历,需要引入队列。假设以顶点 v 为起点,则 BFS 过程如下。

(1)初始化空队列。

(2)访问顶点 v 并入队。

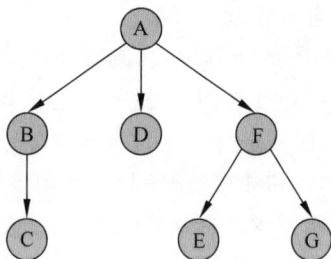

图 6.18 有向图的 BFS 生成树示例

（3）当队列非空时循环。

① 顶点 u 出队。

② 依次访问 u 的每一个未被访问过的邻接点并入队。

下面以邻接矩阵和邻接表为例描述图的广度优先搜索和遍历算法，其中，对算法 6.4 进行简单修改即可实现基于十字链表存储结构的图的广度优先遍历。

算法 6.3 **基于邻接矩阵的图的广度优先搜索及遍历。**

该算法的 C 语言描述如下。

```c
int visited[MAXVN];                          //访问标志数组

//从顶点 v 开始进行一轮广度优先搜索
void BFS(AdjMat * graph, int v) {
    Queue queue;
    initQueue(&queue);
    enQueue(&queue, v);
    visit(graph->vertices[v]);               //顶点 v 入队并访问
    visited[v] = 1;
    while(!isEmpty(&queue)) {
        int u = deQueue(&queue);             //顶点 u 出队
        //对 u 的每一个可能的邻接点进行处理
        for(int p = 0; p < graph->vexnum; p ++)
            //如果 p 是 u 的邻接点并且未被访问过
            if(graph->edges[u][p] == 1 && !visited[p]) {
                enQueue(&queue, p);
                visit(graph->vertices[p]);   //顶点 p 入队并访问
                visited[p] = 1;
            }
    }
}

//广度优先遍历
void BFSTraversal(AdjMat * graph) {
    for(int v = 0; v < graph->vexnum; v ++) {
        visited[v] = 0;
    }
    for(v = 0; v < graph->vexnum; v ++) {
        if(!visited[v]) {
            BFS(graph, v);
        }
    }
}
```

该算法的 Java 语言描述如下（需定义在 AdjMat 类中）。

```
private boolean[] visited;                            //访问标志数组

//从顶点 v 开始进行一轮广度优先搜索
private void BFS(int v) {
    Queue queue = new Queue();
    queue.enQueue(v);
    visit(vertices[v]);                               //顶点 v 入队并访问
    visited[v] = true;
    while(!queue.isEmpty()) {
        int u = queue.deQueue();                      //顶点 u 出队
        //对 u 的每一个可能的邻接点进行处理
        for(int p = 0; p < vexnum; p ++) {
            //如果 p 是 u 的邻接点并且未被访问过
            if(edges[u][p] == 1 && !visited[p]) {
                queue.enQueue(p);
                visit(vertices[p]);                   //顶点 p 入队并访问
                visited[p] = true;
            }
        }
    }
}


//广度优先遍历
public void BFSTraversal() {
    visited = new boolean[vexnum];
    for(int v = 0; v < vexnum; v ++) {
        visited[v] = false;
    }
    for(int v = 0; v < vexnum; v ++) {
        if(!visited[v]) {
            BFS(v);
        }
    }
}
```

算法 6.4　基于邻接表的图的广度优先搜索及遍历。

该算法的 C 语言描述如下。

```
int visited[MAXVN];                                   //访问标志数组

//从顶点 v 开始进行一轮广度优先搜索
void BFS(AdjList * graph, int v) {
    Queue queue;
    initQueue(&queue);
    enQueue(&queue, v);
    visit(graph->vertices[v].data);                   //顶点 v 入队并访问
    visited[v] = 1;
    while(!isEmpty(&queue)) {
        int u = deQueue(&queue);                      //顶点 u 出队
        EdgeNode * ptr = graph->vertices[u].firstEdge;
        while(ptr != NULL) {                          //对 u 的每一个邻接点进行处理
            int p = ptr->adjvex;
            if(!visited[p]) {                         //如果 p 未被访问过
                enQueue(&queue, p);
                visit(graph->vertices[p].data);       //顶点 p 入队并访问
                visited[p] = 1;
            }
```

```
            ptr = ptr -> nextEdge;
        }
    }
}

//广度优先遍历
void BFSTraversal(AdjList * graph) {
    for(int v = 0; v < graph -> vexnum; v ++) {
        visited[v] = 0;
    }
    for(v = 0; v < graph -> vexnum; v ++) {
        if(!visited[v]) {
            BFS(graph, v);
        }
    }
}
```

该算法的 Java 语言描述如下(需定义在 AdjList 类中)。

```
private boolean[] visited;                      //访问标志数组

//从顶点 v 开始进行一轮广度优先搜索
private void BFS(int v) {
    Queue queue = new Queue();
    queue.enQueue(v);
    visit(vertices[v].getData());               //顶点 v 入队并访问
    visited[v] = true;
    while(!queue.isEmpty()) {
        int u = queue.deQueue();                //顶点 u 出队
        EdgeNode edge = vertices[u].getFirstEdge();
        while(edge != null) {                   //对 u 的每一个邻接点进行处理
            int p = edge.getAdjVex();
            if(!visited[p]) {                   //如果 p 未被访问过
                queue.enQueue(p);
                visit(vertices[p].getData()); //顶点 p 入队并访问
                visited[p] = true;
            }
            edge = edge.getNextEdge();
        }
    }
}

//广度优先遍历
public void BFSTraversal() {
    visited = new boolean[vexnum];
    for(int v = 0; v < vexnum; v ++) {
        visited[v] = false;
    }
    for(int v = 0; v < vexnum; v ++) {
        if(!visited[v]) {
            BFS(v);
        }
    }
}
```

与 DFS 算法同样的道理,对于邻接矩阵,BFS 算法的时间复杂度为 $O(n^2)$;对于邻接表或十字链表,BFS 算法的时间复杂度为 $O(n+e)$。BFS 算法在最坏情况下的空间复杂度

为 $O(n)$。

在处理较大规模的图时,BFS 所需辅助空间可能会很高。对于边不带权的图,使用 BFS 算法可以找到从起点到其他顶点的最短路径。

6.4 图的连通性

6.4.1 路径

1. 顶点 v 到顶点 u 的简单路径

对于无向图或有向图,如果想要获得顶点 v 到顶点 u 的一条简单路径,只需从 v 出发进行一轮 DFS 或 BFS,直到访问到顶点 u 为止。如果经过一轮 DFS 或 BFS 也访问不到顶点 u,则说明 v 到 u 不存在路径。对于边不带权的图,通过 BFS 获得的简单路径长度小于或等于通过 DFS 获得的简单路径长度,因此,通过 BFS 可以寻找从顶点 v 到顶点 u 的最短简单路径。

如果要获得顶点 v 到顶点 u 的全部简单路径,可以从 v 出发通过一轮 DFS 来寻找,但每次从顶点 t 回溯时,需要清除顶点 t 的"已访问"标志。

例如,对于如图 6.19 所示的无向图:

顶点 A 到顶点 G 存在多条简单路径。

A→D→C→E→G

A→D→C→F→E→G

A→D→E→G

A→F→C→E→G

A→F→C→D→E→G

A→F→E→G

例如,对于如图 6.20 所示的有向图:

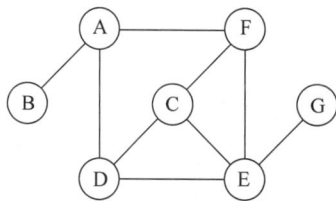

图 6.19 无向图示例

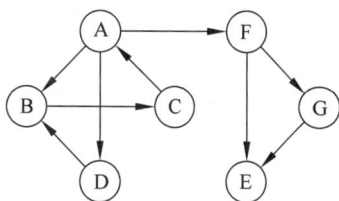

图 6.20 有向图示例

顶点 A 到顶点 G 则只有一条简单路径:A→F→G。

2. 从顶点 v 回到 v 本身的简单回路

对于无向图或有向图,如果想要获得以顶点 v 为起点和终点的一条简单回路,只需从 v 出发进行一轮 DFS 或 BFS,直到能回到顶点 v 为止(注意此时 v 是已访问过的)。如果经过一轮 DFS 或 BFS 也回不到顶点 v,则说明以 v 为起点和终点的回路不存在。与寻找最短简单路径类似,通过 BFS 可以寻找以顶点 v 为起点和终点的最短简单回路。

如果要获得以顶点 v 为起点和终点的全部简单回路,可以从 v 出发通过 DFS 来寻找,但每次从顶点 t 回溯时,需要清除顶点 t 的"已访问"标志。

例如，在如图 6.19 所示的图中，以 A 为起点和终点的简单回路有：

A→D→C→F→A

A→D→C→E→F→A

A→D→E→C→F→A

A→D→E→F→A

A→F→C→D→A

A→F→E→C→D→A

A→F→C→E→D→A

A→F→E→D→A

例如，在如图 6.20 所示的有向图中，以 A 为起点和终点的简单回路有：

A→B→C→A

A→D→B→C→A

3. 通过 DFS 遍历寻找满足指定条件的路径

如果要从图中某个顶点 v 开始，寻找满足指定条件的一个（或全部）简单路径（或简单回路），可以从顶点 v 开始进行深度优先搜索，将访问到的顶点存入路径表，当访问到符合指定条件的顶点时输出保存的路径。在此过程中，当从某个顶点回溯时，需将该顶点从保存的路径中删除，并根据具体问题可能需要清除该顶点的访问标志。

以下是实现上述要求的算法模板，其中，带有①～⑤标记的部分需要针对不同问题有不同的表达。

算法 6.5 从某个顶点开始寻找一条满足指定条件的路径（以邻接矩阵为例）。

该算法的 C 语言描述如下。

```
int visited[MAXVN];                 //访问标志数组
int path[MAXVN], vexCnt;            //保存路径和路径中的顶点数

//以下函数从顶点 cur 开始寻找满足指定条件的路径,成功则返回 1,否则返回 0
int DFS(AdjMat * graph, ①搜索形参) {
    int found = 0;
    path[vexCnt ++] = cur;          //将当前顶点 v 加入路径
    visited[cur] = 1;
    if(②指定条件) {                  //如果满足指定条件则输出路径
        printPath();                //输出路径中的顶点序列
        found = 1;
    }
    else {
        for(int p = 0; p < graph-> vexnum; p ++) {
            if(graph-> edges[cur][p] == 1 && !visited[p]
                && DFS(graph, ③搜索实参)) {
                found = 1;
                break;
            }
        }
    }
    vexCnt -- ;                     //回溯时需将顶点从路径中删除
    visited[cur] = 0;               //回溯时清除顶点访问标志
    return found;
}
```

```
void findPath(AdjMat * graph, ④问题形参) {
    for(int i = 0; i < g->vexnum; i ++) {
        visited[i] = 0;
    }
    vexCnt = 0;
    DFS(graph, ⑤DFS 实参);
    //如果该函数返回值为 1 则表示找到了满足指定条件的路径
}
```

该算法的 Java 语言描述如下(需定义在 AdjMat 类中)。

```
private boolean[] visited;              //访问标志数组
private int[] path;                     //保存路径
private int vexCnt;                     //保存路径中的顶点数

//以下方法从顶点 cur 开始寻找满足指定条件的路径,成功则返回 true,否则返回 false
private boolean DFS(①搜索形参) {
    boolean found = false;
    path[vexCnt ++] = cur;              //将当前顶点 v 加入路径
    visited[cur] = true;
    if(②指定条件) {                      //如果满足指定条件则输出路径
        printPath();                    //输出路径中的顶点序列
        found = true;
    }
    else {
        for(int p = 0; p < vexnum; p ++) {
            if(edges[cur][p] == 1 && !visited[p] && DFS(③搜索实参)) {
                found = true;
                break;
            }
        }
    }
    vexCnt -- ;                         //回溯时需将顶点从路径中删除
    visited[cur] = false;               //回溯时清除顶点访问标志
    return found;
}

public void findPath(④问题形参) {
    visited = new boolean[vexnum];
    path = new int[vexnum];
    vexCnt = 0;
    for(int i = 0; i < vexnum; i ++) {
        visited[i] = false;
    }
    DFS(⑤DFS 实参);
    //如果该函数返回值为 true 则表示找到了满足指定条件的路径
}
```

上述算法描述针对的是图的邻接矩阵存储结构,按照前面所讲基于邻接表的 DFS 搜索和遍历算法,能够很容易将上述算法改造为适用于邻接表(或十字链表)存储结构的算法。

上述算法中有 5 处带有①~⑤标记的部分需要根据具体问题而采用不同的表示,每一部分的含义如下。

① 搜索形参:从当前顶点 cur 开始进行搜索的有关形参,例如,当前顶点、终点、路径长度等,要求必须有 int cur 这一形参。

② 指定条件:一个关系表达式或者逻辑表达式,表示搜索到当前顶点 cur 时,获得的路

径是否满足指定条件,例如,是否到达终点,是否能够构成回路,路径长度是否达到要求的长度等。

③ 搜索实参:从当前顶点 cur 的未被访问过的邻接点开始进一步进行搜索的有关参数,例如,邻接点、终点、路径长度等,要求必须有邻接点序号这一参数,该参数将传递给"①搜索形参"中的 cur 这一形参。

④ 问题形参:表示问题要求的形参,例如,起点、终点、路径长度等。

⑤ DFS 实参:根据问题形参的值调用 DFS 的有关参数,例如,起点、终点、路径长度等,要求必须有起点序号,这一参数将传递给"①搜索形参"中的 cur 这一形参。

另外,算法中还有两处需要根据具体问题有所调整。

(1) break 语句。

如果只寻找满足指定条件的一条路径,则该语句是必需的。如果要寻找满足指定条件的所有路径,则必须删除该语句。

(2) 回溯时清除顶点的访问标志。

对于某些具体问题,例如,寻找从 v 到 u 的一条路径,则在从某顶点回溯前可以保留该顶点的访问标志,防止对该顶点的重复访问。

下面给出一些具体问题实例,见表 6.1。

表 6.1　针对一些具体问题如何替换带有①～⑤标记的部分

问　　题	① 搜索形参	② 指定条件	③ 搜索实参	④ 问题形参	⑤ DFS 实参
输出从 v 到 u 的一条简单路径($v \neq u$)	int cur,int u	cur == u	p,u	int v,int u	v,u
输出 v 回到 v 的一条简单回路	int cur,int v	附注 1	p,v	int v	v,v
输出 v 开始的一条长度为 k 的简单路径	int cur,int k	vexCnt == k+1	p,k	int v,int k	v,k
输出从 v 回到 v 的长度为 k 的一条简单回路(无向图要求 $k \geqslant 3$,有向图要求 $k \geqslant 2$)	int cur, int v, int k	附注 2	p,v,k	int v,int k	v,v,k
输出从 v 到 u 的一条长度为 k 的简单路径($v \neq u$)	int cur, int u, int k	vexCnt == k+1 && cur == u	p,u,k	int v,int u,int k	v,u,k
输出从 v 经由 u 到 w 的一条简单路径(v、u、w 互不相同)	int cur, int u, int w	附注 3	p,u,w	int v,int u,int w	v,u,w
输出从 v 经由 u 回到 v 的一条简单回路($v \neq u$)	int cur, int u, int v	附注 4	p,u,v	int v,int u	v,u,v

表 6.1 中有些部分无法用简单的形式来表示,附注如下。

(1) 附注 1。

C 语言形式为 graph-> edges[cur][v] == 1,Java 语言形式为 edges[cur][v] == 1。如果排除 A→B→A 这样的回路,则需增加 vexCnt > 2 条件。

(2) 附注 2。

C 语言形式为 vexCnt == k && graph->edges[cur][v] == 1,Java 语言形式为 vexCnt == k && edges[cur][v] == 1。

（3）附注 3。

cur == w && existsInPath(u)，其中，existsInPath(u)用于判断顶点 u 是否存在于现存路径，这个比较简单，请读者自行编写。

（4）附注 4。

C 语言形式为 graph-> edges[cur][v] == 1 && existsInPath(u)，Java 语言形式为 edges[cur][v] == 1 && existsInPath(u)。

（5）附注 5。

对于问题描述中带有"长度为 k"的问题，算法中的 else 可做如下修改：对于简单路径问题可改为 else if(vexCnt<k+1)，对于简单回路问题可改为 else if(vexCnt<k)。因为当搜索路径的长度已经达到 k 时，继续深入搜索下去只会使路径长度更大，不可能满足指定的条件，所以不必要继续搜索下去，这也起到"剪枝"的作用。当然，如果不进行此项修改也不影响最终结果，但会浪费时间。

例如，输出从顶点 v 回到顶点 v 的一条简单回路的算法如下。

算法 6.6 输出无向图中从顶点 v 回到顶点 v 的一条简单回路，不含 A→B→A 这样的回路（以邻接矩阵为例）。

该算法的 C 语言描述如下。

```
int visited[MAXVN];              //访问标志数组
int path[MAXVN], vexCnt;         //保存路径和路径中的顶点数

//以下函数从顶点 cur 开始寻找满足指定条件的路径,成功则返回1,否则返回0
int DFS(AdjMat * graph, int cur, int v) {
    int found = 0;
    path[vexCnt ++] = cur;       //将当前顶点 v 加入路径
    visited[cur] = 1;
    if(vexCnt > 2 && graph - > edges[cur][v] == 1) {
        printPath();             //输出路径中的顶点序列
        found = 1;
    }
    else {
        for(int p = 0; p < graph - > vexnum; p ++) {
            if(graph - > edges[cur][p] == 1 && !visited[p]
                && DFS(graph, p, v)) {
                found = 1;
                break;
            }
        }
    }
    vexCnt -- ;                  //回溯时需将顶点从路径中删除
    return found;
}

void findPath(AdjMat * graph, int v) {
    for(int i = 0; i < graph - > vexnum; i ++) {
        visited[i] = 0;
    }
    vexCnt = 0;
    DFS(graph, v, v);
    //如果该函数返回值为1则表示找到了满足指定条件的路径
}
```

该算法的 Java 语言描述如下(需定义在 AdjMat 类中)。

```java
private boolean[] visited;              //访问标志数组
private int[] path;                     //保存路径
private int vexCnt;                     //保存路径中的顶点数

//以下方法从顶点 cur 开始寻找满足指定条件的路径,成功则返回 true,否则返回 false
private boolean DFS(int cur, int v) {
    boolean found = false;
    path[vexCnt ++] = cur;              //将当前顶点 v 加入路径
    visited[cur] = true;
    if(vexCnt > 2 && edges[cur][v] == 1) {
        printPath();                    //输出路径中的顶点序列
        found = true;
    }
    else {
        for(int p = 0; p < vexnum; p ++) {
            if(edges[cur][p] == 1 && !visited[p] && DFS(p, v)) {
                found = true;
                break;
            }
        }
    }
    vexCnt -- ;                         //回溯时需将顶点从路径中删除
    return found;
}

public void findPath(int v) {
    visited = new boolean[vexnum];
    path = new int[vexnum];
    vexCnt = 0;
    for(int i = 0; i < vexnum; i ++) {
        visited[i] = false;
    }
    DFS(v, v);
    //如果该函数返回值为 true 则表示找到了满足指定条件的路径
}
```

4. 通过 DFS 遍历寻找满足指定条件的最短路径

利用算法 6.5,能够通过 DFS 遍历寻找满足指定条件的所有简单路径(或简单回路),只要设定一个保存最短路径(或回路)的数据结构 shortestPath(初始路径长度为 0),每当找到满足指定条件的一条路径 path 时,只要 shortestPath 路径长度为 0 或者 path 短于 shortestPath,就用 path 更新 shortestPath,最终遍历结束后 shortestPath 所保存的就是满足指定条件的最短路径。请读者自行编写该算法。

5. 通过 BFS 遍历寻找从一个顶点到其余所有顶点的最短路径

对于边不带权的图,通过 BFS 可以高效率地寻找到从一个顶点 v 到其余所有顶点的最短简单路径,方法如下。

(1)以顶点 v 为根,通过一轮 BFS 构建一棵生成树。

(2)任意指定一个顶点 u,如果 u 在该生成树中,则从生成树中从 v 到 u 的路径即为原图中从 v 到 u 的最短简单路径;否则,从 v 到 u 不存在路径。

如果要寻找从顶点 v 回到 v 的最短简单回路,则在已经获得的以 v 为根的生成树的基础上,对其余顶点进行如下判别。

(1) 对于无向图:如果生成树中第 3 层以及更高层的顶点 u 是 v 的邻接点,则经过从 v 到 u 的最短简单路径再回到 v 即为所求。

(2) 对于有向图:如果 v 是生成树中第 2 层以及更高层的顶点 u 的邻接点,则经过从 v 到 u 的最短简单路径再到 v 即为所求。

算法 6.7 在边不带权的图中寻找从顶点 v 到其余所有顶点的最短简单路径(以邻接矩阵为例)。

方法:以顶点 v 为根,通过一轮 BFS 构建一棵生成树,并以树的双亲表示法存储该生成树,在通过某个顶点 u 访问该顶点的未被访问过的邻接点 p 时,将 u 设为 p 的双亲。生成树构建完毕后,从任意一个顶点 u 开始,到 u 的双亲 p,再到 p 的双亲,……,以此类推,直到顶点 v,该顶点序列的逆序列即为顶点 v 到 u 的最短简单路径。

该算法的 C 语言描述如下。

```c
int visited[MAXVN];                  //访问标志数组
int parent[MAXVN];                   //保存所有顶点在生成树中的双亲顶点序号

//从顶点 v 开始进行一轮广度优先搜索
void BFS(AdjMat * graph, int v) {
    Queue queue;
    initQueue(&queue);
    enQueue(&queue, v);
    visited[v] = 1;
    while(!isEmpty(&queue)) {
        int u = deQueue(&queue);    //顶点 u 出队
        //对 u 的每一个可能的邻接点进行处理
        for(int p = 0; p < graph->vexnum; p ++)
            //如果 p 是 u 的邻接点并且未被访问过
            if(graph->edges[u][p] == 1 && !visited[p]) {
                enQueue(&queue, p);
                visited[p] = 1;
                parent[p] = u;      //设 p 的双亲为 u
            }
    }
}

void outputPath(AdjMat * graph, int u) {
    if(u != -1) {
        outputPath(graph, parent[u]);
        //输出顶点 u 的数据,需根据实际类型具体实现
        output(graph->vertices[u]);
    }
}

//寻找从 v 到其余所有顶点的最短路径
void shortestPath(AdjMat * graph, int v) {
    for(int i = 0; i < graph->vexnum; i ++) {
        visited[i] = 0;
        parent[i] = -1;
    }
    BFS(graph, v);
    for(i = 0; i < graph->vexnum; i ++) {
        if(i != v) {
```

```
                outputPath(graph, i);
            }
        }
    }
```

该算法的 Java 语言描述如下(需定义在 AdjMat 类中)。

```
private boolean[] visited;             //访问标志数组
private int[] parent;                  //保存所有顶点在生成树中的双亲顶点序号

//从顶点 v 开始进行一轮广度优先搜索
private void BFS(int v) {
    Queue queue = new Queue();
    queue.enQueue(v);
    visited[v] = true;
    while(!queue.isEmpty()) {
        int u = queue.deQueue();       //顶点 u 出队
        //对 u 的每一个可能的邻接点进行处理
        for(int p = 0; p < vexnum; p ++) {
            //如果 p 是 u 的邻接点并且未被访问过
            if(edges[u][p] == 1 && !visited[p]) {
                queue.enQueue(p);
                visited[p] = true;
                parent[p] = u;         //设 p 的双亲为 u
            }
        }
    }
}

private void outputPath(int u) {
    if(u != -1) {
        outputPath(parent[u]);
        //输出顶点 u 的数据,需根据实际类型具体实现
        output(vertices[u]);
    }
}

//寻找从 v 到其余所有顶点的最短路径
public void shortestPath(int v) {
    visited = new boolean[vexnum];
    parent = new int[vexnum];
    for(int i = 0; i < vexnum; i ++) {
        visited[i] = false;
        parent[i] = -1;
    }
    BFS(v);
    for(int i = 0; i < vexnum; i ++) {
        if(i != v) {
            outputPath(i);
        }
    }
}
```

6. 路径搜索应用举例

通过 DFS 或 BFS 可以搜索从一个顶点到另外一个顶点的路径,很多实际问题可以看作图的路径搜索问题。

以下问题的算法只给出了 C 语言描述,只需将数组的定义方式按 Java 语言要求的格式

简单修改一下即是 Java 语言描述。

（1）八皇后问题。

八皇后问题就是在 8×8 的国际象棋棋盘上摆放 8 个皇后，使其不能互相攻击，即同一行、同一列或者同一斜线上不能有两个皇后，问有哪些摆放方法。

可以将此问题转换为图的问题。

① 图中共有 8 个顶点，表示在一行中的一个皇后摆放在哪一列，顶点元素取值为 0~7 且互不相同。

② 8 个顶点构成一个无向完全图，即任意两个顶点之间都有边存在，任意两个顶点都互为邻接点。

③ 八皇后问题就是从每一个顶点为起点，搜索所有长度为 7 包含 8 个顶点的简单路径（路径中的 8 个顶点合在一起表示一种摆放方案），该路径需满足如下条件。

设路径中的顶点依次为 $v[0]$、$v[1]$、…、$v[7]$，则对于任意的 $i=1,2,\cdots,7$ 和 $j=0,1,\cdots,i-1$，$|v[j]-v[i]|\neq i-j$，即任意两个皇后不能在同一斜线上。

注：由于每一个顶点对应棋盘的一行，且任意两个顶点元素互不相同，任意两个皇后不能在同一行或同一列的条件已经满足，无须额外考虑。

算法 6.8　八皇后问题。

```c
//以下算法用 C 语言描述，经过简单修改即可变为 Java 语言描述形式
int visited[8] = {0};                    //访问标志数组,初值均为 0
int layout[8];                           //layout[i]的值表示第 i 行的皇后摆在第几列
int cnt = 0;                             //摆放方案总数
void layQueen(int r) {                    //摆放第 r 行的皇后
    if(r == 8) {                          //获得了一种摆放方案
        cnt ++;
        output(layout);                   //输出一种摆放方案,请自行实现
        return;
    }
    for(int i = 0; i < 8; i ++) {        //对每一列进行试探
        if(!visited[i]) {
            for(int j = 0; j < r; j ++) {   //测试与之前的皇后是否在同一斜线
                if(r - j == i - layout[j] || j - r == i - layout[j]) break;
            }
            //如果与之前的任一皇后都不在同一斜线,
            //则第 r 行的皇后摆在第 i 列,然后继续摆放第 r+1 行的皇后
            if(j == r) {
                layout[r] = i;
                visited[i] = 1;
                layQueen(r + 1);
                visited[i] = 0;
            }
        }
    }
}
```

要获得全部摆放方案，只需调用 layQueen(0)即可，从该函数返回后 cnt 值即为摆放方案总数。

（2）排列问题。

这里的排列问题是指在 n 个互不相同的元素中任选 k 个，将所有排列输出。例如，在

ABC 三个字符中任选两个的排列有 AB、BA、AC、CA、BC 和 CB 共 6 个。

无论 n 个互不相同的元素是什么，都可以将原问题转换为在 0、1、$\cdots$、$n-1$ 中任选 k 个的排列问题。将 n 个元素看作 n 个顶点，构成一个无向完全图，则排列问题等价于：以每一个顶点为起点，搜索所有长度为 $k-1$ 包含 k 个顶点的简单路径，找到的每一条路径中的顶点元素序列即为一个排列。

算法 6.9　排列问题。

```c
//以下算法用 C 语言描述,经过简单修改即可变为 Java 语言描述形式
int visited[MAXN] = {0};              //访问标志数组,初值均为 0
int list[MAXN];                       //存放排列序列
int cnt = 0;                          //排列总数
void perm(int r, int n, int k) {      //设置第 r 个元素,n 个元素任选 k 个
    if(r == k) {                      //获得了一种排列
        cnt ++;
        output(list, k);              //输出一种排列,请自行实现
        return;
    }
    for(int i = 0; i < n; i ++) {     //对每一个元素进行试探
        if(!visited[i]) {
            list[r] = i;
            visited[i] = 1;
            perm(r + 1, n, k);
            visited[i] = 0;
        }
    }
}
```

要获得全部排列，只需调用 $\mathrm{perm}(0, n, k)$ 即可，从该函数返回后 cnt 值即为排列总数。

（3）组合问题。

这里的组合问题是指在 n 个互不相同的元素中任选 k 个，将所有组合输出出来。例如，在 ABC 三个字符中任选两个的组合有 AB、AC 和 BC 共 3 个。

将 n 个元素（0，1，$\cdots$，$n-1$）看作 n 个顶点，构成一个有向图，对于任意的 u 和 v，如果 $u < v$，则 u 到 v 有一条弧，u 为弧尾，v 为弧头。则组合问题等价于：以每一个顶点为起点，搜索所有长度为 $k-1$ 包含 k 个顶点的简单路径，找到的每一条路径中的顶点元素序列即为一个排列。

该有向图有一个特殊的地方，它是有向无环图，在遍历过程中访问过的顶点不可能再次被访问，因此可以省略 visited 数组。

算法 6.10　排列问题。

```c
//以下算法用 C 语言描述,经过简单修改即可变为 Java 语言描述形式
int list[MAXN];                       //存放组合序列
int cnt = 0;                          //组合总数
void comb(int r, int n, int k) {      //设置第 r 个元素,n 个元素任选 k 个
    if(r == k) {                      //获得了一种组合
        cnt ++;
        output(list, k);              //输出一种组合,请自行实现
        return;
    }
    int start = (r == 0 ? 0 : list[r - 1] + 1);
    for(int i = start; i < n; i ++) { //对大于 list[r-1]的每一个元素进行试探
        list[r] = i;
```

```
        comb(r + 1, n, k);
    }
}
```

要获得全部组合,只需调用 comb(0,n,k)即可,从该函数返回后 cnt 值即为组合总数。

6.4.2 生成树

1. DFS 生成树(生成森林)

对图进行 DFS 遍历,可以获得一棵 DFS 生成树(或生成森林)。

算法 6.11 **构造图的 DFS 生成树(或生成森林),其中,图的存储结构为邻接矩阵,树(或森林)的存储结构为孩子兄弟表示法。**

该算法的 C 语言描述如下。

```c
int visited[MAXVN];

//创建以 v 为根的生成树
ForrestNode * spanningTree(AdjMat * graph, int v) {
    ForrestNode * root = (ForrestNode * )malloc(sizeof(ForrestNode));
    root -> data = graph -> vertices[v];
    root -> firstChild = root -> nextSibling = NULL;
    visited[v] = 1;
    ForrestNode * preSibling = NULL;
    for(int p = 0; p < graph -> vexnum; p ++) {
        if(graph -> edges[v][p] == 1 && !visited[p]) {
            ForrestNode * child = spanningTree(graph, p);
            if(preSibling == NULL) {
                root -> firstChild = child;
            }
            else {
                preSibling -> nextSibling = child;
            }
            preSibling = child;
        }
    }
    return root;
}

//创建图的生成树或生成森林
ForrestNode * spanningForest(AdjMat * graph) {
    for(int i = 0; i < graph -> vexnum; i ++) {
        visited[i] = 0;
    }
    ForrestNode * forestRoot = NULL, * preRoot = NULL;
    for(i = 0; i < graph -> vexnum; i ++) {
        if(!visited[i]) {
            ForrestNode * treeRoot = spanningTree(graph, i);
            if(forestRoot == NULL) {
                forestRoot = treeRoot;
            }
            else {
                preRoot -> nextSibling = treeRoot;
            }
            preRoot = treeRoot;
        }
```

```
    }
    return forestRoot;
}
```

该算法的 Java 语言描述如下(需定义在 AdjMat 类中)。

```
private boolean[] visited;

//创建以 v 为根的生成树
private ForrestNode spanningTree(int v) {
    ForrestNode root = new ForrestNode();
    root.setData(vertices[v]);
    visited[v] = true;
    ForrestNode preSibling = null;
    for(int p = 0; p < vexnum; p ++) {
        if(edges[v][p] == 1 && !visited[p]) {
            ForrestNode child = spanningTree(p);
            if(preSibling == null) {
                root.setFirstChild(child);
            }
            else {
                preSibling.setNextSibling(child);
            }
            preSibling = child;
        }
    }
    return root;
}

//创建图的生成树或生成森林
public ForrestNode spanningForest() {
    visited = new boolean[vexnum];
    for(int i = 0; i < vexnum; i ++) {
        visited[i] = false;
    }
    ForrestNode forestRoot = null, preRoot = NULL;
    for(int i = 0; i < vexnum; i ++) {
        if(!visited[i]) {
            ForrestNode treeRoot = spanningTree(i);
            if(forestRoot == null) {
                forestRoot = treeRoot;
            }
            else {
                preRoot.setNextSibling(treeRoot);
            }
            preRoot = treeRoot;
        }
    }
    return forestRoot;
}
```

2. BFS 生成树(生成森林)

对图进行 BFS 遍历,可以获得一棵 BFS 生成树(或生成森林)。

算法 6.12 构造图的 BFS 生成树(或生成森林),其中,图的存储结构为邻接矩阵,树(或森林)的存储结构为孩子兄弟表示法。

该算法的 C 语言描述如下。

```
int visited[MAXVN];

//构建以 v 为根的生成树
ForrestNode * spanningTree(AdjMat * graph, int v) {
    Queue queue;
    initQueue(&queue);
    ForrestNode * root = (ForrestNode * )malloc(sizeof(ForrestNode));
    root->data = graph->vertices[v];
    root->firstChild = root->nextSibling = NULL;
    enQueue(&queue, v, root);          //顶点序号及森林中对应的结点指针入队
    visited[v] = 1;
    while(!isEmpty(&queue)) {
        int u;
        ForrestNode * parentPtr;
        //出队一个顶点序号及森林中对应结点的指针
        deQueue(&queue, &u, &parentPtr);
        ForrestNode * preSibling = NULL;
        for(int p = 0; p < graph->vexnum; p ++) {
            if(graph->edges[u][p] == 1 && !visited[p]) {
                ForrestNode * nodePtr = (ForrestNode * )malloc(sizeof(ForrestNode));
                nodePtr->data = graph->vertices[p];
                nodePtr->firstChild = nodePtr->nextSibling = NULL;
                if(preSibling == NULL) {
                    parentPtr->firstChild = nodePtr;
                }
                else {
                    preSibling->nextSibling = nodePtr;
                }
                preSibling = nodePtr;
                enQueue(&queue, p, nodePtr);
                visited[p] = 1;
            }
        }
    }
    return root;
}

//构造图的 BFS 生成树或生成森林
ForrestNode * spanningForest(AdjMat * graph) {
    for(int i = 0; i < graph->vexnum; i ++) {
        visited[i] = 0;
    }
    ForrestNode * forestRoot = NULL, * preRoot;
    for(i = 0; i < graph->vexnum; i ++) {
        if(!visited[i]) {
            ForrestNode * treeRoot = spanningTree(graph, i);
            if(forestRoot == NULL) {
                forestRoot = treeRoot;
            }
            else {
                preRoot->nextSibling = treeRoot;
            }
            preRoot = treeRoot;
        }
    }
    return forestRoot;
}
```

该算法的 Java 语言描述如下(需定义在 AdjMat 类中)。

```java
private boolean[] visited;

//构建以 v 为根的生成树
private ForrestNode spanningTree(int v) {
    Queue queue = new Queue();
    ForrestNode root = new ForrestNode();
    root.setData(vertices[v]);
    queue.enQueue(v, root);                    //顶点序号及森林中对应的结点入队
    visited[v] = true;
    while(!queue.isEmpty()) {
        int u = queue.getTopVexNumber();       //获得队头顶点的序号
        //获得队头顶点在生成森林中的对应结点
        ForrestNode parent = queue.getTopVexNode();
        //出队一个顶点
        queue.deQueue();
        ForrestNode preSibling = null;
        for(int p = 0; p < vexnum; p ++) {
            if(edges[u][p] == 1 && !visited[p]) {
                ForrestNode node = new ForrestNode();
                node.setData(vertices[p]);
                if(preSibling == null) {
                    parent.setFirstChild(node);
                }
                else {
                    preSibling.setNextSibling(node);
                }
                preSibling = node;
                queue.enQueue(p, node);
                visited[p] = true;
            }
        }
    }
    return root;
}

//构造图的 BFS 生成树或生成森林
public ForrestNode spanningForest() {
    visited = new boolean[vexnum];
    for(int i = 0; i < vexnum; i ++) {
        visited[i] = false;
    }
    ForrestNode forestRoot = null, preRoot = null;
    for(int i = 0; i < vexnum; i ++) {
        if(!visited[i]) {
            ForrestNode treeRoot = spanningTree(i);
            if(forestRoot == null) {
                forestRoot = treeRoot;
            }
            else {
                preRoot.setNextSibling(treeRoot);
            }
            preRoot = treeRoot;
```

```
        }
    }
    return forestRoot;
}
```

6.4.3 可达分量与连通分量

1. 无向图中顶点的可达分量与连通分量

在无向图中,每进行一轮 DFS 或 BFS,均可获得一棵生成树和一个连通分量的顶点集,无向图的生成树的个数等于连通分量个数,每一个连通分量中的任意一个顶点的可达分量等于该连通分量的顶点集。

如果要获得无向图中一个顶点 v 的可达分量,只需要利用前面讲过的 DFS 或 BFS 算法,以顶点 v 为起点执行一轮 DFS 或 BFS,能够访问到的顶点集合即为顶点 v 的可达分量,在此不再赘述。如果无向图中任意一个顶点的可达分量等于无向图的顶点全集,则该无向图为连通图,否则为非连通图。

如果要获得无向图的连通分量个数及每个连通分量的顶点集,则可按如下步骤执行。

(1) 设 V 是顶点全集。

(2) 从 V 中任意一个顶点 v 开始一轮 DFS 或 BFS,能够访问到的顶点集合 $S(v$ 的可达分量)即为一个连通分量顶点集。

(3) $V=V-S$。

(4) 重复执行(2)(3)两步,直至 V 为空集。

上述问题涉及集合的差集运算($V=V-S$),还涉及多个连通分量顶点集,用一维数组 vexset 来表示连通分量顶点集合,同时兼作访问标志数组,但数组元素值并不表示集合元素的值,而是隶属关系,vexset 元素值含义如下。

(1) $vexset[i] = 0$:i 号顶点未被访问过。

(2) $vexset[i] = s(s=1、2、3、\cdots)$:$i$ 号顶点属于第 s 个连通分量顶点集。

算法 6.13 获得一个无向图的连通分量个数及各个连通分量顶点集(以邻接矩阵为例)。该算法的 C 语言描述如下。

```
int vexset[MAXVN];                      //集合及访问标志数组

//DFS,v 是起点,num 是连通分量序号
void DFS(AdjMat * graph, int v, int num) {
    vexset[v] = num;                    //将 v 加入 num 号连通分量
    for(int p = 0; p < graph -> vexnum; p ++) {
        if(graph -> edges[v][p] == 1 && vexset[p] == 0) {
            DFS(graph, p, num);
        }
    }
}

//确定连通分量顶点集,返回连通分量个数
//返回后如果 vexset[i]值为 s(s > 0),则说明 i 号顶点隶属于第 s 个连通分量
int connectedSets(AdjMat * graph) {
    int num = 0;
    for(int i = 0; i < graph -> vexnum; i ++) {
        vexset[i] = 0;
```

```
        }
        for(i = 0; i < graph -> vexnum; i ++) {
            if(vexset[i] == 0) {
                DFS(graph, i, ++num);
            }
        }
        return num;
    }
```

该算法的 Java 语言描述如下(需定义在 AdjMat 中)。

```
private int[] vexset;                        //集合及访问标志数组

//DFS,v 是起点,num 是连通分量序号
private void DFS(int v, int num) {
    vexset[v] = num;                         //将 v 加入 num 号连通分量
    for(int p = 0; p < vexnum; p ++) {
        if(edges[v][p] == 1 && vexset[p] == 0) {
            DFS(p, num);
        }
    }
}


//确定连通分量顶点集,返回连通分量个数
//返回后如果 vexset[i] 值为 s(s > 0),则说明 i 号顶点隶属于第 s 个连通分量
public int connectedSets() {
    vexset = new int[vexnum];
    int num = 0;
    for(int i = 0; i < vexnum; i ++) {
        vexset[i] = 0;
    }
    for(int i = 0; i < vexnum; i ++) {
        if(vexset[i] == 0) {
            DFS(i, ++num);
        }
    }
    return num;
}
```

2. 有向图中顶点的可达分量与强连通分量

在有向图中,从某个顶点 v 开始进行一轮 DFS 或 BFS,均可获得一棵以 v 为根的生成树,能够访问到的所有顶点构成 v 的可达分量,但不能获得一个强连通分量的顶点集。

对于强连通图,任意一个顶点到另外一个顶点都有路径存在,则每一个顶点的可达分量都是该图的顶点全集。

对于非强连通图,如果存在某个顶点 v 的可达分量等于该图的顶点全集,则该图被称为有根的有向图,v 被称为该有向图的根。注意,一个有向图的根可能是不唯一的,可能存在多个根。判断一个有向图是否有根,只需要从每一个顶点开始进行一轮 DFS 或 BFS,判断该顶点的可达分量是否等于顶点全集即可。

对于无向图,从某个顶点开始进行一轮 DFS 或 BFS 就可以获得一个连通分量的顶点集,那么,有向图的强连通分量又该如何获得呢? 看如图 6.21 所示的有向图及其强连通分量。

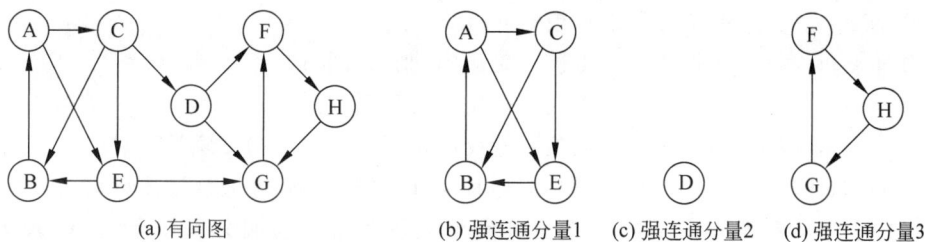

(a) 有向图　　　　　　　(b) 强连通分量1　(c) 强连通分量2　(d) 强连通分量3

图 6.21　强连通分量示例

在该图中,各个顶点的可达分量如下。

(1) A、B、C、E 的可达分量都是{A,B,C,D,E,F,G,H},等于顶点全集,因此 A、B、C、E 都是该有向图的一个根。

(2) D 的可达分量是{D,F,G,H}。

(3) F、G、H 的可达分量都是{F,G,H}。

从有向图的某个顶点开始进行一轮的反向 DFS 或反向 BFS(沿着弧的反方向进行搜索,即从弧头走向弧尾),能够访问到的顶点集合就是该顶点的逆可达分量,在如图 6.21 所示的有向图中,各个顶点的逆可达分量如下。

(1) A、B、C、E 的逆可达分量都是{A,B,C,E}。

(2) D 的逆可达分量是{A,B,C,D,E}。

(3) F、G、H 的逆可达分量都是{A,B,C,D,E,F,G,H}。

可以看出:

(1) A 的可达分量与逆可达分量的交集即为一个强连通分量的顶点集{A,B,C,E}。

(2) D 的可达分量与逆可达分量的交集即为一个强连通分量的顶点集{D}。

(3) F 的可达分量与逆可达分量的交集即为一个强连通分量的顶点集{F,G,H}。

在有向图中,包含某个顶点 v 的强连通分量顶点集=v 的可达分量 $\bigcap$ v 的逆可达分量。那么,获得一个有向图的全部强连通分量顶点集的方法如下。

```
V = 顶点全集;
while( V 非空 ) {
    任选 u∈V;
    C = u 的可达分量;
    R = u 的逆可达分量;
    S = C∩ R;
    输出一个强连通分量顶点集 S;
    V = V - S;
}
```

实际上,一个有向图如果存在多个强连通分量,则任意两个强连通分量顶点集的交集必然为空集,所以,在求解包含一个顶点 u 的强连通分量顶点集时,不必完全求出 u 的可达分量和逆可达分量,只需要求出 u 在 V 中的可达分量和逆可达分量的交集即可,其中,V 只包含除了已求得的强连通分量顶点集以外的剩余顶点。

上述方法涉及集合差集和交集运算,还涉及多个强连通分量顶点集,用一维数组 vexset 来表示强连通分量顶点集合,同时兼作访问标志数组,但数组元素值并不表示集合元素的值,而是隶属关系,vexset 元素值含义如下。

(1) vexset$[i]$ = 0：i 号顶点未被访问过。

(2) vexset$[i]$ = -1：i 号顶点被一轮正向搜索访问过。

(3) vexset$[i]$ = -2：i 号顶点被一轮反向搜索访问过。

(4) vexset$[i]$ = -3：i 号顶点被一轮反向搜索及一轮反向搜索访问过。

(5) vexset$[i]$ = $s(s = 1,2,\cdots)$：i 号顶点属于第 s 个强连通分量顶点集。

算法 6.14 **获得有向图的强连通分量个数及各个强连通分量顶点集（以邻接矩阵为例）。**

该算法的 C 语言描述如下。

```c
int vexset[MAXVN];                        //集合及访问标志数组

//正向 DFS,v 是起点
void DFS(AdjMat * graph, int v) {
    vexset[v] -- ;
    //循环对 v 的每一个可能的邻接点进行处理
    for(int p = 0; p < graph -> vexnum; p ++) {
        if(graph -> edges[v][p] == 1
            && (vexset[p] == 0 || vexset[p] == -2)) {
            DFS(graph, p);
        }
    }
}

//反向 DFS,v 是起点
void reverseDFS(AdjMat * graph, int v) {
    vexset[v] -= 2;
    //循环对 v 的每一个可能的逆邻接点进行处理
    for(int p = 0; p < graph -> vexnum; p ++) {
        if(graph -> edges[p][v] == 1
            && (vexset[p] == 0 || vexset[p] == -1)) {
            reverseDFS(graph, p);
        }
    }
}

//确定强连通分量顶点集,返回强连通分量个数
//返回后如果 vexset[i]值为 s(s > 0),则说明 i 号顶点隶属于第 s 个强连通分量
int stronglyConnectedSets(AdjMat * graph) {
    int num = 0;
    for(int i = 0; i < graph -> vexnum; i ++) {
        vexset[i] = 0;
    }
    for(i = 0; i < graph -> vexnum; i ++) {
        if(vexset[i] == 0) {
            DFS(graph, i);
            reverseDFS(graph, i);
            num ++;
            for(int j = 0; j < graph -> vexnum; j ++) {
                if(vexset[j] == -1 || vexset[j] == -2) {
                    vexset[j] = 0;
                }
                else if(vexset[j] == -3) {
                    vexset[j] = num;
                }
```

```
        }
      }
    }
    return num;
}
```

该算法的 Java 语言描述如下(需定义在 AdjMat 类中)。

```java
private int[] vexset;                        //集合及访问标志数组

//正向 DFS,v 是起点
private void DFS(int v) {
    vexset[v] -- ;
    //循环对 v 的每一个可能的邻接点进行处理
    for(int p = 0; p < vexnum; p ++) {
        if(edges[v][p] == 1
            && (vexset[p] == 0 || vexset[p] == - 2)) {
            DFS(p);
        }
    }
}


//反向 DFS,v 是起点
private void reverseDFS(int v) {
    vexset[v] -= 2;
    //循环对 v 的每一个可能的逆邻接点进行处理
    for(int p = 0; p < vexnum; p ++) {
        if(edges[p][v] == 1
            && (vexset[p] == 0 || vexset[p] == - 1)) {
            reverseDFS(p);
        }
    }
}

//确定强连通分量顶点集,返回强连通分量个数
//返回后如果 vexset[i]值为 s(s > 0),则说明 i 号顶点隶属于第 s 个强连通分量
public int stronglyConnectedSets() {
    vexset = new int[vexnum];
    int num = 0;
    for(int i = 0; i < vexnum; i ++) {
        vexset[i] = 0;
    }
    for(int i = 0; i < vexnum; i ++) {
        if(vexset[i] == 0) {
            DFS(i);
            reverseDFS(i);
            num ++;
            for(int j = 0; j < vexnum; j ++) {
                if(vexset[j] == - 1 || vexset[j] == - 2) {
                    vexset[j] = 0;
                }
                else if(vexset[j] == - 3) {
                    vexset[j] = num;
                }
            }
        }
    }
```

```
        return num;
    }
```

6.4.4　最小生成树

先考虑一个现实问题：假设要在 n 个城市之间铺设通信光缆，要求能够直接或间接连通任意两个城市，如何进行铺设才能使成本降到最低？可以把每个城市抽象为一个顶点，把两个城市之间的通信光缆抽象为一条边，边的权值表示通信光缆的铺设成本，铺设总成本是图中所有边的权值之和，进而把该问题抽象为求解无向连通网的一棵边的权值之和最小的生成树。

对于一个无向连通网，可以构造出该网的所有不同形态的生成树，其中，边的权值之和最小的生成树被称为该无向连通网的**最小生成树**（minimum spanning tree）。一个无向连通网的最小生成树必然存在，但不一定唯一。

例如，对于如图 6.22(a) 所示的无向连通网，其所有可能的生成树如图 6.22(b)～图 6.22(i) 所示，其中，如图 6.22(b)～图 6.22(d) 所示的生成树均为最小生成树。

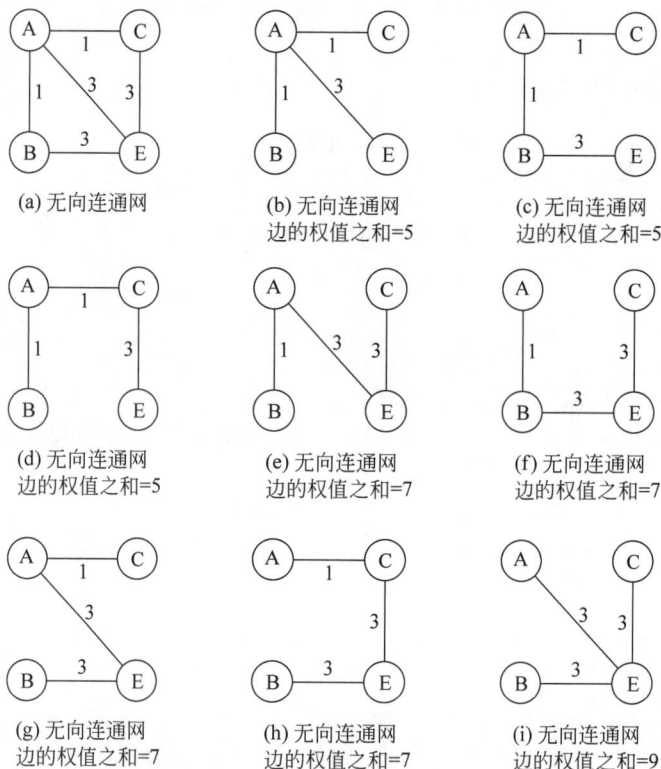

图 6.22　无向连通网及其生成树示例

一个无向连通图的生成树是该图的最小连通子图，包含该图中的所有顶点以及足以构成一棵树的最少的边，生成树中所有顶点之间都是互相连通的。构造一个具有 n 个顶点的无向连通网的最小生成树的过程就是在孤立的 n 个顶点的基础上，在原有的边中选择 $n-1$ 条边，使 n 个顶点互相连通，并且边的权值之和最小。

1. 普里姆(Prim)算法

普里姆算法是构造最小生成树的一个经典算法。下面以历史上的统一战争为例来理解普里姆算法的基本思想。

战国末期,群雄并立,秦国采取"远交近攻、逐个击破、逐步扩张"的策略,先是攻打最近的韩国,将韩国国土纳入秦国版图,再攻打离新版图最近的赵国,将赵国国土也纳入秦国版图,……,最后攻占齐国,完成统一大业。

采取与秦国统一六国类似的策略,可以得出利用普里姆算法构造最小生成树的基本方法。

设无向网为(V,E),其中,V为顶点集,E为边集,则从一个顶点v开始构造最小生成树,步骤如下。

(1) 令$S=\{v\}$,$T=\{\}$,(S,T)是包含v且具有一个顶点的最小生成子树。

(2) 找出S和$V-S$之间的最小边$<u,w>$,其中,$u\in S$,$w\in V-S$,令$S=S\cup\{w\}$,$T=T\cup\{<u,w>\}$,即将该最小边以及对应的顶点w并入最小生成子树,形成更大规模的最小生成子树。

(3) 循环执行步骤(2),直到$S==V$(S包含所有顶点),得到最小生成树。

上述步骤执行结束后,(S,T)即为原无向网(V,E)的最小生成树,如果最终也达不到$S==V$,则说明原无向网(V,E)不是连通的。

可以用数学归纳法证明上述算法步骤的正确性,在此不赘述,请读者自行思考。

下面采用普里姆算法人工构造如图6.23所示的无向连通网的最小生成树。

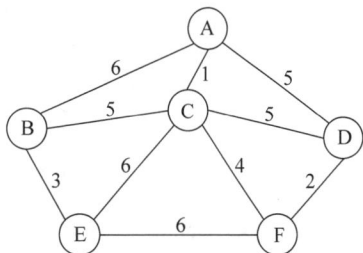

图6.23 无向连通网示例

从顶点A开始构造最小生成树,其构造过程如图6.24所示,其中,虚线框部分为每一步之后得到包含A的最小生成子树,每一步都是在虚线框内的顶点和虚线框外的顶点间选择一条最小边(粗虚线表示候选边,粗实线表示在前一步的候选边中选出的最小边),将对应顶点和边并入最小生成子树,逐步扩大包含顶点A的最小生成子树的规模,直至形成包含所有顶点的最小生成树。注意:每个候选边都是最小生成子树之外的某个顶点和最小生成子树顶点之间的最小边,每次选出的最小边是这些候选边中的最小边。

最终,获得的最小生成树如图6.25所示。

为了从u号顶点v_u开始构造最小生成树,定义一个一维数组minEdges,每个元素包含两个域:adjvex和lowcost。其中,minEdges$[i]$.lowcost保存v_i和包含v_u的最小生成子树之间最小边的权值,该最小边的另一个顶点序号为minEdges$[i]$.adjvex,如果v_i已经在包含v_u的最小生成子树中,则minEdges$[i]$.lowcost$=0$,如果v_i和包含v_u的最小生成子树之间没有边,则minEdges$[i]$.lowcost$=\infty$。

初始状态:

(1) minEdges$[u]$.adjvex无意义,minEdges$[u]$.lowcost$=0$(表示v_u已在包含v_u的最小生成子树中)。

(2) 当$i\neq u$时,minEdges$[i]$.adjvex$=u$,minEdges$[i]$.lowcost$=<v_i,v_u>$的权值,

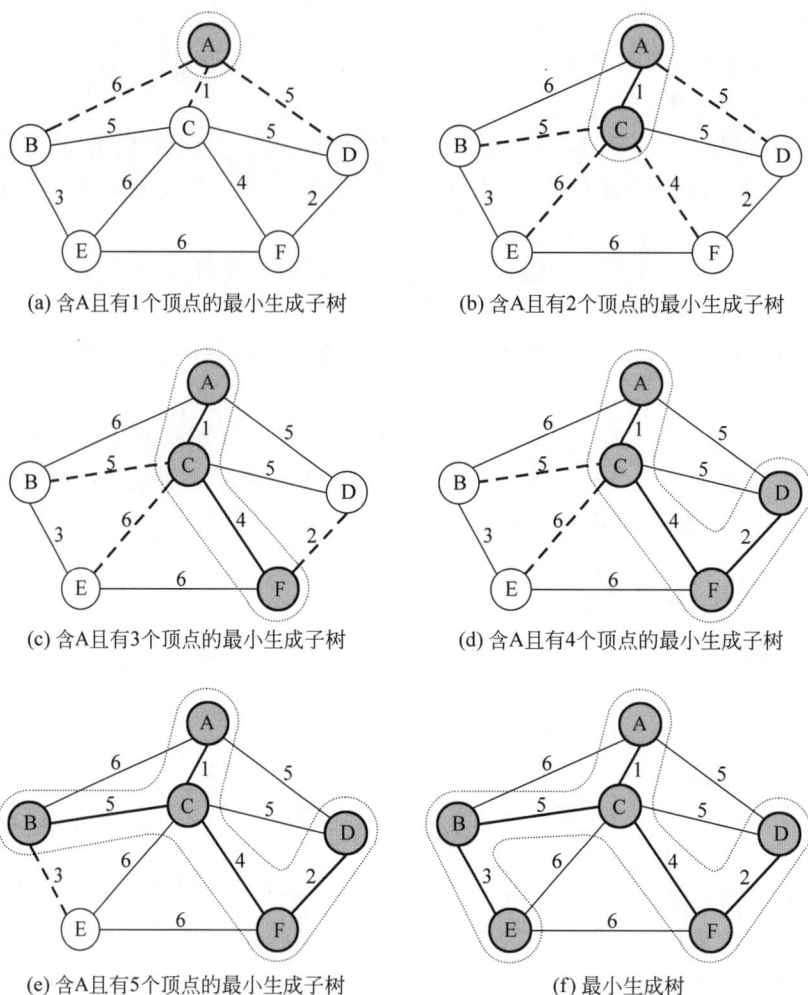

(a) 含A且有1个顶点的最小生成子树　　　　(b) 含A且有2个顶点的最小生成子树

(c) 含A且有3个顶点的最小生成子树　　　　(d) 含A且有4个顶点的最小生成子树

(e) 含A且有5个顶点的最小生成子树　　　　(f) 最小生成树

图 6.24　普里姆算法示例

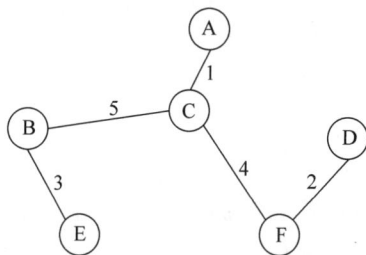

图 6.25　最小生成树示例

为下一步处理准备候选边及其权值。

每一步的处理(共 $n-1$ 步):

(1) 在 minEdges$[0 .. n-1]$ 中选出 lowcost 不等于 0 且最小的元素 minEdges$[k]$,即在候选边中选出最小边。

(2) 输出该边相关联的顶点序号 k 和 minEdges$[k]$. adjvex,令 minEdges$[k]$. lowcost$=0$,即将 v_k 并入包含 v_u 的最小生成子树顶点集。

（3）对于任意的 $i(0 \leqslant i \leqslant n-1)$，如果边$< v_k, v_i >$的权值小于 $minEdges[i].lowcost$，则更新 $minEdges[i].lowcost = < v_k, v_i >$的权值，即为下一步处理更新候选边及其权值。

算法 6.15　普里姆算法（以邻接矩阵为例）。

该算法的 C 语言描述如下。

```c
typedef struct {
    int adjvex;                    //最小生成子树中的顶点序号
    int lowcost;                   //最小边的权值(边的两个顶点分别在最小生成子树内外)
} Edge;

//选最小边
int minCost(Edge minEdges[], int vexnum) {
    for(int idx = 0; idx < vexnum; idx ++) {
        if(minEdges[idx].lowcost != 0) break;
    }
    for(int i = idx + 1; i < vexnum; i ++) {
        if(minEdges[i].lowcost != 0
            && minEdges[i].lowcost < minEdges[idx].lowcost) {
            idx = i;
        }
    }
    return idx;
}

//以 v 为初始顶点构造最小生成树
void minSpanningTree(AdjMat * graph, int v) {
    Edge minEdges[MAXVN];
    minEdges[v].lowcost = 0;     //将 v 加入最小生成子树
    //为下一步处理准备候选边及其权值
    for(int i = 0; i < graph->vexnum; i ++) {
        if(i != v) {
            minEdges[i].adjvex = v;
            minEdges[i].lowcost = graph->edges[v][i];
        }
    }
    //循环 n-1 次,每次在最小生成子树中新增一个顶点
    for(i = 1; i < graph->vexnum; i ++) {
        int k = minCost(minEdges, graph->vexnum);          //选出最小边
        printf("<%d,%d>\n", minEdges[k].adjvex, k);        //输出最小边信息
        minEdges[k].lowcost = 0;                           //将 k 并入最小生成子树
        //更新候选边及其权值
        for(int j = 0; j < graph->vexnum; j ++) {
            if(graph->edges[k][j] < minEdges[j].lowcost) {
                minEdges[j].adjvex = k;
                minEdges[j].lowcost = graph->edges[k][j];
            }
        }
    }
}
```

该算法的 Java 语言描述如下。

```java
public class Edge {
    public int adjvex;             //最小生成子树中的顶点序号
```

```
        public int lowcost;            //最小边的权值(边的两个顶点分别在最小生成子树内外)
        public Edge(int adj, int cost) {
            adjvex = adj;
            lowcost = cost;
        }
    }
```

以下部分需定义在 AdjMat 类中。

```
//选最小边
private int minCost(Edge[] minEdges, int vexnum) {
    int idx;
    for(idx = 0; idx < vexnum; idx ++) {
        if(minEdges[idx].lowcost != 0) break;
    }
    for(int i = idx + 1; i < vexnum; i ++) {
        if(minEdges[i].lowcost != 0
            && minEdges[i].lowcost < minEdges[idx].lowcost) {
            idx = i;
        }
    }
    return idx;
}


//以 v 为初始顶点构造最小生成树
public void minSpanningTree(int v) {
    Edge[] minEdges = new Edge[vexnum];
    minEdges[v] = new Edge(v, 0);                   //将 v 加入最小生成子树
    //为下一步处理准备候选边及其权值
    for(int i = 0; i < vexnum; i ++) {
        if(i != v) {
            minEdges[i] = new Edge(v, edges[v][i]);
        }
    }
    //循环 n-1 次,每次在最小生成子树中新增一个顶点
    for(int i = 1; i < vexnum; i ++) {
        int k = minCost(minEdges, vexnum);          //选出最小边
        //输出最小边信息
        System.out.println("<" + minEdges[k].adjvex + "," + k + ">");
        minEdges[k].lowcost = 0;                     //将 k 并入最小生成子树
        //更新候选边及其权值
        for(int j = 0; j < vexnum; j ++) {
            if(edges[k][j] < minEdges[j].lowcost) {
                minEdges[j].adjvex = k;
                minEdges[j].lowcost = edges[k][j];
            }
        }
    }
}
```

对如图 6.23 所示的无向连通网通过算法 6.15 构造其最小生成树,则从顶点 A 开始构造最小生成树的过程如表 6.2 所示。

表 6.2 最小生成树的构造过程

轮次	选出的顶点序号	输出	closedge	A(0)	B(1)	C(2)	D(3)	E(4)	F(5)
初始			adjvex		0	0	0	0	0
			lowcost		6	1	5	∞	∞
1	2	A--C	adjvex		2		0	2	2
			lowcost		5		5	6	4
2	5	C--F	adjvex		2		5	2	
			lowcost		5		2	6	
3	3	F--D	adjvex		2			2	
			lowcost		5			6	
4	1	C--B	adjvex					1	
			lowcost					3	
5	4	B--E	adjvex						
			lowcost						

设无向连通图有 n 个顶点和 e 条边,则基于邻接矩阵的普里姆算法初始化准备部分的时间复杂度为 $O(n)$,之后的构造过程需要循环 $n-1$ 次,每次的循环体的时间复杂度也是 $O(n)$,和边数无关,因此算法的时间复杂度为 $O(n^2)$,更适合于稠密图。如果采用邻接表或十字链表,则时间复杂度为 $O(n+e)$。由于需要辅助的 minEdges 数组,因此上述普里姆算法的空间复杂度为 $O(n)$。

2. 克鲁斯卡尔(Kruskal)算法

普里姆算法从包含 v 的只有一个顶点的最小生成子树开始,扩张为包含 v 的具有两个顶点的最小生成子树,再扩张为包含 v 的具有三个顶点的最小生成子树,……,以此类推,最终扩张为包含所有顶点的最小生成树。普里姆算法的策略和秦国统一六国的策略很相似,那么,还有没有其他策略呢?

历史上也有群雄并立、相互兼并、终成一统的时代,开始时同时并存多个政权,通过战争使得距离最近最容易发生战争的两个政权合并为一个政权,经过不断的相互征伐,政权个数越来越少,最终仅剩一个政权。这和克鲁斯卡尔算法的思想极为相似。

采用克鲁斯卡尔算法来构造具有 n 个顶点的无向连通网的最小生成树的步骤如下。

(1)将每一个顶点作为一棵只包含该顶点的最小生成子树,n 棵子树构成森林。

(2)在森林中选出不同子树之间的最小边,该边的两个顶点分别属于不同的子树,将这两棵子树以及它们之间的最小边合并为一棵更大规模的最小生成子树。

(3)循环执行步骤(2),直到仅剩一棵树,即为整个无向连通网的最小生成树。

下面采用克鲁斯卡尔算法人工构造如图 6.23 所示的无向连通网的最小生成树,构造过程如图 6.26 所示,其中,虚线框部分为每一步之后得到最小生成子树森林,每一步都是将不同子树之间的最小边和该边连接的两棵子树合并为一棵子树(粗实线表示选用的最小边),直至合并为一棵树,该树就是包含所有顶点的最小生成树。

采用克鲁斯卡尔算法构造最小生成树,比较适合采用边表存储结构来表示对应的无向连通网。

边表存储结构的 C 语言描述如下。

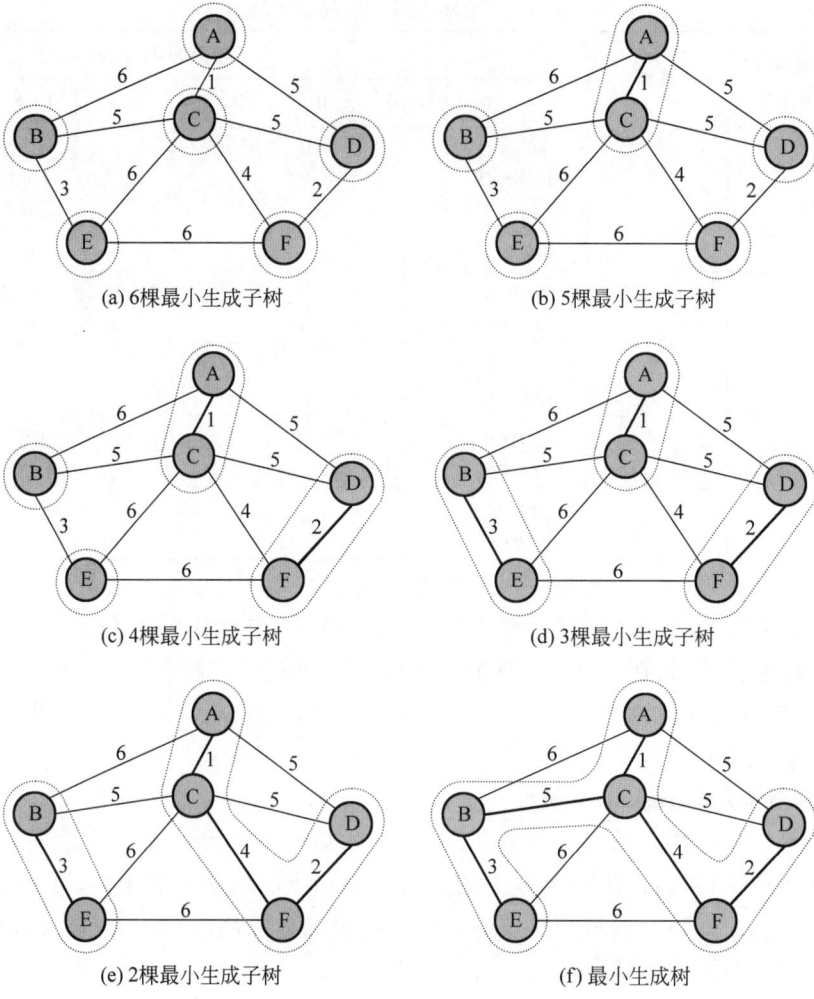

(a) 6棵最小生成子树

(b) 5棵最小生成子树

(c) 4棵最小生成子树

(d) 3棵最小生成子树

(e) 2棵最小生成子树

(f) 最小生成树

图 6.26 克鲁斯卡尔算法示例

```
typedef struct {                      //边表结点结构定义
    int vex1, vex2, weight;           //两个顶点序号及边的权值
} Edge;
typedef struct {                      //边表存储结构定义
    ElemType vertices[MAXVN];         //顶点表,最多 MAXVN 个顶点
    Edge edges[MAXEN];                //边表,最多 MAXEN 条边
    int vexnum, edgenum;              //实际顶点数和边数
} EdgeList;
```

边表存储结构的 Java 语言描述如下。

```
public class Edge{                    //边表结点类定义
    public int vex1, vex2, weight;    //两个顶点序号及边的权值
    public Edge( int v1, int v2, int cost) {
        vex1 = v1;
        vex2 = v2;
        weight = cost;
    }
}
public class EdgeList {               //边表存储结构定义
```

```
private ElemType[] vertices;        //顶点表
private Edge[] edges;               //边表
private int vexnum, edgenum;        //实际顶点数和边数
//以下是构造方法及其他操作方法
}
```

克鲁斯卡尔算法涉及多个集合以及集合的并集操作,定义一个一维数组 vexset,其中,vexset[i]的值表示 i 号顶点所属的集合编号,如果 vexset[i]和 vexset[k]等值,表示 i 号顶点和 k 号顶点属于同一集合(属于同一棵最小生成子树)。

初始状态:对于任意的 v 号顶点($0 \leqslant v \leqslant n-1$),vexset[$v$]=$v$,即 n 个顶点分别属于不同的集合(子树)。

边表排序:按权值 weight 非递减的顺序对边表 edges 进行排序,排序后 edges[$0 .. n-1$]是按权值 weight 非递减排列的。

子树合并:依次取 edges[i](i=0、1、2、$\cdots$、$n-1$),对应边的两个顶点序号分别为 $v1$=edges[i].vex1 和 $v2$=edges[i].vex2,如果 $v1$ 号顶点和 $v2$ 号顶点分别属于不同集合(子树),即 vexset[$v1$] $\neq$ vexset[$v2$],则进行如下处理。

(1)输出该边的两个顶点序号 $v1$ 和 $v2$。

(2)将两个集合(子树)合并为一个集合(子树),即将 vexset 数组中值为 vexset[$v2$]的所有元素赋值为 vexset[$v1$],也就是将 $v2$ 号顶点所在子树合并到 $v1$ 号顶点所在子树。

算法 6.16　克鲁斯卡尔算法。

该算法的 C 语言描述如下。

```
void minSpanningTree(EdgeList * graph) {
    int vexset[MAXVN];
    for(int i = 0; i < graph->vexnum; i ++) {
        vexset[i] = i;                       //每个顶点单独构成一个集合(子树)
    }
    //对 edges 数组按 weight 非递减排序
    sort(graph->edges, graph->edgenum);
    for(i = 0; i < graph->edgenum; i ++) {
        int v1 = graph->edges[i].vex1;
        int v2 = graph->edges[i].vex2;       //v1、v2 是边的两个顶点序号
        if(vexset[v1] != vexset[v2]) {       //如果 v1、v2 分属不同集合(子树)
            printf("<%d, %d>\n", v1, v2);    //输出该边的信息
            //合并两个集合(子树)
            int num = vexset[v2];
            for(int v = 0; v < graph->vexnum; v ++) {
                if(vexset[v] == num) {
                    vexset[v] = vexset[v1];
                }
            }
        }
    }
}
```

该算法的 Java 语言描述如下(需定义在 EdgesList 类中)。

```
public void minSpanningTree() {
    int[] vexset = new int[vexnum];
    for(int i = 0; i < vexnum; i ++) {
        vexset[i] = i;                       //每个顶点单独构成一个集合(子树)
    }
```

```
//对 edges 数组按 weight 非递减排序
sort(edges, edgenum);
for(int i = 0; i < edgenum; i ++) {
    int v1 = edges[i].vex1;
    int v2 = edges[i].vex2;                          //v1、v2 是边的两个顶点序号
    if(vexset[v1] != vexset[v2]) {                   //如果 v1、v2 分属不同集合(子树)
        System.out.println("<" + v1 + "," + v2 + ">");  //输出该边的信息
        //合并两个集合(子树)
        int num = vexset[v2];
        for(int v = 0; v < vexnum; v ++) {
            if(vexset[v] == num) {
                vexset[v] = vexset[v1];
            }
        }
    }
}
```

设有向连通网有 e 条边,e 条边的堆排序或快速排序的时间复杂度为 $O(e\log e)$,也存在时间复杂度为 $O(\log e)$ 的并查集算法(不是算法 6.12 中的并查集,而是基于森林的并查集),因此克鲁斯卡尔算法的时间复杂度为 $O(e\log e)$,与顶点数无关,比较适合于稀疏图。克鲁斯卡尔算法的空间复杂度为 $O(n)$。

6.5 最短路径

现在无论是步行、骑行还是驾车都经常使用导航软件,导航软件将会根据卫星导航系统(例如北斗卫星导航系统)确定你的当前位置以及目的地、道路长度、路况甚至交通情况,为你规划一条最佳路线,这实际上就是无向网或者有向网中的最短路径问题。

在一个无向网或者有向网中,从一个顶点 v 到另外一个顶点 u 可能存在多条路径,其中,一条路径中边的权值之和被称为该路径的长度,从顶点 v 到顶点 u 的所有的路径中长度最小的路径被称为**最短路径**(shortest path)。

在无向网或者有向网中求解最短路径有两个经典算法:迪杰斯特拉算法和弗洛伊德算法。其中,迪杰斯特拉算法不能处理负的边权,而弗洛伊德算法可以处理负的边权。

6.5.1 迪杰斯特拉算法

迪杰斯特拉(Dijkstra)算法由荷兰计算机科学家迪杰斯特拉(1930—2002 年,1972 年获得图灵奖)于 1959 年提出,用于求解一个指定顶点到其余各个顶点的最短路径,也被称为单源最短路径算法。

1. 算法思路

假设源点为 v,并且从 v 到其余各个终点都是可达的,则迪杰斯特拉算法的步骤如下。

1) 初始化

确定从源点 v 到其余各个终点 w 的直达路径 $\{v, w\}$,即 v 经由一条边(弧)到达 w,如果 v 到 w 不存在边(弧),则该直达路径长度为∞。注意直达路径不一定最短。

2) 选择

在所有尚未确定为最短的路径中找出一条长度最小的路径,假设终点为 u,则确定该路

径为从源点 v 到 u 的最短路径。

3）更新

对于其余各个终点 w，从源点 v 到 w 原有一条不一定最短的路径，那么，在已经确定从 v 到 u 的最短路径的情况下，通过从 v 到 u 的最短路径再从 u 转到 w 的路径有可能比原有的从 v 到 w 的路径更短（注意不一定最短），根据这个思路，对其余各条路径进行如下判断与更新。

如果从 v 到 u 的最短路径长度＋从 u 到 w 的直达路径长度＜原有的从 v 到 w 的路径长度，则用路径 $\{v,\cdots,u,w\}$ 更新原路径 $\{v,\cdots,w\}$。

4）循环

循环执行步骤 2）和 3），直到求出从源点到其余各个终点的最短路径。

2. 所需控制量、初值及更新

假设无向网或者有向网顶点全集为 V，源点为 v，求解单源最短路径需要的控制量及其初值如下。

1）集合 S

已经求出最短路径的终点集合，初值为 $\{v\}$。

可用一个一维数组 S 来表示该集合，$S[i]==1$ 表示 i 号顶点属于集合 S，$S[i]==0$ 表示 i 号顶点不属于集合 S，而是属于 $V-S$。

2）一维数组 D

保存从源点 v 到其余各个终点的路径长度。$D[i]$ 的初值为 v 和 i 号顶点之间边（弧）的权值之和。

3）一维数组 path

path$[i]$ 保存从源点 v 到 i 号顶点的最短路径中 i 号顶点的直接前趋。path$[v]$ 的初值为 -1（源点 v 没有直接前趋）。当 v 到 i 号顶点有边（弧）时，path$[i]$ 的初值为 v，否则为 -1（v 到 i 号顶点无法直达，i 号顶点暂无直接前趋）。

例如，算法结束后，如果 path$[3]==5$，path$[5]==2$，path$[2]==1$，path$[1]==-1$，则表示 1 号顶点到 3 号顶点的最短路径为 $\{1,2,5,3\}$。

每一轮的选择及更新操作（共 $n-1$ 轮）如下。

（1）选择：在 $V-S$ 中（对应的 S 元素值为 0）选择 D 元素值最小的顶点，假设其序号为 u，则令 $S[u]=1$。

（2）更新：对于所有的 $i=0,1,\cdots,n-1$，如果 $S[i]==0$ 且 $D[u]+<v_u,v_i>$ 的权值 $<D[i]$，则令 $D[i]=D[u]+<v_u,v_i>$ 的权值，path$[i]=u$。

3. 算法描述

算法 6.17 求以 v 为源点单源最短路径（以邻接矩阵为例）。

该算法的 C 语言描述如下。

```
int path[MAXVN];

//选择最小的路径长度
int getMin(int S[], int D[], int vexnum) {
    int k = 0, min = INFINITY;        //INFINITY 代表∞
    for(int i = 0; i < vexnum; i ++) {
        if(S[i] == 0 && D[i] < min) {
            k = i;
```

```
            min = D[i];
        }
    }
    return k;
}
```

//求以 v 为源点的单源最短路径,算法结束后最短路径保存在 path 数组中
```
void shortestPath(AdjMat * graph, int v) {
    int S[MAXVN], D[MAXVN];
    for(int i = 0; i < graph -> vexnum; i ++) {
        S[i] = 0;
        D[i] = graph -> edges[v][i];
        path[i] = (D[i] < INFINITY ? v : - 1);
    }
    S[v] = 1;
    D[v] = 0;
    for(int w = 1; w < graph -> vexnum; w ++) {
        int u = getMin(S, D, graph -> vexnum);
        S[u] = 1;
        for(int i = 0; i < graph -> vexnum; i ++)
            if(S[i] == 0 && D[u] + graph -> edges[u][i] < D[i]) {
                D[i] = D[u] + graph -> edges[u][i];
                path[i] = u;
            }
    }
}
```

该算法的 Java 语言描述如下(需定义在 AdjMat 类中)。

```
private int[] path;
```

//选择最小的路径长度
```
private int getMin(int[] S, int[] D, int vexnum) {
    int k = 0, min = INFINITY;                      //INFINITY 代表 ∞
    for(int i = 0; i < vexnum; i ++) {
        if(S[i] == 0 && D[i] < min) {
            k = i;
            min = D[i];
        }
    }
    return k;
}
```

//求以 v 为源点的单源最短路径,算法结束后最短路径保存在 path 数组中
```
public void shortestPath(int v) {
    path = new int[vexnum];
    int[] S = new int[vexnum], D = new int[vexnum];
    for(int i = 0; i < vexnum; i ++) {
        S[i] = 0;
        D[i] = edges[v][i];
        path[i] = (D[i] < INFINITY ? v : - 1);
    }
    S[v] = 1;
    D[v] = 0;
    for(int w = 1; w < vexnum; w ++) {
        int u = getMin(S, D, vexnum);
        S[u] = 1;
```

```
for(int i = 0; i < vexnum; i ++)
    if(S[i] == 0 && D[u] + edges[u][i] < D[i]) {
        D[i] = D[u] + edges[u][i];
        path[i] = u;
    }
    }
}
```

上述迪杰斯特拉算法的初始化部分的时间复杂度为 $O(n)$,但选择与更新部分需要循环执行 $n-1$ 次,每一次循环体都需要在最多 n 条路径中选择最短路径,并对其他路径进行更新,还需要辅助数组 S 和 D,因此,上述迪杰斯特拉算法整体的时间复杂度为 $O(n^2)$,空间复杂度为 $O(n)$。

因为两个顶点之间的最短路径的子路径也必然是最短路径,所以迪杰斯特拉算法执行结束后,能够构造出一棵以源点为根的最短路径树。例如,求解以 A 为源点的单源最短路径,其过程如图 6.27 所示,其中,粗实线顶点为已确定最短路径的终点,细实线顶点为未确定最短路径的顶点,粗实线边为已确定的最短路径中的边,顶点旁边标注的带虚线框数值为初始化或更新后的路径长度,带实线框数值为已确定的路径长度。

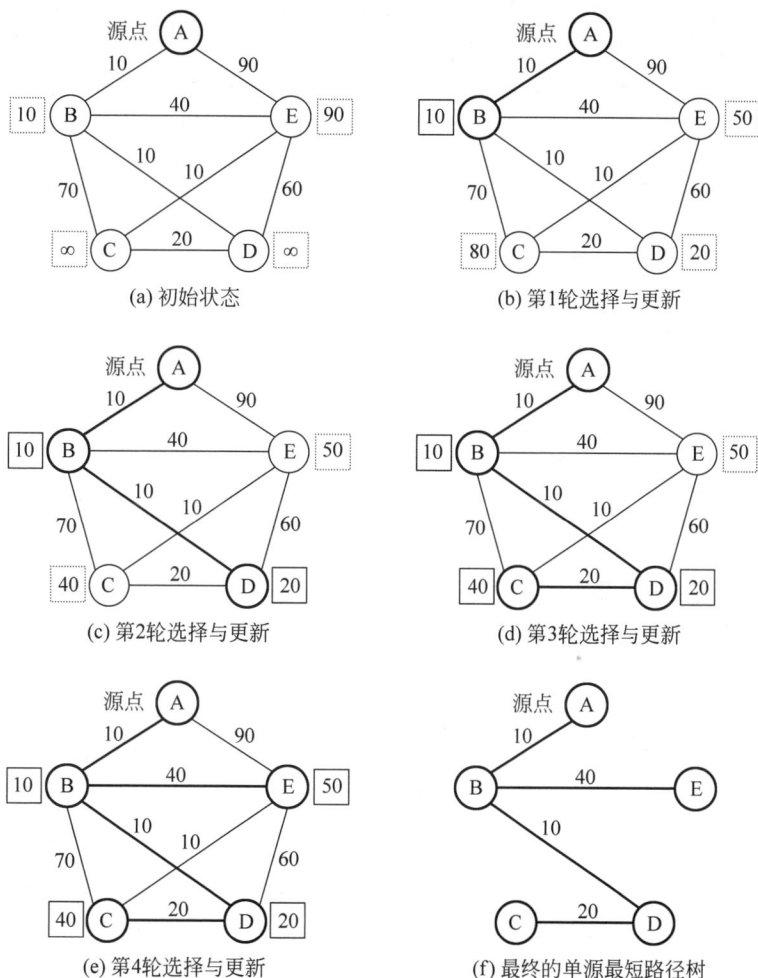

图 6.27 迪杰斯特拉算法示例

6.5.2 弗洛伊德算法

弗洛伊德(Floyd)算法由美国计算机科学家弗洛伊德(1936—2001 年,1978 年获得图灵奖)于 1962 年提出,适用于求解任意一对顶点之间的最短路径,也往往被称为多源最短路径算法。

1. 算法思路

对于具有 n 个顶点的图中任意一对顶点 v_i 和顶点 v_j:

(1) $\{v_i, v_j\}$ 是 v_i 到 v_j 且没有任何中间顶点的最短路径(有可能是∞)。

(2) 在 v_i 和 v_j 之间加入 v_0,则 $\{v_i, v_j\}$ 和 $\{v_i, v_0, v_j\}$ 这两条路径中的最短者即为 v_i 到 v_j 且中间顶点序号不大于 0 的最短路径。

(3) 假设已经获得了任意一对顶点之间且中间顶点序号不大于 $k-1(k>0)$ 的最短路径,则在 v_i 和 v_j 之间加入 v_k,设 path1$=\{v_i, \cdots, v_j\}$ 是 v_i 到 v_j 且中间顶点序号不大于 $k-1$ 的最短路径,path2$=\{v_i, \cdots, v_k\}$ 是 v_i 到 v_k 且中间顶点序号不大于 $k-1$ 的最短路径,path3$=\{v_k, \cdots, v_j\}$ 是 v_k 到 v_j 且中间顶点序号不大于 $k-1$ 的最短路径,则 v_i 到 v_j 且中间顶点序号不大于 k 的最短路径必然是 path1、path2 & path3 两条路径中的最短者,这里 path2 & path3 表示两条路径连接而成的一条路径。

(4) 以此类推,最终在已经获得任意一对顶点之间且中间顶点序号不大于 $n-2$ 的最短路径的基础上,在 v_i 和 v_j 之间加入 v_{n-1},必然能够获得 v_i 到 v_j 且中间顶点序号不大于 $n-1$ 的最短路径,即获得 v_i 到 v_j 的最短路径。

根据上述思路,假设 Path(i,j)是顶点 v_i 到顶点 v_j 的路径,Distance(i,j)是该路径的长度,对每一个中间顶点 $v_k(k=0,1,2,\cdots,n-1)$进行如下检查及更新。

(1) 如果 Distance(i,k)+Distance(k,j)<Distance(i,j),则说明从 v_i 到 v_k 再从 v_k 到 v_j 的路径 Path(i,k) & Path(k,j)比之前的从 v_i 到 v_j 的路径 Path(i,j)更短,便更新 Distance(i,j)=Distance(i,k)+Distance(k,j)和 Path(i,j)=Path(i, k) & Path(k,j),这里"&"表示路径的连接。

(2) 否则,Distance(i,j)和 Path(i,j)保持不变。

如果遍历完所有的中间顶点 v_k,Path(i,j)和 Distance(i,j)便分别是 v_i 到 v_j 的最短路径及其长度。

2. 所需控制量、初值及更新

假设无向网或者有向网顶点全集为 V,求解任意一对顶点之间的最短路径需要的控制量及其初值如下。

1) 二维数组 D

保存从任意一对顶点之间的路径长度。$D[i][j]$的初值为 v_i 和 v_j 之间边(弧)的权值。

2) 二维数组 path

path$[i][j]$保存从 v_i 到 v_j 的最短路径中 v_j 的直接前趋。如果 $i\neq j$ 并且 v_i 到 v_j 有边(弧)存在,则 path$[i][j]$的初值为 i(即 v_j 的直接前趋是 v_i),否则 path$[i][j]$的初值为 $-1(v_j$ 没有直接前趋)。

每一轮以 v_k 为中间顶点的更新操作(共 n 轮)是:如果 $D[i][k]+D[k][j]<D[i][j]$,

则令 $D[i][j]=D[i][k]+D[k][j]$,path$[i][j]=$path$[k][j]$。

3. 算法描述

算法 6.18 求任意一对顶点之间的最短路径(以邻接矩阵为例)。

该算法的 C 语言描述如下。

```
int D[MAXVN][MAXVN], path[MAXVN][MAXVN];
void shortestPath(AdjMat * graph) {
    int i, j, k;
    for(i = 0; i < graph->vexnum; i ++) {
        for(j = 0; j < graph->vexnum; j ++) {
            D[i][j] = graph->edges[i][j];
            //INFINITY 表示 ∞
            path[i][j] = (i != j && D[i][j] < INFINITY ? i : -1);
        }
    }
    for(k = 0; k < graph->vexnum; k ++) {
        for(i = 0; i < graph->vexnum; i ++) {
            for(j = 0; j < graph->vexnum; j ++) {
                if(i != j && D[i][k] + D[k][j] < D[i][j]) {
                    D[i][j] = D[i][k] + D[k][j];
                    path[i][j] = path[k][j];
                }
            }
        }
    }
}
```

该算法的 Java 语言描述如下(需定义在 AdjMat 类中)。

```
private int[][] D, path;
public void shortestPath() {
    D = new int[vexnum][vexnum];
    path = new int[vexnum][vexnum];
    int i, j, k;
    for(i = 0; i < vexnum; i ++) {
        for(j = 0; j < vexnum; j ++) {
            D[i][j] = edges[i][j];
            //INFINITY 表示 ∞
            path[i][j] = (i != j && D[i][j] < INFINITY ? i : -1);
        }
    }
    for(k = 0; k < vexnum; k ++) {
        for(i = 0; i < vexnum; i ++) {
            for(j = 0; j < vexnum; j ++) {
                if(i != j && D[i][k] + D[k][j] < D[i][j]) {
                    D[i][j] = D[i][k] + D[k][j];
                    path[i][j] = path[k][j];
                }
            }
        }
    }
}
```

很明显,弗洛伊德算法的时间复杂度为 $O(n^3)$,空间复杂度为 $O(n^2)$。

6.6 有向无环图

如果一个有向图中每一个顶点都不存在从该顶点出发经由若干条弧再回到该顶点的回路(环),则该图被称为**有向无环图**(Directed Acyclic Graph,DAG)。

一个有向无环图必定存在入度为 0 的顶点,存在入度为 0 的顶点的有向图不一定是有向无环图,但不存在入度为 0 的顶点的有向图必定存在回路(环)。

6.6.1 拓扑排序

有向无环图的一个典型应用是 **AOV 网**(activity on vertex network),即顶点表示**活动**(activity)的网。在 AOV 网中,弧用来表示活动的优先关系,弧尾所表示的活动必须在弧头所表示的活动之前发生。例如,大学里的每一个专业都有一套课程体系,有的课程没有先修课(例如高等数学、大学英语等),有的课程则有先修课(例如 C 语言程序设计是数据结构的先修课),在进行教学安排时,最先安排的必然是没有先修课的课程,对于有先修课的课程,必须等该课程的所有先修课都结课后才能安排该课程的教学活动,那么,如何安排一个专业全部课程教学的先后次序才是合理的呢? 这就要用到 AOV 网的拓扑排序。

拓扑排序(topological sort)就是将 AOV 网中所有顶点排成一个线性序列,在此序列中,每一条弧的弧尾都排在该弧的弧头之前。

1. 拓扑排序基本思路

(1) 找到一个入度为 0 的顶点输出到结果序列。

(2) 将该顶点以及以该顶点为弧尾的弧(即该顶点发出的弧)剔除在外,在剩余顶点和弧构成的子图中,再找一个入度为 0 的顶点输出到结果序列。

(3) 如此反复,直到所有顶点都输出到结果序列(拓扑排序结束),或者尚有若干顶点无法输出(存在环,无法进行拓扑排序)。

例如,对于如图 6.28(a)所示的有向图,其拓扑排序过程如图 6.28(b)~图 6.28(g)所示,其中为了看着清晰,将每个顶点的入度标记在顶点旁边,每输出一个顶点,就将该顶点以及以该顶点为弧尾的弧删除。最终的拓扑排序序列为 EACBFD。

一个 DAG 的拓扑排序序列不一定是唯一的,例如,如图 6.28(a)所示 DAG 的拓扑排序序列还可以是 EACBDF、ECABDF、ECABFD、CEABDF 等序列。在图 6.28(a)中,顶点 C 和 E 的入度均为 0,先输出 E 还是先输出 C 均可,在图 6.28(c)中,顶点 A 和 C 的入度均为 0,先输出 A 或 C 均可,在图 6.28(f)中,顶点 D 和 F 的入度均为 0,先输出 D 或 F 均可。

2. 拓扑排序算法步骤

有向图的拓扑排序算法步骤如下。

(1) 初始化一个空栈(用队列也可以)。

(2) 统计各顶点的入度,将所有的入度为 0 的顶点入栈。

(3) 当栈非空时循环。

① 出栈一个顶点并输出。

② 将该顶点所有邻接点的入度减 1,入度减为 0 的顶点入栈。

(4) 如果输出顶点数少于有向图顶点个数,则原有向图存在环,不是有向无环图。

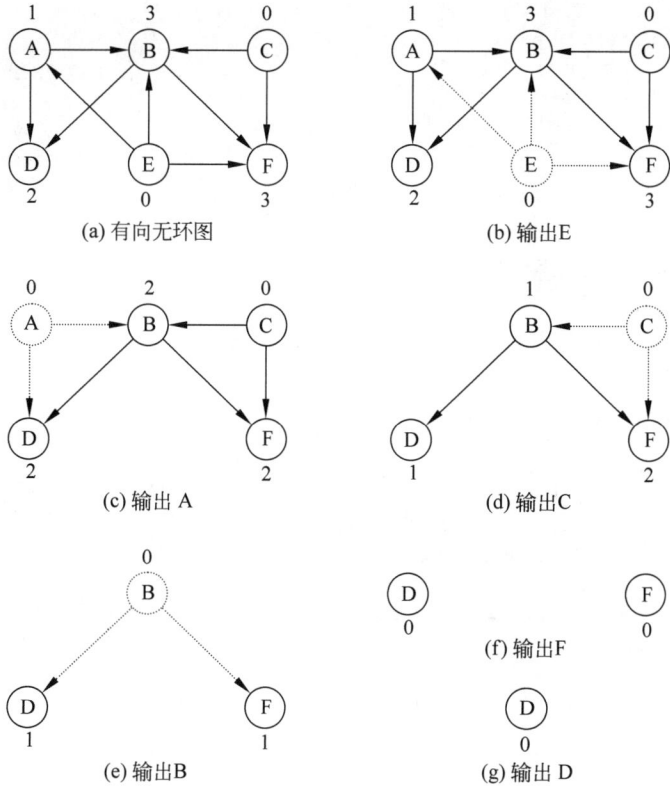

(a) 有向无环图   (b) 输出E

(c) 输出 A   (d) 输出C

(e) 输出B   (f) 输出F   (g) 输出 D

图 6.28　拓扑排序示例

3. 拓扑排序算法

算法 6.19　拓扑排序（以邻接矩阵为例）。

该算法的 C 语言描述如下。

```
//list 存拓扑排序序列,返回值表示是否成功
int topoSort(AdjMat * graph, int list[]) {
    //indeg 存各顶点的入度,cnt 存输出顶点个数
    int indeg[MAXVN], cnt = 0;
    Stack stack;
    initStack(&stack);
    //统计各顶点入度,将入度为 0 的顶点入栈
    for(int i = 0; i < graph->vexnum; i ++) {
        indeg[i] = 0;
        for(int j = 0; j < graph->vexnum; j ++) {
            if(graph->edges[j][i] == 1) {
                indeg[i] ++;
            }
        }
        if(indeg[i] == 0) {
            push(&stack, i);
        }
    }
    while(!isEmpty(&stack)) {
        int v = pop(&stack);
        list[cnt ++] = v;                    //出栈一个顶点 v 并输出
        //将 v 的所有邻接点的入度减 1,将入度减到 0 的顶点入栈
```

```
        for(int j = 0; j < graph->vexnum; j ++) {
            if(graph->edges[v][j] == 1) {
                indeg[j] --;
                if(indeg[j] == 0) {
                    push(&stack, j);
                }
            }
        }
    }
    return (cnt == graph->vexnum);
}
```

该算法的 Java 语言描述如下(需定义在 AdjMat 类中)。

```
//list 存拓扑排序序列,返回值表示是否成功
public boolean topoSort(int[] list) {
    int[] indeg = new int[vexnum];          //indeg 存各顶点的入度
    int cnt = 0;                            //cnt 存输出顶点个数
    Stack stack = new Stack();
    //统计各顶点入度,将入度为 0 的顶点入栈
    for(int i = 0; i < vexnum; i ++) {
        indeg[i] = 0;
        for(int j = 0; j < vexnum; j ++) {
            if(edges[j][i] == 1) {
                indeg[i] ++;
            }
        }
        if(indeg[i] == 0) {
            stack.push(i);
        }
    }
    while(!stack.isEmpty()) {
        int v = stack.pop();
        list[cnt ++] = v;                   //出栈一个顶点 v 并输出
        //将 v 的所有邻接点的入度减 1,将入度减到 0 的顶点入栈
        for(int j = 0; j < vexnum; j ++) {
            if(edges[v][j] == 1) {
                indeg[j] --;
                if(indeg[j] == 0) {
                    stack.push(j);
                }
            }
        }
    }
    return (cnt == vexnum);
}
```

设有向无环图的顶点数为 n,弧数为 e,则上述算法的时间复杂度为 $O(n^2)$,空间复杂度为 $O(n)$。如果采用邻接表或十字链表存储结构,则需要遍历所有顶点和所有边,算法的时间复杂度为 $O(n+e)$,空间复杂度为 $O(n)$。

6.6.2　关键路径

1. 基本概念

有向无环图的另一个典型应用是 **AOE 网**(activity on edge network),即边表示活动的网。在 AOE 网中,图的顶点用来表示**事件**(event),弧用来表示**活动**(activity),弧的权值表

示活动的**持续时间**(duration),弧尾顶点所表示的事件先于弧头顶点所表示的事件发生,并持续弧的权值所表示的时间后,弧头顶点所表示的事件才能发生。

AOE 网可用来表示包含一系列事件和活动的工程,一般用于工程完成时间的估算,判断哪些活动是影响工程进度的关键活动。

AOE 网是只有一个入度为 0 的顶点(源点)和一个出度为 0 的顶点(汇点)的有向无环图。例如,如图 6.29 所示的有向网就是一个 AOE 网,其中,顶点 1 为源点,顶点 9 为汇点。

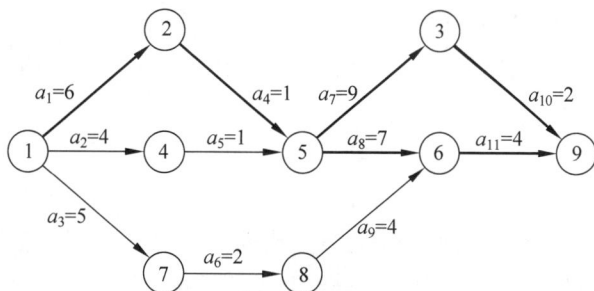

图 6.29　AOE 网示例

网中一条路径上各弧的权值之和称为该路径的**带权路径长度**,那么,一个 AOE 网中源点到汇点的带权路径长度最长的路径称为该 AOE 网的**关键路径**(critical path),关键路径上的活动被称为**关键活动**(critical activity)。例如,图 6.29 中粗实线箭头所对应的活动均为关键活动,$\{1,2,5,3,9\}$ 和 $\{1,2,5,6,9\}$ 均为关键路径,路径长度为 18。

2. 描述量

$ve(i)$:事件(顶点)v_i 的最早发生时间。

$vl(i)$:事件(顶点)v_i 的最迟发生时间。

$e(i)$:活动(弧)$a_i = <v_j,v_k>$ 的最早开始时间。

$l(i)$:活动(弧)$a_i = <v_j,v_k>$ 的最晚开始时间。

3. 计算方法

设源点为 v_0,汇点为 v_{n-1},则上述 4 类描述量的计算方法如下。

(1) 事件(顶点)v_i 的最早发生时间 $ve(i)$。

$$ve(i) = \begin{cases} 0, & (i=0) \\ \max\{ve(t) + <v_t,v_i>的权值 \mid v_t 是 v_i 的逆邻接点\}, & (1 \leqslant i \leqslant n-1) \end{cases}$$

也就是源点 v_0 的最早发生时间 $ve(0)=0$,按拓扑顺序从 v_0 开始递推 v_i 的最早发生时间 $ve(i)$,直到 v_{n-1}。设 v_t 是 v_i 的逆邻接点,则只有 v_t 发生的"$<v_t,v_i>$ 的权值所表示的时间"之后,v_i 才能发生,因此,$ve(i)$ 等于"v_i 的所有逆邻接点 v_t 的最早发生时间 $ve(t)$+弧 $<v_t,v_i>$ 的权值"的最大值。

(2) 事件(顶点)v_i 的最迟发生时间 $vl(i)$。

$$vl(i) = \begin{cases} ve(n-1), & (i=n-1) \\ \min\{vl(t) - <v_i,v_t>的权值 \mid v_t 是 v_i 的邻接点\}, & (0 \leqslant i \leqslant n-2) \end{cases}$$

也就是汇点 v_{n-1} 的最迟发生时间 $ve(n-1)$=汇点的最早发生时间 $ve(n-1)$,按拓扑逆序从 v_{n-1} 开始递推 v_i 的最迟发生时间 $vl(i)$,直到 v_0。设 v_t 是 v_i 的邻接点,则只有 v_t 发生的"$<v_i,v_t>$ 的权值所表示的时间"之前,v_i 才能发生,因此,$vl(i)$ 等于"v_i 的所有逆邻接点

v_t 的最迟发生时间 $vl(t)$ —弧 $<v_i,v_t>$ 的权值"的最小值。

（3）活动 $a_i=<v_j,v_k>$ 的最早开始时间 $e(i)$：$e(i)=ve(j)$。

因为只要事件 v_j 发生了，该事件的后继活动 a_i 就能开始，所以，$e(i)=ve(j)$。

（4）活动 $a_i=<v_j,v_k>$ 的最晚开始时间 $l(i)$：$l(i)=vl(k)-<v_j,v_k>$ 的权值。

因为活动 a_i 的最晚开始时间不能延误后继事件 v_k 的最迟发生时间，所以，$l(i)=vl(k)-<v_j,v_k>$ 的权值。

4. 关键活动和关键路径

所有满足 $e(i)=l(i)$ 的活动 a_i 均为关键活动。由关键活动构成的从源点到汇点的每一条路径都是关键路径。关键路径不唯一，一个 AOE 网中有可能存在多条关键路径。

设 AOE 网有 n 个顶点和 e 条边，求解关键路径所需时间主要取决于拓扑排序以及计算所有事件（顶点）的最早发生时间和最迟发生时间，对于邻接矩阵，它们的时间复杂度均为 $O(n^2)$，所以总的时间复杂度均为 $O(n^2)$；对于邻接表或十字链表，它们的时间复杂度均为 $O(n+e)$，所以总的时间复杂度均为 $O(n+e)$。

5. 计算举例

求解如图 6.29 所示的 AOE 网的关键活动和关键路径。

该 AOE 网共有 9 个顶点，表示 9 个事件；共有 11 条弧，表示 11 个活动 $a_1 \sim a_{11}$。计算过程如表 6.3 所示，其中的 $<i,t>$ 弧的权值直接用 $<i,t>$ 表示了。

表 6.3　关键活动和关键路径的求解

事件拓扑顺序	ve 最早发生时间		vl 最迟发生时间		活动	e 最早开始时间		l 最晚开始时间		是否关键活动
	按拓扑顺序计算	值	按拓扑逆序计算	值		计算	值	计算	值	
1	0	0	min｛vl(2)－<1,2>,vl(4)－<1,4>,vl(7)－<1,7>｝	0	a_1	ve(1)	0	vl(2)－<1,2>	0	是
2	ve(1)+<1,2>	6	vl(5)－<2,5>	6	a_2	ve(1)	0	vl(4)－<1,4>	2	
4	ve(1)+<1,4>	4	vl(5)－<4,5>	6	a_3	ve(1)	0	vl(7)－<1,7>	3	
7	ve(1)+<1,5>	5	vl(8)－<7,8>	8	a_4	ve(2)	6	vl(5)－<2,5>	6	是
5	max｛ve(2)+<2,5>,ve(4)+<4,5>｝	7	min｛vl(3)－<5,3>,vl(6)－<5,6>｝	7	a_5	ve(4)	4	vl(5)－<4,5>	6	
8	ve(7)+<7,8>	7	vl(6)－<8,6>	10	a_6	ve(7)	5	vl(8)－<7,8>	8	

续表

事件拓扑顺序	ve 最早发生时间		vl 最迟发生时间		活动	e 最早开始时间		l 最晚开始时间		是否关键活动
	按拓扑顺序计算	值	按拓扑逆序计算	值		计算	值	计算	值	
3	$ve(5)+<5,3>$	16	$vl(9)-<3,9>$	16	a_7	$ve(5)$	7	$vl(3)-<5,3>$	7	是
6	$\max\{ve(5)+<5,6>, ve(8)+<8,6>\}$	14	$vl(9)-<6,9>$	14	a_8	$ve(5)$	7	$vl(6)-<5,6>$	7	是
9	$\max\{ve(3)+<3,9>, ve(6)+<6,9>\}$	18	$ve(9)$	18	a_9	$ve(8)$	7	$vl(6)-<8,6>$	10	是
					a_{10}	$ve(3)$	16	$vl(9)-<3,9>$	16	是
					a_{11}	$ve(6)$	14	$vl(9)-<6,9>$	14	是
关键路径	路径1：$\{a_1,a_4,a_7,a_{10}\}$，顶点序列$\{1,2,5,3,9\}$ 路径2：$\{a_1,a_4,a_8,a_{11}\}$，顶点序列$\{1,2,5,6,9\}$									

6.7 应用案例

6.7.1 迷宫问题

1. 问题描述

可以把一个迷宫的平面布局用一个矩阵来表示,其中,值为 0 的格子可以通行,而值为 1 的格子不可以通行,如图 6.30 所示。

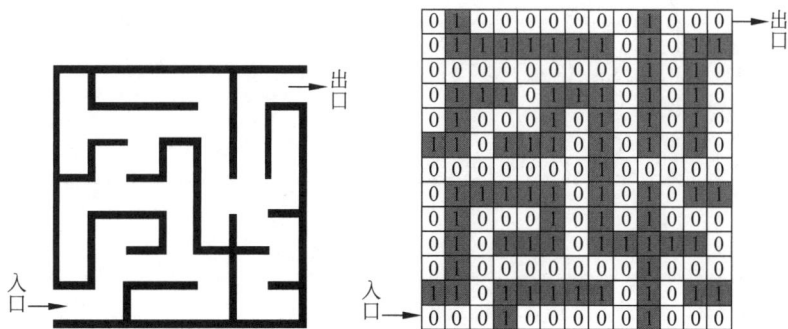

图 6.30 迷宫示例

2. 解决方法

迷宫问题就是一个图的路径搜索问题,将矩阵中值为 0 的格子看作图中的顶点,相邻的两个顶点互为邻接点,每个顶点表示为一个由行号 row 和列号 col 组成的二元组< row,col >,

则迷宫问题就转换为搜索从入口到出口的一条简单路径问题。

3. 通过深度优先搜索求解迷宫问题

1) C 语言程序

```c
#include <stdio.h>
#include <stdlib.h>

//有关结构的定义
typedef struct {
    int row, col;                    //迷宫中的行列位置
} Position;
typedef struct {
    int rows, cols;                  //迷宫矩阵的行数 rows 和列数 cols
    int *mazeMat;                    //指向迷宫矩阵,共 rows*cols 个元素
    int *visited;                    //指向访问标志数组
    //path 指向走法数组,每个元素值为 0~3,分别表示向左、上、右、下走一步
    int *path;
    int steps;                       //保存行走的步数
    Position in, out;                //迷宫的入口和出口位置
} Maze;

//各个函数的原型声明
void inputMazeMat(int *mazeMat, int rows, int cols);
void inputPosition(int *mazeMat, int rows, int cols, Position *pos);
void initMaze(Maze *maze, int rows, int cols, int *mazeMat, Position in, Position out);
void destory(Maze *maze);
int dfsMaze(Maze *maze, Position cur);
int runMaze(Maze *maze);
int moveLeft(Maze *maze, Position cur, Position *nextPos);
int moveUp(Maze *maze, Position cur, Position *nextPos);
int moveRight(Maze *maze, Position cur, Position *nextPos);
int moveDown(Maze *maze, Position cur, Position *nextPos);
void outputPath(Maze *maze);

//主程序
void main() {
    //定义迷宫矩阵行数和列数变量并输入
    int rows, cols;
    printf("请输入迷宫矩阵行数:");
    scanf("%d", &rows);
    printf("请输入迷宫矩阵列数:");
    scanf("%d", &cols);
    if(rows < 2 || cols < 2) {
        printf("行数或列数均不能小于2\n");
        return;
    }

    //申请迷宫矩阵所需空间,并输入迷宫数据
    int *mazeMat = (int *)malloc(sizeof(int) * rows * cols);
    inputMazeMat(mazeMat, rows, cols);

    //定义入口和出口位置变量并输入
    Position in, out;
    printf("请输入入口行号和列号:");
    inputPosition(mazeMat, rows, cols, &in);
    printf("请输入出口行号和列号:");
```

```
        inputPosition(mazeMat, rows, cols, &out);

        //初始化迷宫控制结构
        Maze maze;
        initMaze(&maze, rows, cols, mazeMat, in, out);

        //搜索并输出迷宫路径
        if(!runMaze(&maze)) {
            printf("不存在入口到出口的路径\n");
        }
        else {
            outputPath(&maze);
        }

        //释放申请的空间
        destory(&maze);
    }

//输入迷宫矩阵
void inputMazeMat(int * mazeMat, int rows, int cols) {
    while(1) {
        int ok = 1;
        printf("请输入 % d 行 % d 列的迷宫矩阵,输入间隔符为空格\n", rows, cols);
        printf("对可通行的格子输入 0,不可通行的格子输入 1\n");
        for(int i = 0; i < rows * cols; i ++) {
            scanf(" % d", &mazeMat[i]);
            if(mazeMat[i] != 0 && mazeMat[i] != 1) {
                ok = 0;
            }
        }
        if(ok) {
            break;
        }
        printf("输入数据有误,请重新输入\n");
    }
}

//输入入口或出口位置
void inputPosition(int * mazeMat, int rows, int cols, Position * pos) {
    while(1) {
        scanf(" % d % d", &pos -> row, &pos -> col);
        if(pos -> row < 0 || pos -> row >= rows) {
            printf("行号不能小于 0 也不能大于或等于 % d\n", rows);
            continue;
        }
        if(pos -> col < 0 || pos -> col >= cols) {
            printf("列号不能小于 0 也不能大于或等于 % d\n", cols);
            continue;
        }
        if(mazeMat[pos -> row * cols + pos -> col]) {
            printf("该位置格子必须是可通行的\n");
            continue;
        }
        break;
    }
}
```

```
//初始化迷宫控制结构
void initMaze(Maze * maze, int rows, int cols, int * mazeMat, Position in, Position out) {
    maze->rows = rows;
    maze->cols = cols;
    maze->mazeMat = mazeMat;
    maze->visited = (int *)malloc(sizeof(int) * rows * cols);
    for(int i = 0; i < rows * cols; i ++) {
        maze->visited[i] = 0;
    }
    maze->path = (int *)malloc(sizeof(int) * rows * cols);
    maze->steps = 0;
    maze->in = in;
    maze->out = out;
}

//释放迷宫控制结构所申请的空间
void destory(Maze * maze) {
    free(maze->visited);
    free(maze->path);
}

//搜索从 cur 到出口的简单路径,成功则返回 1,否则返回 0
int dfsMaze(Maze * maze, Position cur) {
    int (* movePosition[4])(Maze *, Position, Position *) = {moveLeft, moveUp, moveRight,
moveDown};
    maze->visited[cur.row * maze->cols + cur.col] = 1;
    //到达出口则结束
    if(cur.row == maze->out.row && cur.col == maze->out.col) {
        return 1;
    }
    for(int i = 0; i < 4; i ++) {
        Position nextPos;
        int canMove = (* movePosition[i])(maze, cur, &nextPos);
        if(canMove&&!maze->visited[nextPos.row * maze->cols + nextPos.col]) {
            maze->path[maze->steps ++] = i;
            if(dfsMaze(maze, nextPos)) {
                return 1;
            }
            maze->steps -- ;
        }
    }
    return 0;
}

//搜索从入口到出口的简单路径,成功则返回 1,否则返回 0
int runMaze(Maze * maze) {
    return dfsMaze(maze, maze->in);
}

//判断从 cur 位置能否左移,如不能则返回 0,否则返回 1 并通过 * nextPos 返回新位置
int moveLeft(Maze * maze, Position cur, Position * nextPos) {
    if(cur.col <= 0 || maze->mazeMat[cur.row * maze->cols + cur.col - 1]) {
        return 0;
    }
    nextPos->row = cur.row;
    nextPos->col = cur.col - 1;
    return 1;
```

```
}

//判断从 cur 位置能否上移,如不能则返回 0,否则返回 1 并通过 * nextPos 返回新位置
int moveUp(Maze * maze, Position cur, Position * nextPos) {
    if(cur.row <= 0 || maze -> mazeMat[(cur.row - 1) * maze -> cols + cur.col]) {
        return 0;
    }
    nextPos -> row = cur.row - 1;
    nextPos -> col = cur.col;
    return 1;
}

//判断从 cur 位置能否右移,如不能则返回 0,否则返回 1 并通过 * nextPos 返回新位置
int moveRight(Maze * maze, Position cur, Position * nextPos) {
    if(cur.col >= maze -> cols - 1
        || maze -> mazeMat[cur.row * maze -> cols + cur.col + 1]) {
        return 0;
    }
    nextPos -> row = cur.row;
    nextPos -> col = cur.col + 1;
    return 1;
}

//判断从 cur 位置能否下移,如不能则返回 0,否则返回 1 并通过 * nextPos 返回新位置
int moveDown(Maze * maze, Position cur, Position * nextPos) {
    if(cur.row >= maze -> rows - 1
        || maze -> mazeMat[(cur.row + 1) * maze -> cols + cur.col]) {
        return 0;
    }
    nextPos -> row = cur.row + 1;
    nextPos -> col = cur.col;
    return 1;
}

//输出走法步骤
void outputPath(Maze * maze) {
    char * dir[] = {"左移", "上移", "右移", "下移"};
    printf("该迷宫的走法如下:\n");
    for(int i = 0; i < maze -> steps; i ++) {
        printf(" % s\n", dir[maze -> path[i]]);
    }
}
```

2) Java 语言程序

主程序文件 RunMaze.java：

```java
import java.util.Scanner;
public class RunMaze {
    public static void main(String[] args) {
        Scanner scanner = new Scanner(System.in);
        //输入迷宫矩阵行数和列数
        System.out.print("请输入迷宫矩阵行数:");
        int rows = scanner.nextInt();
        System.out.print("请输入迷宫矩阵列数:");
        int cols = scanner.nextInt();
        if(rows < 2 || cols < 2) {
            System.out.println("行数或列数均不能小于 2");
```

```
            scanner.close();
            return;
        }

        //定义并输入迷宫矩阵
        int[][] mazeMat = new int[rows][cols];
        inputMaze(scanner, mazeMat, rows, cols);

        //定义入口和出口位置变量并输入
        Position in = new Position(0, 0), out = new Position(0, 0);
        System.out.print("请输入入口行号和列号:");
        inputPosition(scanner, mazeMat, rows, cols, in);
        System.out.print("请输入出口行号和列号:");
        inputPosition(scanner, mazeMat, rows, cols, out);

        scanner.close();

        //初始化迷宫控制结构
        Maze maze = new Maze(mazeMat, rows, cols, in, out);

        //搜索并输出迷宫路径
        if(!maze.runMaze()) {
            System.out.println("不存在入口到出口的路径");
        }
        else {
            maze.outputPath();
        }
    }

    //输入迷宫矩阵
    private static void inputMaze(Scanner scanner, int[][] mazeMat, int rows, int cols) {
        while(true) {
            boolean ok = true;
            System.out.println("请以空格间隔输入" + rows + "行" + cols + "列的迷宫");
            System.out.println("对于可通行的格子输入 0,不可通行的格子输入 1");
            for(int i = 0; i < rows; i ++) {
                for(int j = 0; j < cols; j ++) {
                    mazeMat[i][j] = scanner.nextInt();
                    if(mazeMat[i][j] != 0 && mazeMat[i][j] != 1) {
                        ok = false;
                    }
                }
            }
            if(ok) break;
            System.out.println("输入数据有误,请重新输入");
        }
    }

    //输入入口或出口位置
    private static void inputPosition(Scanner scanner, int[][] mazeMat, int rows, int cols,
Position pos) {
        while(true) {
            pos.row = scanner.nextInt();
            pos.col = scanner.nextInt();
            if(pos.row < 0 || pos.row >= rows) {
                System.out.println("行号不能小于 0 也不能大于或等于" + rows);
                continue;
            }
```

```
            }
            if(pos.col < 0 || pos.col >= cols) {
                System.out.println("列号不能小于 0 也不能大于或等于" + cols);
                continue;
            }
            if(mazeMat[pos.row][pos.col] == 1) {
                System.out.println("该位置格子必须是可通行的");
                continue;
            }
            break;
        }
    }
}
```

源程序文件 Position.java：

```
public class Position {
    public int row, col;
    public Position(int row, int col) {
        this.row = row;
        this.col = col;
    }
    public boolean equals(Position oth) {
        return row == oth.row && col == oth.col;
    }
}
```

源程序文件 Maze.java：

```
public class Maze {
    private int[][] mazeMat;                //迷宫矩阵
    private int rows, cols;                 //迷宫矩阵的行数 rows 和列数 cols
    private boolean[][] visited;            //访问标志数组
    //path 是走法数组,每个元素值为 0～3,分别表示向左、上、右、下走一步
    private int[] path;
    private int steps;                      //保存行走的步数
    private Position in, out;               //入口和出口位置
    public Maze(int[][] mazeMat, int rows, int cols, Position in, Position out) {
        this.mazeMat = mazeMat;
        this.rows = rows;
        this.cols = cols;
        visited = new boolean[rows][cols];
        for(int i = 0; i < rows; i ++) {
            for(int j = 0; j < cols; j ++) {
                visited[i][j] = false;
            }
        }
        path = new int[rows * cols];
        steps = 0;
        this.in = in;
        this.out = out;
    }

    //搜索从入口到出口的路径,成功则返回 true,否则返回 false
    public boolean runMaze() {
        return runMaze(in);
    }
```

```java
//搜索从 cur 到出口的路径,成功则返回 true,否则返回 false
private boolean runMaze(Position cur) {
    visited[cur.row][cur.col] = true;
    //到达出口则结束
    if(cur.equals(out)) {
        return true;
    }
    for(int i = 0; i < 4; i ++) {
        Position nextPos;
        switch(i) {
            case 0: nextPos = moveLeft(cur); break;
            case 1: nextPos = moveUp(cur); break;
            case 2: nextPos = moveRight(cur); break;
            default: nextPos = moveDown(cur);
        }
        if(nextPos != null && !visited[nextPos.row][nextPos.col]) {
            path[steps ++] = i;
            if(runMaze(nextPos)) {
                return true;
            }
            steps -- ;
        }
    }
    return false;
}

//判断从 cur 位置能否左移一格,如果不能则返回 null,如果能则返回新位置
private Position moveLeft(Position cur) {
    if(cur.col <= 0 || mazeMat[cur.row][cur.col - 1] == 1) {
        return null;
    }
    return new Position(cur.row, cur.col - 1);
}

//判断从 cur 位置能否上移一格,如果不能则返回 null,如果能则返回新位置
private Position moveUp(Position cur) {
    if(cur.row <= 0 || mazeMat[cur.row - 1][cur.col] == 1) {
        return null;
    }
    return new Position(cur.row - 1, cur.col);
}

//判断从 cur 位置能否右移一格,如果不能则返回 null,如果能则返回新位置
private Position moveRight(Position cur) {
    if(cur.col >= cols - 1 || mazeMat[cur.row][cur.col + 1] == 1) {
        return null;
    }
    return new Position(cur.row, cur.col + 1);
}

//判断从 cur 位置能否下移一格,如果不能则返回 null,如果能则返回新位置
private Position moveDown(Position cur) {
    if(cur.row >= rows - 1 || mazeMat[cur.row + 1][cur.col] == 1) {
        return null;
    }
    return new Position(cur.row + 1, cur.col);
}
```

```
//输出走法步骤
public void outputPath() {
    String[] dir = new String[] {"左移", "上移", "右移", "下移"};
    System.out.println("该迷宫的走法如下:");
    for(int i = 0; i < steps; i ++) {
        System.out.println(dir[path[i]]);
    }
}
```

上述程序采用的是深度优先搜索,找到一条路径即结束,不能确定该路径是否最短路径,如果要找到最短路径,需要搜索出所有路径后取最短者,但需要较多的时间。

4. 通过广度优先搜索求解迷宫问题

迷宫问题也可以采用广度优先搜索,只要找到一条路径必定是最短路径,但需要较大的存储空间。

广度优先搜索需要用到队列,另外,还需要存储 BFS 生成树,将队列和生成树放在同一个数据结构中,其中的队列采用非循环队列,生成树采用双亲表示法。

融合之后新队列由位置数组 position、队头元素下标 front 和队尾元素下一个单元的下标 rear 组成。其中,position 数组的元素包含以下三个域。

- row:存放当前位置的行号。
- col:存放当前位置的列号。
- pre:存放上一步位置在 position 数组中的下标。

1) C 语言程序

```c
# include < stdio. h >
# include < stdlib. h >

//有关结构的定义
typedef struct {
    int row, col, pre;
} Position;
typedef struct {
    Position * position;
    int front, rear;
} Queue;
typedef struct {
    int rows, cols;              //迷宫矩阵的行数 rows 和列数 cols
    int * mazeMat;               //指向迷宫矩阵,共 rows * cols 个元素
    int * visited;               //指向访问标志数组
    Queue queue;                 //存储队列和 BFS 生成树
    Position in, out;            //迷宫的入口和出口位置
} Maze;

//函数原型声明
void inputMazeMat(int * mazeMat, int rows, int cols);
void inputPosition(int * mazeMat, int rows, int cols, Position * pos);
void initQueue(Queue * queue, int size);
void destoryQueue(Queue * queue);
int isEmpty(Queue * queue);
int getRearIdx(Queue * queue);
void enQueue(Queue * queue, Position pos);
```

```
int deQueue(Queue * queue, Position * pos);
void outputPath(Queue * queue, int end);
void initMaze(Maze * maze, int rows, int cols, int * mazeMat, Position in, Position out);
void destory(Maze * maze);
int runMaze(Maze * maze);
int moveLeft(Maze * maze, Position cur, Position * nextPos);
int moveUp(Maze * maze, Position cur, Position * nextPos);
int moveRight(Maze * maze, Position cur, Position * nextPos);
int moveDown(Maze * maze, Position cur, Position * nextPos);
void outputMazePath(Maze * maze);

//主程序
void main() {
    //定义迷宫矩阵行数和列数变量并输入
    int rows, cols;
    printf("请输入迷宫矩阵行数:");
    scanf("%d", &rows);
    printf("请输入迷宫矩阵列数:");
    scanf("%d", &cols);
    if(rows < 2 || cols < 2) {
        printf("行数或列数均不能小于2\n");
        return;
    }

    //申请迷宫矩阵所需空间,并输入迷宫数据
    int * mazeMat = (int * )malloc(sizeof(int) * rows * cols);
    inputMazeMat(mazeMat, rows, cols);

    //定义入口和出口位置变量并输入
    Position in, out;
    printf("请输入入口行号和列号:");
    inputPosition(mazeMat, rows, cols, &in);
    printf("请输入出口行号和列号:");
    inputPosition(mazeMat, rows, cols, &out);

    //初始化迷宫控制结构
    Maze maze;
    initMaze(&maze, rows, cols, mazeMat, in, out);

    //搜索并输出迷宫路径
    if(!runMaze(&maze)) {
        printf("不存在入口到出口的路径\n");
    }
    else {
        outputMazePath(&maze);
    }

    //释放申请的空间
    destory(&maze);
}

//输入迷宫矩阵
void inputMazeMat(int * mazeMat, int rows, int cols) {
    while(1) {
        int ok = 1;
        printf("请输入%d行%d列的迷宫矩阵,输入间隔符为空格\n", rows, cols);
        printf("对可通行的格子输入0,不可通行的格子输入1\n");
```

```
        for(int i = 0; i < rows * cols; i ++) {
            scanf("%d", &mazeMat[i]);
            if(mazeMat[i] != 0 && mazeMat[i] != 1) {
                ok = 0;
            }
        }
        if(ok) {
            break;
        }
        printf("输入数据有误,请重新输入\n");
    }
}

//输入入口或出口位置
void inputPosition(int * mazeMat, int rows, int cols, Position * pos) {
    while(1) {
        scanf("%d%d", &pos -> row, &pos -> col);
        if(pos -> row < 0 || pos -> row >= rows) {
            printf("行号不能小于 0 也不能大于或等于 %d\n", rows);
            continue;
        }
        if(pos -> col < 0 || pos -> col >= cols) {
            printf("列号不能小于 0 也不能大于或等于 %d\n", cols);
            continue;
        }
        if(mazeMat[pos -> row * cols + pos -> col]) {
            printf("该位置格子必须是可通行的\n");
            continue;
        }
        break;
    }
}

//初始化空队列
void initQueue(Queue * queue, int size) {
    queue -> position = (Position * )malloc(sizeof(Position) * size);
    queue -> front = queue -> rear = 0;
}

//释放队列所申请的 pos 数组空间
void destoryQueue(Queue * queue) {
    free(queue -> position);
}

//判断队列是否为空
int isEmpty(Queue * queue) {
    return queue -> front == queue -> rear;
}

//获得队尾元素下标
int getRearIdx(Queue * queue) {
    return queue -> rear - 1;
}

//将 pos 入队
void enQueue(Queue * queue, Position pos) {
    queue -> position[queue -> rear ++] = pos;
```

```
    }

//出队,队头元素通过 * pos 返回,函数返回值为原队头位置
int deQueue(Queue * queue, Position * pos) {
    pos -> row = queue -> position[queue -> front].row;
    pos -> col = queue -> position[queue -> front].col;
    pos -> pre = queue -> position[queue -> front].pre;
    queue -> front ++;
    return queue -> front - 1;
}

//输出走法步骤
void outputPath(Queue * queue, int end) {
    if(end != -1) {
        outputPath(queue, queue -> position[end].pre);
        printf("<%d, %d>\n", queue -> position[end].row,
                queue -> position[end].col);
    }
}

//初始化迷宫控制结构
void initMaze(Maze * maze, int rows, int cols, int * mazeMat, Position in, Position out) {
    maze -> rows = rows;
    maze -> cols = cols;
    maze -> mazeMat = mazeMat;
    maze -> visited = (int * )malloc(sizeof(int) * rows * cols);
    for(int i = 0; i < rows * cols; i ++) {
        maze -> visited[i] = 0;
    }
    initQueue(&maze -> queue, rows * cols);
    maze -> in = in;
    maze -> out = out;
}

//释放迷宫控制结构所申请的空间
void destory(Maze * maze) {
    free(maze -> visited);
    destoryQueue(&maze -> queue);
}

//搜索从入口到出口的简单路径,成功则返回1,否则返回0
int runMaze(Maze * maze) {
    int ( * movePosition[4])(Maze * , Position, Position * ) = {
        moveLeft, moveUp, moveRight, moveDown
    };
    maze -> visited[maze -> in.row * maze -> cols + maze -> in.col] = 1;
    maze -> in.pre = -1;
    enQueue(&maze -> queue, maze -> in);
    if(maze -> in.row == maze -> out.row && maze -> in.col == maze -> out.col) {
        return 1;
    }
    while(!isEmpty(&maze -> queue)) {
        Position curPos, nextPos;
        int idx = deQueue(&maze -> queue, &curPos);
        for(int i = 0; i < 4; i ++) {
            int canMove = ( * movePosition[i])(maze, curPos, &nextPos);
            int nextIdx = nextPos.row * maze -> cols + nextPos.col;
```

```
            if(canMove && !maze -> visited[nextIdx]) {
                maze -> visited[nextPos.row * maze -> cols + nextPos.col] = 1;
                nextPos.pre = idx;
                enQueue(&maze -> queue, nextPos);
                if(nextPos.row == maze -> out.row
                    && nextPos.col == maze -> out.col) {
                    return 1;
                }
            }
        }
    }
    return 0;
}

//判断从 cur 位置能否左移一格,如果能则返回 1 并通过 * nextPos 返回新位置
int moveLeft(Maze * maze, Position cur, Position * nextPos) {
    int nextIdx = cur.row * maze -> cols + cur.col - 1;
    if(cur.col <= 0 || maze -> mazeMat[nextIdx]) {
        return 0;
    }
    nextPos -> row = cur.row;
    nextPos -> col = cur.col - 1;
    return 1;
}

//判断从 cur 位置能否上移一格,如果能则返回 1 并通过 * nextPos 返回新位置
int moveUp(Maze * maze, Position cur, Position * nextPos) {
    int nextIdx = (cur.row - 1) * maze -> cols + cur.col;
    if(cur.row <= 0 || maze -> mazeMat[nextIdx]) {
        return 0;
    }
    nextPos -> row = cur.row - 1;
    nextPos -> col = cur.col;
    return 1;
}

//判断从 cur 位置能否右移一格,如果能则返回 1 并通过 * nextPos 返回新位置
int moveRight(Maze * maze, Position cur, Position * nextPos) {
    int nextIdx = cur.row * maze -> cols + cur.col + 1;
    if(cur.col >= maze -> cols - 1 || maze -> mazeMat[nextIdx]) {
        return 0;
    }
    nextPos -> row = cur.row;
    nextPos -> col = cur.col + 1;
    return 1;
}

//判断从 cur 位置能否下移一格,如果能则返回 1 并通过 * nextPos 返回新位置
int moveDown(Maze * maze, Position cur, Position * nextPos) {
    int nextIdx = (cur.row + 1) * maze -> cols + cur.col;
    if(cur.row >= maze -> rows - 1 || maze -> mazeMat[nextIdx]) {
        return 0;
    }
    nextPos -> row = cur.row + 1;
    nextPos -> col = cur.col;
    return 1;
}
```

```
//输出迷宫路径
void outputMazePath(Maze * maze) {
    int end = getRearIdx(&maze -> queue);
    outputPath(&maze -> queue, end);
}
```

2) Java 语言程序

源程序文件 RunMaze.java:

```
import java.util.Scanner;
public class RunMaze {
    public static void main(String[] args) {
        Scanner scanner = new Scanner(System.in);
        //输入迷宫矩阵行数和列数
        System.out.print("请输入迷宫矩阵行数:");
        int rows = scanner.nextInt();
        System.out.print("请输入迷宫矩阵列数:");
        int cols = scanner.nextInt();
        if(rows < 2 || cols < 2) {
            System.out.println("行数或列数均不能小于 2");
            scanner.close();
            return;
        }

        //定义并输入迷宫矩阵
        int[][] mazeMat = new int[rows][cols];
        inputMaze(scanner, mazeMat, rows, cols);

        //定义入口和出口位置变量并输入
        Position in = new Position(0, 0, -1), out = new Position(0, 0, -1);
        System.out.print("请输入入口行号和列号:");
        inputPosition(scanner, mazeMat, rows, cols, in);
        System.out.print("请输入出口行号和列号:");
        inputPosition(scanner, mazeMat, rows, cols, out);

        scanner.close();

        //初始化迷宫控制结构
        Maze maze = new Maze(mazeMat, rows, cols, in, out);

        //搜索并输出迷宫路径
        if(!maze.runMaze()) {
            System.out.println("不存在入口到出口的路径");
        }
        else {
            maze.outputPath();
        }
    }

    //输入迷宫矩阵
    private static void inputMaze(Scanner scanner, int[][] mazeMat, int rows, int cols) {
        while(true) {
            boolean ok = true;
            System.out.println("请以空格间隔输入" + rows + "行" + cols + "列的迷宫");
            System.out.println("对于可通行的格子输入 0,不可通行的格子输入 1");
            for(int i = 0; i < rows; i ++) {
```

```
            for(int j = 0; j < cols; j ++) {
                mazeMat[i][j] = scanner.nextInt();
                if(mazeMat[i][j] != 0 && mazeMat[i][j] != 1) {
                    ok = false;
                }
            }
        }
        if(ok) break;
        System.out.println("输入数据有误,请重新输入");
    }
}

//输入入口或出口位置
private static void inputPosition(Scanner scanner, int[][] mazeMat, int rows, int cols,
Position pos) {
    while(true) {
        pos.row = scanner.nextInt();
        pos.col = scanner.nextInt();
        if(pos.row < 0 || pos.row >= rows) {
            System.out.println("行号不能小于 0 也不能大于或等于" + rows);
            continue;
        }
        if(pos.col < 0 || pos.col >= cols) {
            System.out.println("列号不能小于 0 也不能大于或等于" + cols);
            continue;
        }
        if(mazeMat[pos.row][pos.col] == 1) {
            System.out.println("该位置格子必须是可通行的");
            continue;
        }
        break;
    }
}
}
```

源程序文件 Position.java：

```
public class Position {
    public int row, col, pre;
    public Position(int row, int col, int pre) {
        this.row = row;
        this.col = col;
        this.pre = pre;
    }
    public boolean equals(Position oth) {
        return row == oth.row && col == oth.col;
    }
}
```

源程序文件 Queue.java：

```
public class Queue {
    private Position[] position;
    private int front, rear;
    public Queue(int size) {
        position = new Position[size];
        front = rear = 0;
    }
```

```java
//判断队列是否为空
public boolean isEmpty() {
    return front == rear;
}

//获得队头元素在队列中的下标
public int getFrontIdx() {
    return front;
}

//获得队尾元素在队列中的下标
public int getRearIdx() {
    return rear - 1;
}

//获得下标为 idx 的队列元素
public Position get(int idx) {
    return position[idx];
}

//将 pos 入队
public void enQueue(Position pos) {
    position[rear ++] = pos;
}

//出队,返回队头元素
public Position deQueue() {
    return position[front ++];
}
}
```

源程序文件 Maze.java：

```java
public class Maze {
    private int[][] mazeMat;                 //迷宫矩阵
    private int rows, cols;                   //迷宫矩阵的行数 rows 和列数 cols
    private boolean[][] visited;              //访问标志数组
    private Position in, out;                 //入口和出口位置
    Queue queue;
    public Maze(int[][] mazeMat, int rows, int cols, Position in, Position out) {
        this.mazeMat = mazeMat;
        this.rows = rows;
        this.cols = cols;
        visited = new boolean[rows][cols];
        for(int i = 0; i < rows; i ++) {
            for(int j = 0; j < cols; j ++) {
                visited[i][j] = false;
            }
        }
        this.in = in;
        this.out = out;
        queue = new Queue(rows * cols);
    }

    //搜索从入口到出口的简单路径,成功则返回 true, 否则返回 false
    public boolean runMaze() {
```

```
        visited[in.row][in.col] = true;
        queue.enQueue(new Position(in.row, in.col, -1));
        if(in.equals(out)) {
            return true;
        }
        while(!queue.isEmpty()) {
            int idx = queue.getFrontIdx();
            Position curPos = queue.deQueue();
            for(int i = 0; i < 4; i++) {
                Position nextPos;
                switch(i) {
                    case 0: nextPos = moveLeft(curPos, idx); break;
                    case 1: nextPos = moveUp(curPos, idx); break;
                    case 2: nextPos = moveRight(curPos, idx); break;
                    default: nextPos = moveDown(curPos, idx);
                }
                if(nextPos != null && !visited[nextPos.row][nextPos.col]) {
                    visited[nextPos.row][nextPos.col] = true;
                    queue.enQueue(nextPos);
                    if(nextPos.equals(out)) {
                        return true;
                    }
                }
            }
        }
        return false;
    }

    //判断从 pos 位置能否左移一格,如果能移则返回新位置,否则返回 null
    private Position moveLeft(Position pos, int idx) {
        if(pos.col == 0 || mazeMat[pos.row][pos.col - 1] == 1) return null;
        return new Position(pos.row, pos.col - 1, idx);
    }

    //判断从 pos 位置能否上移一格,如果能移则返回新位置,否则返回 null
    private Position moveUp(Position pos, int idx) {
        if(pos.row == 0 || mazeMat[pos.row - 1][pos.col] == 1) return null;
        return new Position(pos.row - 1, pos.col, idx);
    }

    //判断从 pos 位置能否右移一格,如果能移则返回新位置,否则返回 null
    private Position moveRight(Position pos, int idx) {
        if(pos.col == cols - 1 || mazeMat[pos.row][pos.col + 1] == 1) return null;
        return new Position(pos.row, pos.col + 1, idx);
    }

    //判断从 pos 位置能否下移一格,如果能移则返回新位置,否则返回 null
    private Position moveDown(Position pos, int idx) {
        if(pos.row == rows - 1 || mazeMat[pos.row + 1][pos.col] == 1) {
            return null;
        }
        return new Position(pos.row + 1, pos.col, idx);
    }
```

```
//输出走法步骤
public void outputPath() {
    outputPath(queue.getRearIdx());
}
private void outputPath(int end) {
    if(end != - 1) {
        Position pos = queue.get(end);
        outputPath(pos.pre);
        System.out.println("<" + pos.row + "," + pos.col + ">");
    }
}
```

求解迷宫问题的一个简单的优化方法是采用双向搜索,即从入口和出口同时进行搜索,当它们搜索到同一个格子时,将两个路径合并即得到从入口到出口的路径。

6.7.2 华容道游戏

1. 问题描述

华容道游戏是一个古老的中国民间益智类游戏,源于"诸葛亮智算华容,关云长义释曹操"的三国故事,因其变化多端的特点被称为"不可思议的智力游戏"。

华容道游戏是在一个 5×4 的棋盘上摆放着 10 个棋子,其中,有 2 个空闲的格子,有 4 个"卒"只占 1 个格子,有 4 个竖棋子和 1 个横棋子均占 2 个格子,这 5 个棋子代表"蜀国五虎将",还有一个正方形棋子占 4 个格子,代表"曹操"。初始状态多种多样,但游戏的最终目标都是相同的,就是利用空闲格子对棋子进行移动,每次只能将一个棋子移动到相邻的空闲格子,最终使得"曹操"移动到出口位置逃之夭夭。

图 6.31 华容道初始状态示例

华容道游戏的一种比较经典的初始状态如图 6.31 所示。

2. 基本思想

可以将华容道游戏看作图的遍历问题。

(1) 将每一种可能的状态(左右翻转对称的状态视为同一种状态)作为图的一个顶点。

(2) 如果从一种状态通过一次棋子的移动能够转变为另外一种状态,则这两种状态所对应的顶点之间存在一条边,两种状态互为邻接状态。

(3) 通过图的遍历找到从初始状态到目标状态的一条简单路径,最好是最短路径。

和前面学习的图的遍历不同的是,华容道游戏所对应的图不是事先构造好的,而是在路径搜索过程中动态构建的。事实上,华容道游戏可能的状态数相当庞大,事先构造好一个完整的图是不现实的。

可以采用广度优先搜索来获得曹操的最短逃脱路径。

3. 基本过程

从初始状态 layout 开始进行 BFS 搜索的基本过程如下。

(1) 准备工作。

① 初始化空的候选队列 queue。

② 初始化空的已访问状态集合 visited。

③ 初始化空的 BFS 生成树 path。

（2）访问状态 layout。

① 将 layout 加入 path 生成树。

② 如果 layout 是目标状态,则输出从生成树根到 layout 的路径并结束。

③ 将 layout 插入 queue 队列。

④ 将 layout 加入 visited 集合。

（3）如果 queue 队列非空,则从 queue 队列出队一种状态 lay,对 lay 的每一种不属于 visited 集合的邻接状态 u(含左右翻转状态也不属于 visited 集合)进行访问。

① 将 u 加入 path 生成树。

② 如果 u 是目标状态,则输出从生成树根到 u 的路径并结束。

③ 将 u 插入 queue 队列。

④ 将 u 加入 visited 集合。

（4）循环执行步骤(3),直至 queue 队列为空,说明不存在到达目标状态的路径。

4. 关键问题

上述基本过程比较容易理解,也比较容易编写出相应的程序,但存在一些非常关键的问题。

1）状态的表示

需要对各种状态进行编码。华容道游戏的状态空间非常庞大,由于本算法所需的 visited 集合、queue 候选队列和 path 生成树都需要存储大量的状态,状态编码要尽可能短小。

例如,可以用三个比特 000 表示空闲格子,用 001 表示"卒",用两组 010 表示"横将",用两组 011 表示"竖将",用四组 100 表示"曹操",每一列只有 5 个格子,可以用 15 比特对每一列进行编码(占 2B),每种状态总共需要 8B。如果按五进制进行编码,则每种状态最少需要 6B 进行编码。

2）已访问状态集合 visited

如果采用线性表来存储已访问状态,则该线性表可能会很长,查询效率很低。可以考虑用哈希表来实现该集合,大幅提高查询效率。也可以考虑采用布隆过滤器(Bloom filter),时间和空间性能都非常高,但存在误判的可能性。

3）候选队列 queue

可以考虑采用优先队列,在每一次出队时,将队列中优先级最高的状态出队,以便实现一定程度的启发式搜索。队列中的每种状态带有一个估价值,表示对应状态的价值,每种状态的估价值都是通过估价函数计算出来的,一般来说,距离目标状态越近,其价值越高。估价函数是人为定义的,很难有绝对的标准来衡量估价函数的优劣。对启发式搜索感兴趣的读者请自行查阅 A * 算法资料。

采用优先队列,获得的路径不一定是最短路径。如果估价函数设计得当,一般能够降低搜索所需的时间和空间。

4）生成树 path

生成树 path 用来存储从根顶点(初始状态)到 visited 集合所存各个状态的路径,可以采用双亲表示法,visited 集合中的每一个状态另存有指向其父状态的指针或游标。

小结

本章的知识点归纳总结如下。

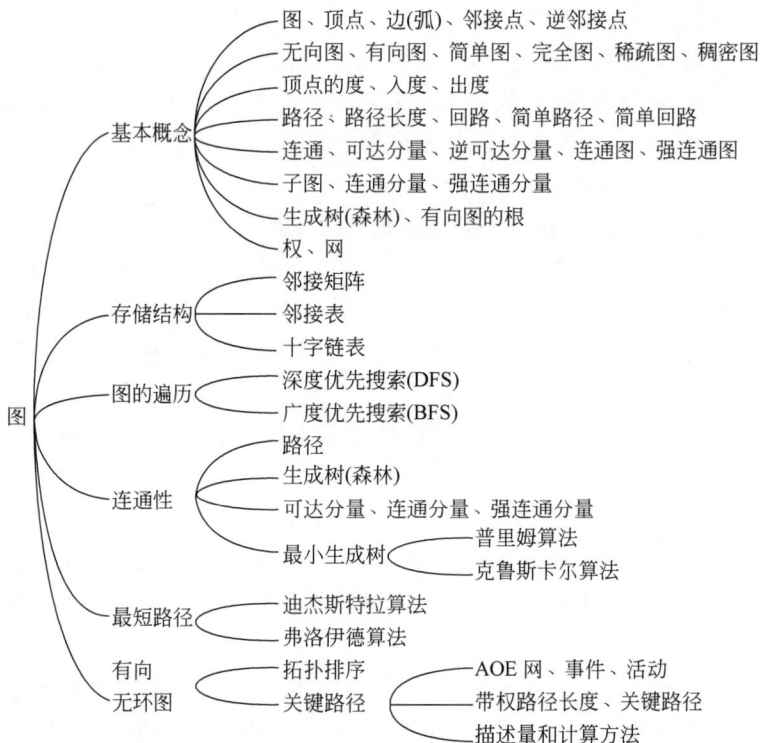

本章需要重点掌握的内容有:

(1) 关于图的各种基本概念。

(2) 图的邻接矩阵、邻接表和十字链表存储结构。

(3) 图的遍历算法(DFS 和 BFS)。

(4) 图的遍历算法在路径搜索中的应用。

(5) 最小生成树:手工构造方法和计算机算法。

(6) 最短路径算法(迪杰斯特拉算法和弗洛伊德算法)。

(7) 拓扑排序和关键路径的求解方法。

习题 6

1. 已知无向图 $G=(V,E)$,其中,顶点集 $V=\{A,B,C,D,E,F,G\}$,边集 $E=\{<A,B>,<A,C>,<B,C>,<B,D>,<B,F>,<D,F>,<C,E>,<C,G>,<E,G>,<E,F>\}$,人为规定各个顶点的排列顺序为 A、B、C、D、E、F 和 G。

(1) 画出该无向图示意图。

（2）画出该无向图的邻接矩阵和邻接表示意图。

（3）写出深度优先遍历和广度优先遍历序列，并画出对应的生成树（森林）。

2．已知有向图 $G=(V,E)$，其中，顶点集 $V=\{A,B,C,D,E,F,G\}$，弧集 $E=\{\langle A,B\rangle$，$\langle A,C\rangle,\langle C,B\rangle,\langle B,D\rangle,\langle B,F\rangle,\langle D,F\rangle,\langle E,C\rangle,\langle G,C\rangle,\langle G,E\rangle,\langle E,F\rangle\}$，弧集中的每一条弧 $\langle u,v\rangle$ 的弧尾为 u，弧头为 v，人为规定各个顶点的排列顺序为 A、B、C、D、E、F 和 G。

（1）画出该有向图示意图。

（2）画出该有向图的邻接矩阵和邻接表示意图。

（3）写出深度优先遍历和广度优先遍历序列。

（4）写出该有向图的拓扑排序序列。

3．已知无向网 $G=(V,E)$，其中，顶点集 $V=\{1,2,3,4,5,6,7\}$，边集 $E=\{\langle 1,2,6\rangle$，$\langle 1,6,1\rangle,\langle 1,7,2\rangle,\langle 2,3,4\rangle,\langle 2,7,3\rangle,\langle 3,4,2\rangle,\langle 4,5,6\rangle,\langle 4,7,5\rangle,\langle 5,6,8\rangle,\langle 5,7,7\rangle\}$，边集中的每一条边 $\langle a,b,w\rangle$ 的两个顶点分别为 a 和 b，权值为 w，画出该无向网及其最小生成树示意图。

4．已知 AOE 网 $G=(V,E)$，其中，顶点集 $V=\{1,2,3,4,5,6,7\}$，弧集 $E=\{\langle 1,2,10\rangle$，$\langle 1,3,8\rangle,\langle 1,4,20\rangle,\langle 2,4,5\rangle,\langle 3,4,7\rangle,\langle 3,5,20\rangle,\langle 4,6,6\rangle,\langle 5,6,9\rangle,\langle 5,7,2\rangle,\langle 6,7,2\rangle\}$，弧集中的每一条弧 $\langle a,b,w\rangle$ 的弧尾为 a，弧头为 b，权值为 w。

（1）画出该 AOE 网示意图，并写出拓扑排序序列。

（2）列表计算每个事件的最早发生时间和最迟发生时间，每项活动的最早开始时间和最晚开始时间，求出关键活动和关键路径。

5．用邻接矩阵 A 表示一个具有 n 个顶点的图，对于任意顶点 v_i 和 v_j（$0\leqslant i<n,0\leqslant j<n$），如果从 v_i 到 v_j 有边，则 $A[i][j]=1$，否则 $A[i][j]=0$，计算矩阵 $B=A^k$（A^k 表示 k 个 A 的乘积，$k\geqslant 1$），则 $B[i][j]$ 的含义是什么？

6．思考如下问题。

（1）如何实现图中的边（弧）的遍历，即图中的每条边（弧）被访问且仅被访问一次？

（2）如何判断一个图能否一笔画完整个图？即从某个顶点出发，不重复地走遍所有的边，如果能则输出一笔画路径。

（3）如何用 DFS 实现一个有向图的拓扑排序？

（4）有 k 个不同容积的杯子，里面盛有不同体积的水，k 个杯子的容积和里面水的体积都是已知的，不借助其他器具，仅在各个杯子之间将水倒来倒去，使得 k 个杯子都各自盛有指定的不同体积的水（初始状态和目标状态下水的总体积保持不变），如何用计算机来解决这个问题。

（5）补考安排问题。

如果任意一名学生有多门课程（根据试卷区分不同课程）需要补考，则这些课程的补考不能安排在同一批次，因为任何一名学生都不能同时参加多门课程的补考。例如，张三需要补考"高等数学"和"C 语言"，李四需要补考"C 语言"和"计算机导论"，则"高等数学"和"C 语言"的补考不能安排在同一批次，"C 语言"和"计算机导论"的补考也不能安排在同一批次。假设有 m 名学生需要补考 n 门课程，每一名学生需要补考的课程信息是已知的，不考虑考场和监考教师不足的情况，如何以尽可能少的批次合理安排所有课程的补考批次？

第7章

查　找

在日常工作、学习和生活中，经常遇到"查找"问题。例如，在家里衣柜里找某件衣服，在图书馆书架上找某本书籍，在办公室卷柜里找某一个工作材料，如果这些东西整理和摆放不当，上述"查找"很可能带来非常糟糕的体验。在计算机领域的各种各样的非数值计算问题中，经常需要在大量甚至海量数据中查找某一指定数据，此时，数据的组织方式以及查找方法对查找性能是至关重要的，有的方式方法非常低效，而有的方式方法则非常高效。本章将介绍各种查找算法及相关的数据组织方式。

7.1　基本概念

1. 查找表

查找表(search table)是由同一类型的数据元素(记录)构成的集合。查找表中数据元素的个数被称为查找表的长度。

查找表中的每个数据元素往往具有多个数据项，因此可以将一个查找表在逻辑上看作一个二维表，该二维表的每一行对应一个数据元素，每一列对应一个数据项。

关键字(key)是数据元素中某个数据项的值，用它可以标识查找表中的一个或一组数据元素。能够唯一标识一个数据元素的关键字被称为**主关键字**(primary key)，否则为**次关键字**(secondary key)。如果一个数据元素仅有一个数据项，则该数据元素本身即为其关键字。

例如，学生信息表就是由 n 名学生的数据元素构成的集合，每名学生数据元素包含学号、姓名、性别、生日等数据项，某个学号能够唯一标识某名学生而不是一组学生，而姓名则不具有唯一标识性(很可能有重名的不同学生)，因此学号是学生信息表的主关键字，而姓名则是次关键字。

2. 查找

查找(search)就是根据某个给定的关键字值，在查找表中找到关键字与给定值相同的数据元素，并返回该数据元素在查找表中的位置。如果找到了相应的数据元素，则称为**查找成功**，否则称为**查找失败**。

查找分为两种情况：**静态查找**（static search）和**动态查找**（dynamic search）。静态查找是指在查找过程中只进行查找，查找表不发生改变。动态查找是指当查找失败时将查找失败的数据元素插入查找表中，或者当查找成功时将查到的数据元素从查找表中删除。

3. 平均查找长度

平均查找长度（Average Search Length，ASL）是指为了完成查找，需要与给定关键字进行比较的数据元素个数的期望值。查找有两种结果：查找成功和查找失败。在查找表中找到关键字和给定值相同的数据元素的平均查找长度称为查找成功时的平均查找长度，否则称为查找失败（或查找不成功）时的平均查找长度。如果不加特殊说明，平均查找长度一般指查找成功时的平均查找长度。平均查找长度是衡量查找算法性能的关键指标。

对于长度为 n 的查找表，查找成功时的平均查找长度为

$$\text{ASL}_{\text{SUCC}} = p_0 c_0 + p_1 c_1 + \cdots + p_{n-1} c_{n-1} = \sum_{i=0}^{n-1} p_i c_i$$

其中，p_i 是在查找表中查找第 i 个数据元素的概率，c_i 是查找第 i 个数据元素需要进行关键字比较的次数。

假设查找表的所有数据元素的关键字值非递减排列，依次为 $k_0, k_1, \cdots, k_{n-1}$，则查找失败时的平均查找长度为

$$\text{ASL}_{\text{FAIL}} = p_0 c_0 + p_1 c_1 + \cdots + p_n c_n = \sum_{i=0}^{n} p_i c_i$$

其中，查找表中查找关键字小于 k_0 的数据元素的概率为 p_0，需要的关键字比较次数为 c_0；查找关键字大于 k_{n-1} 的数据元素的概率为 p_n，需要的关键字比较次数为 c_n；$p_i (i=1, 2, \cdots, n-1)$ 是查找关键字大于 k_{i-1} 且小于 k_i 的数据元素的概率，c_i 是对应的关键字比较次数。

如果上述每种情况的概率是相同的，则

$$\text{ASL}_{\text{SUCC}} = \frac{1}{n} \sum_{i=0}^{n-1} c_i$$

$$\text{ASL}_{\text{FAIL}} = \frac{1}{n+1} \sum_{i=0}^{n} c_i$$

对应的平均查找长度称为等概情况下的平均查找长度。

4. 查找表的基本操作

查找表一般包含但不限于如下基本操作。

getLength()：返回查找表的长度。

isEmpty()：判断查找表是否为空。

search(key)：查找关键字值为 key 的首个数据元素，返回在查找表中的位置。

searchAll(key)：查找关键字值为 key 的所有数据元素，返回在查找表中的位置序列。

insert(elem)：将一个数据元素 elem 插入查找表中。

delete(key)：删除关键字值为 key 的首个数据元素。

deleteAll(key)：删除关键字值为 key 的所有数据元素。

7.2　顺序查找

顺序查找(sequential search)就是将给定关键字值与查找表中的各个数据元素的关键字逐个进行比较,直到查找成功或者失败。

算法 7.1　在长度为 n 的查找表中查找具有给定关键字的数据元素,返回该数据元素在查找表中的位置,查找失败则返回 -1。

该算法的 C 语言描述如下。

```
//如果用 Java 描述则将 ElemType table[]换成 ElemType[] table
int search(ElemType table[], int n, KeyType key) {
    for(int i = 0; i < n; i ++) {
        if(table[i].key == key) {
            return i;
        }
    }
    return -1;
}
```

当要查找 $table[i]$($i=0,1,\cdots,n-1$)时,需要进行 $i+1$ 次比较,等概情况下查找成功的平均查找长度 $ASL=(1+2+\cdots+n)/n=(n+1)/2$。查找失败则固定需要进行 n 次比较,等概情况下查找失败的平均查找长度为 n。

顺序查找算法非常简单,也不要求特殊的数据组织方式,在数据量不大时是很好的选择,但当数据量很大时,顺序查找的效率很低。

7.3　折半查找

在某一档电视综艺节目中,主持人拿出一件价格为 1000~1200 元的商品,要求某嘉宾猜测该商品的实际价格,对于每次猜测,主持人都给出"猜高了"或"猜低了"的提示,直到猜对为止。然后再让另一嘉宾猜测另一商品的价格,当所有嘉宾都猜对后,猜测次数少者获胜。有嘉宾是这样猜的:1000、1050、1150、1070、…,猜了十几次才猜对。

如果让我们参加这档节目,我们将采取什么策略? 很明显,应该用"折半法",也就是先猜 1000 和 1200 的中间值 1100,如果主持人提示"猜高了",那么再猜 1000 和 1100 的中间值 1050,如果主持人提示"猜低了",那么再猜 1100 和 1200 的中间值 1150,以此类推,所需的猜测次数的期望值才能达到最小。

折半查找(half-interval search)又称为**二分查找**(binary search),要求查找表采用顺序存储结构,并且查找表中的所有数据元素必须按关键字值有序排列(非递减或者非递增)。

折半查找算法的基本方法如下。

(1) 设查找表中数据元素的最小位置为 low,最大位置为 high。

(2) 计算位置 low~位置 high 的中间位置 mid。

(3) 将给定值 key 与查找表 mid 位置数据元素的关键字值进行比较,如果相等则查找成功并返回 mid。

(4) 通过 mid 将查找表一分为二,前一半子表包含位置为 low~mid-1 的数据元素,后一半子表包含位置为 mid+1～high 的数据元素,如果 key 小于 mid 位置数据元素的关键字值,则到前一半继续查找(low 不变而 high＝mid−1),否则到后一半继续查找(high 不变而 low＝mid+1)。

(5) 重复上述过程,直到查找成功,或者子表为空(查找失败)。

例如,已知有 10 个数据元素构成的按关键字升序排列的查找表,数据元素的关键字值依次为 5、8、12、14、18、30、34、40、45、60,设查找表的位置下界为 low,上界为 high,中间位置为 mid＝⌊low+high⌋/2,则查找关键字 34 的过程如图 7.1 所示,查找结果为查找成功,需要的关键字比较次数为 4。

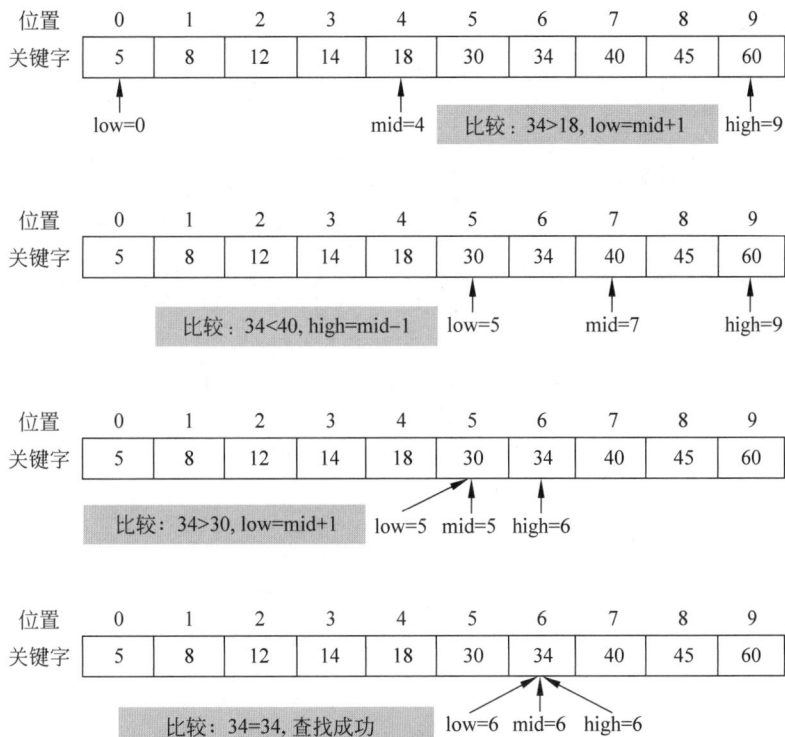

图 7.1　折半查找成功示例(查找关键字 34)

如果在该查找表中查找关键字 32,则查找过程如图 7.2 所示,查找结果为查找失败,需要的关键字比较次数为 4。

假设查找表中的元素按照关键字非递减排列且不存在重复的关键字,则折半查找可以用折半查找判定树来描述。

(1) 折半查找判定树是一棵二叉树。

(2) 树(子树)根结点关键字为查找表(子表)中间位置数据元素的关键字。

(3) 用左子树来表示关键字小于根结点关键字的数据元素构成的子表。

(4) 用右子树来表示关键字大于根结点关键字的数据元素构成的子表。

(5) 左右子树均为折半查找判定树。

折半查找判定树是一棵平衡的二叉树,且其中序遍历得到的关键字序列是一个有序序列。

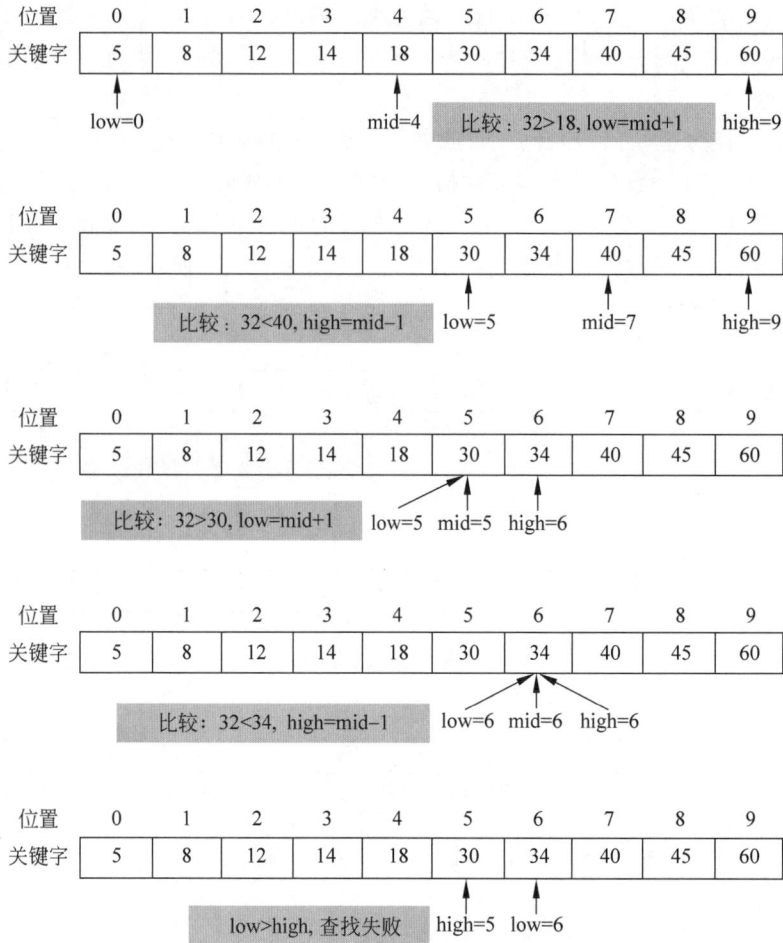

图 7.2　折半查找失败示例（查找关键字 32）

在进行折半查找时，首先将要查找的关键字 key 与根结点关键字进行比较，如果相等则查找成功，如果 key 小于根结点关键字，则到左子树继续查找，否则到右子树继续查找，直到查找成功，或者到达空子树（查找失败）。为了表示更加清晰，在空子树位置人为设置"虚结点"，也称为"失败结点"，凡是在查找过程中到达"失败结点"则表示查找失败。

例如，已知有 10 个数据元素构成的按关键字升序排列的查找表，关键字值依次为 5、8、12、14、18、30、34、40、45、60，则对应的折半查找判定树如图 7.3 所示，其中，虚线方框结点表示"失败结点"。

查找 key 成功时，需要的关键字比较次数是从根结点到关键字为 key 的结点的路径上的结点个数。例如，查找 14 需要进行 4 次关键字比较（依次与 18、8、12、14 进行比较）。查找 key 失败时，需要的关键字比较次数是从根结点到"失败结点"的路径上的实结点个数，例如，查找 20 需要进行 3 次关键字比较（依次与 18、40、30 进行比较）。

在如图 7.3 所示的折半查找判定树中，查找成功时各个关键字的比较次数如下。

(1) 18：比较 1 次。

(2) 8、40：分别比较 2 次。

(3) 5、12、30、45：分别比较 3 次。

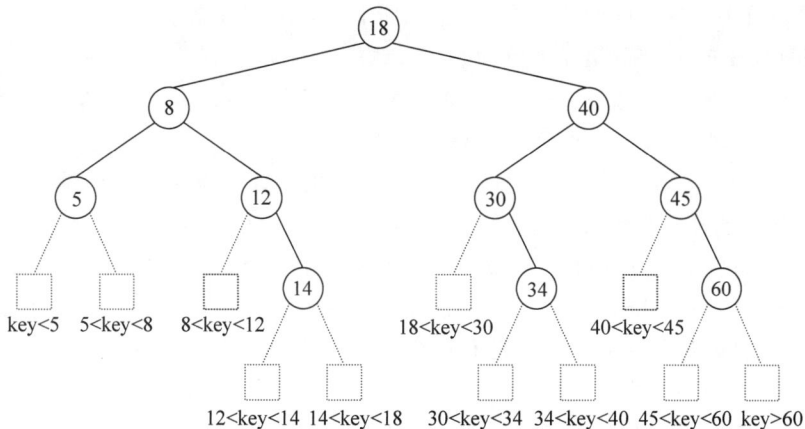

图 7.3 折半查找判定树示例

(4) 14、34、60：分别比较 4 次。

对于该查找表，等概情况下查找成功的平均查找长度 $\text{ASL}_{\text{SUCC}} = (1 + 2 \times 2 + 3 \times 4 + 4 \times 3)/10 = 29/10$。

如图 7.3 所示的折半查找判定树共有 11 个"失败结点"，对应于查找失败的 11 种情况，其中，需要比较 3 次的有 5 个"失败结点"，需要比较 4 次的有 6 个"失败结点"，因此，等概情况下查找失败的平均查找长度 $\text{ASL}_{\text{FAIL}} = (3 \times 5 + 4 \times 6)/11 = 39/11$。

算法 7.2 折半查找关键字值为 key 的数据元素，返回该数据元素在查找表中的位置，查找失败则返回 −1（假设查找表已按关键字值非递减排列）。

该算法的 C 语言描述如下。

```
//如果用Java描述则将ElemType table[]换成ElemType[] table
int binSearch(ElemType table[], int n, KeyType key) {
    int low = 0, high = n - 1, mid;
    while(low <= high) {
        mid = (low + high) / 2;
        if(table[mid].key == key) {
            return mid;
        }
        if(key < table[mid].key) {
            high = mid - 1;
        }
        else {
            low = mid + 1;
        }
    }
    return - 1;
}
```

设查找表长度为 n，则折半查找的查找成功的平均查找长度 $\approx \log_2(n+1) - 1$，查找失败的平均查找长度不超过 $\log_2 n + 1$。

7.4 索引顺序查找

索引顺序查找（indexed sequential search）也称为**分块查找**（blocking search），是一种介

于顺序查找和折半查找之间的查找方法,它按如下方式组织数据。

(1) 将顺序表的 n 个数据元素分为 m 个分块。

(2) 分块间有序(第 i 个分块所有数据元素的关键字均小于第 $i+1$ 个分块所有数据元素的关键字,$i=0$、1、$\cdots$、$m-2$),分块内部可以无序。

(3) 建立一个索引表,每个表元素包含对应分块的最大关键字和起始地址(分块内第一个数据元素在顺序表中的起始位置)。

(4) 索引表的表元素按照最大关键字值升序排列。

在进行索引顺序查找时,先通过折半查找确定具有给定关键字 key 的数据元素应该存在于哪一个分块(确定分块的起始地址和结束地址),然后在该分块内部进行顺序查找,如果找到则查找成功,否则查找失败。

例如,如图 7.4 所示的查找表就是一个索引顺序查找表。

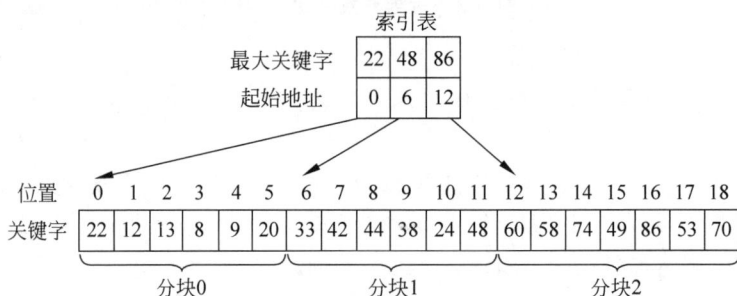

图 7.4　索引顺序查找表示例

7.5　二叉排序树与平衡二叉树

7.5.1　二叉排序树

1. 基本概念

查找表也可以采用二叉排序树来进行组织。

二叉排序树(binary sort tree)要么是一棵空树,要么满足如下条件。

(1) 若左子树非空,则左子树所有结点的关键字均不大于根结点的关键字。

(2) 若右子树非空,则右子树所有结点的关键字均不小于根结点的关键字。

(3) 左子树、右子树均是二叉排序树。

注意,二叉排序树并不要求所有结点关键字都是互不相同的,但下面所讲内容均按所有结点关键字互不相同对待。

根据二叉排序树的结构和二叉树的中序遍历算法可知,对二叉排序树进行中序遍历必将得到一个按关键字非递减排列的序列。例如,如图 7.5 所示二叉树就是一棵二叉排序树,它的中序遍历关键字序列为 5、8、12、14、18、30、34、40、45、60。

2. 查找算法

在二叉排序树中查找具有关键字 key 的结点的基本思想如下。

(1) 如果二叉排序树为空,则查找失败。

(2) 如果 key==根结点关键字,则查找成功,返回根结点。

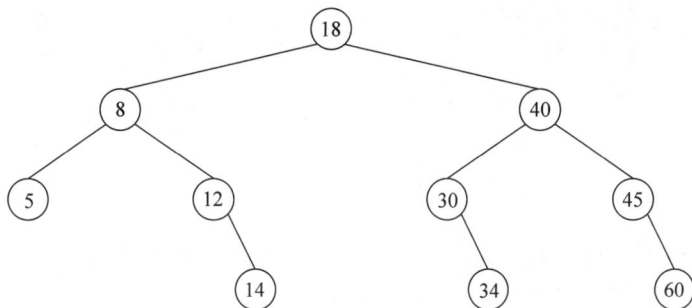

图 7.5 二叉排序树示例

（3）如果 key＜根结点关键字，则递归地在左子树中进行查找。

（4）如果 key＞根结点关键字，则递归地在右子树中进行查找。

上述基本思想是递归描述的，但实际查找算法不提倡使用递归算法，可设置一个指针 cur 指向当前待比较结点，cur 初始指向根结点，当需要到左子树或右子树中继续进行查找时，只需让 cur 指向左孩子或右孩子即可。非递归算法的基本步骤如下。

（1）cur 指向根结点。

（2）当 cur 非空时循环。

① 如果 key＝cur 所指结点的关键字，则查找成功，返回 cur。

② 如果 key＜cur 所指结点的关键字，则令 cur 指向左孩子。

③ 如果 key＞cur 所指结点的关键字，则令 cur 指向右孩子。

（3）查找失败。

算法 7.3　在二叉排序树中查找关键字等于 key 的结点，查找失败返回空指针。

该算法的 C 语言描述如下。

```
BTreeNode * search(BTreeNode * root, KeyType key) {
    BTreeNode * cur = root;
    while(cur != NULL) {
        if(key == cur -> data.key) {
            return cur;
        }
        if(key < cur -> data.key) {
            cur = cur -> left;
        }
        else {
            cur = cur -> right;
        }
    }
    return NULL;
}
```

该算法的 Java 语言描述如下。

```
public BTreeNode search(BTreeNode root, KeyType key) {
    BTreeNode cur = root;
    while(cur != null) {
        if(key == cur.getData().getKey()) {
            return cur;
        }
        if(key < cur.getData().getKey()) {
```

```
            cur = cur.getLeft();
        }
        else {
            cur = cur.getRight();
        }
    }
    return null;
}
```

在二叉排序树中进行查找的最好时间复杂度和平均时间复杂度均为 $O(\log n)$，最坏时间复杂度为 $O(n)$（例如，每层只有一个结点的情况）。

二叉排序树上的每一次查找所需的关键字比较次数均不超过二叉排序树的高度，然而，和折半查找不同的是：对于给定的一个长度为 n 的查找表，折半查找判定树是唯一且平衡的，而二叉排序树不是唯一的且有可能不是平衡的，平均查找长度不会低于折半查找的平均查找长度。例如，如图 7.6 所示的两棵二叉排序树，虽然它们的关键字有序序列是相同的，但平均查找长度是不同的，其中，如图 7.6(a) 所示的二叉排序树在等概情况下查找成功的平均查找长度为 $29/10$，查找失败的平均查找长度为 $39/11$，而如图 7.6(b) 所示的二叉排序树在等概情况下查找成功的平均查找长度为 $31/10$，查找失败的平均查找长度为 $41/11$。

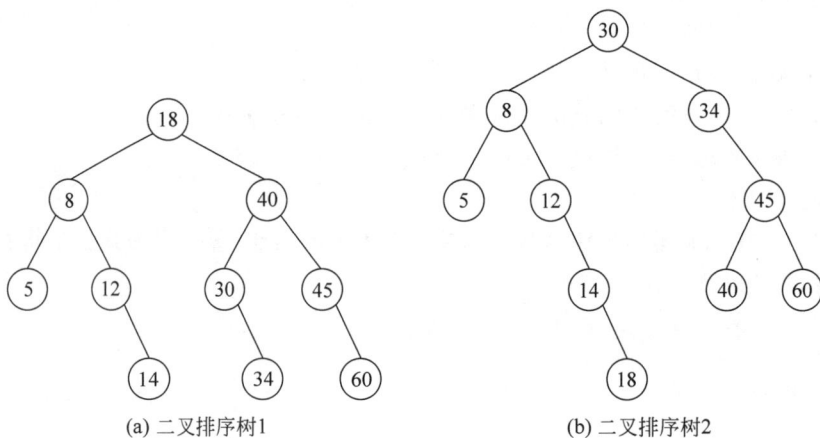

(a) 二叉排序树1   (b) 二叉排序树2

图 7.6　同一关键字序列的不同二叉排序树示例

在最坏情况下，二叉排序树的每一层仅有一个结点，此时在等概情况下查找成功的平均查找长度为 $(n+1)/2$，与顺序查找相同。在最好及平均情况下，查找成功的平均查找长度和查找失败的平均查找长度与 $\log_2 n$ 是等数量级的。

3. 最大最小关键字结点

对于非空的二叉排序树，从根结点开始向左不断深入，直到最左端的叶子结点，即为具有最小关键字的结点；从根结点开始向右不断深入，直到最右端的叶子结点，即为具有最大关键字的结点。

算法 7.4　找到二叉排序树中具有最大关键字和最小关键字的结点。

该算法的 C 语言描述如下。

```
BTreeNode * minNode(BTreeNode * root) {        //找具有最小关键字的结点
    if(root == NULL) return NULL;
    while(root -> left != NULL) {
        root = root -> left;
```

```
    }
    return root;
}
BTreeNode * maxNode(BTreeNode * root) {              //找具有最大关键字的结点
    if(root == NULL) return NULL;
    while(root -> right != NULL) {
        root = root -> right;
    }
    return root;
}
```

该算法的 Java 语言描述如下。

```
public BTreeNode minNode(BTreeNode root) {          //找具有最小关键字的结点
    if(root == null) return null;
    while(root.getLeft() != null) {
        root = root.getLeft();
    }
    return root;
}
public BTreeNode maxNode(BTreeNode root) {          //找具有最大关键字的结点
    if(root == null) return null;
    while(root.getRight() != null) {
        root = root.getRight();
    }
    return root;
}
```

4. 插入算法

在二叉排序树中插入一个新结点,设其关键字为 key,其基本思想如下。

(1) 如果二叉排序树为空,则将新结点作为根结点。

(2) 如果 key＜根结点关键字,则递归地将新结点插入左子树。

(3) 如果 key＞根结点关键字,则递归地将新结点插入右子树。

上述思想是递归形式描述的,如果不使用递归,则基本思想如下。

(1) 如果二叉排序树为空,则将新结点作为根结点并结束。

(2) 定义一个 cur 指向当前结点,初始指向根结点。

(3) 当 key＜cur 结点关键字时,如果 cur 结点存在左孩子,则转左孩子继续步骤(3)和步骤(4)的处理,否则将新结点作为 cur 结点的左孩子并结束。

(4) 当 key＞cur 结点关键字时,如果 cur 结点存在右孩子,则转右孩子继续步骤(3)和步骤(4)的处理,否则将新结点作为 cur 结点的右孩子并结束。

例如,在如图 7.7(a)所示的二叉排序树中插入一个关键字为 10 的新结点,插入完成之后新的二叉排序树如图 7.7(b)所示,其中,虚线箭头所示为寻找插入位置的路径。

算法 7.5　在二叉排序树中插入数据元素为 elem 的新结点。

该算法的 C 语言描述如下。

```
BTreeNode * insertNode(BTreeNode * root, ElemType elem) {
    BTreeNode * cur = root, * parent = NULL;
    while(cur != NULL) {
        parent = cur;
        if(elem.key < cur -> data.key) {
            cur = cur -> left;
```

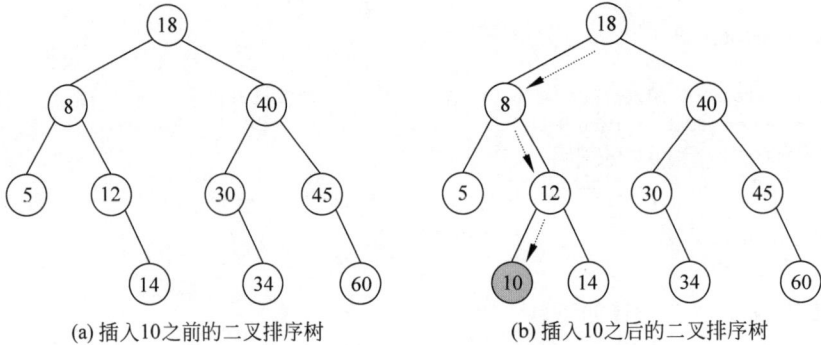

(a) 插入10之前的二叉排序树　　　　　(b) 插入10之后的二叉排序树

图 7.7　二叉排序树的插入操作示例

```
        }
        else {
            cur = cur -> right;
        }
    }
    BTreeNode * node = (BTreeNode * )malloc(sizeof(BTreeNode));
    node -> data = elem;
    node -> left = node -> right = NULL;
    if(parent == NULL) {
        return node;
    }
    if(elem.key < parent -> data.key) {
        parent -> left = node;
    }
    else {
        parent -> right = node;
    }
    return root;
}
```

该算法的 Java 语言描述如下。

```java
public BTreeNode insertNode(BTreeNode root, ElemType elem) {
    BTreeNode cur = root, parent = null;
    while(cur != null) {
        parent = cur;
        if(elem.getKey() < cur.getData().getKey()) {
            cur = cur.getLeft();
        }
        else {
            cur = cur.getRight();
        }
    }
    BTreeNode node = new BTreeNode();
    node.setData(elem);
    if(parent == null) {
        return node;
    }
    if(elem.getKey() < parent.getData().getKey()) {
        parent.setLeft(node);
    }
    else {
        parent.setRight(node);
```

```
    }
    return root;
}
```

插入算法需要的关键字比较次数不超过二叉排序树的高度,因此该算法最好及平均情况下的时间复杂度为 $O(\log n)$,最坏情况下的时间复杂度为 $O(n)$。

5. 删除算法

在一棵二叉排序树中删除一个具有给定关键 key 的结点的前提条件是查找成功,即二叉排序树中存在关键字为 key 的结点。

二叉排序树中的删除操作不像插入操作那样简单明了,分为如下几种情况加以讨论。

(1) 要删除的结点是叶子结点,则直接删除,其双亲结点的对应链接域赋值为空。

例如,在如图 7.8(a)所示的二叉排序树中删除关键字为 4 的结点,得到如图 7.8(b)所示的二叉排序树。

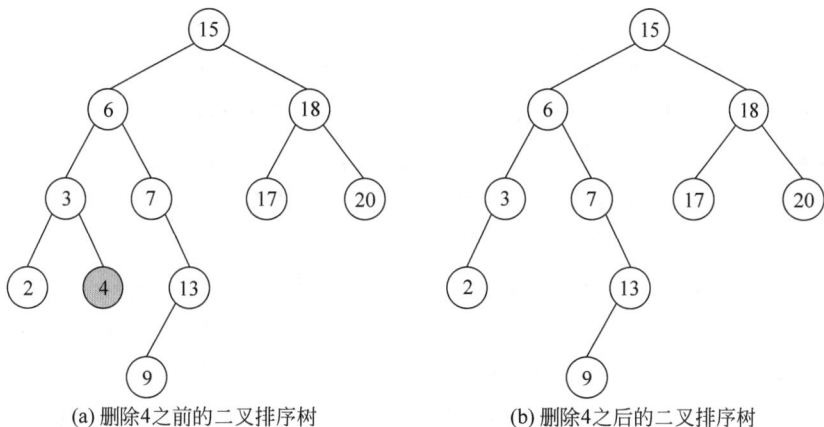

(a) 删除4之前的二叉排序树　　　　(b) 删除4之后的二叉排序树

图 7.8　在二叉排序树中删除叶子结点示例

(2) 要删除的结点只有左子树,则用左子树替代被删除的结点。

例如,在如图 7.9(a)所示的二叉排序树中删除关键字为 13 的结点,得到如图 7.9(b)所示的二叉排序树。

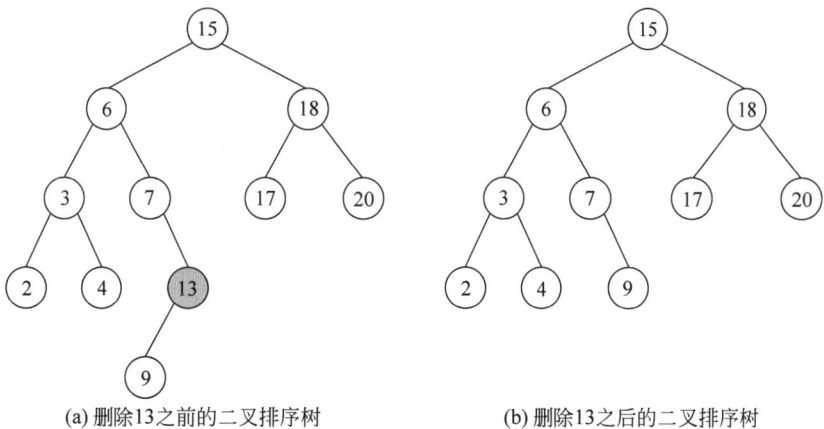

(a) 删除13之前的二叉排序树　　　　(b) 删除13之后的二叉排序树

图 7.9　在二叉排序树中删除只有左子树的结点示例

（3）要删除的结点只有右子树,则用右子树替代被删除的结点。

例如,在如图 7.10(a)所示的二叉排序树中删除关键字为 7 的结点,得到如图 7.10(b)所示的二叉排序树。

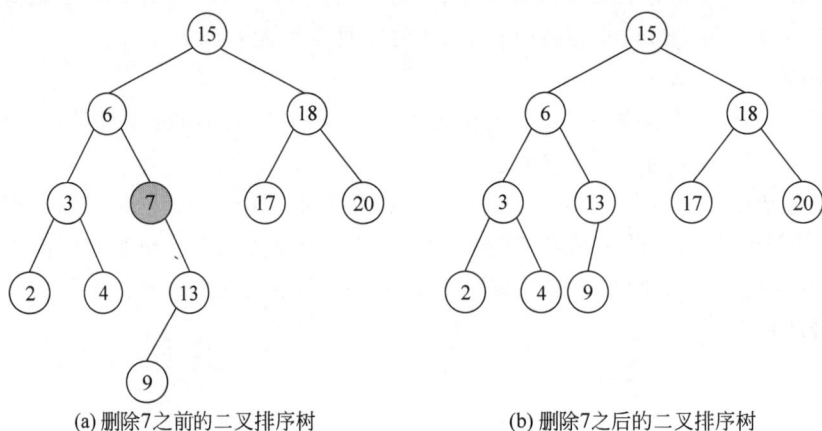

(a) 删除7之前的二叉排序树　　　　　　　　　(b) 删除7之后的二叉排序树

图 7.10　在二叉排序树中删除只有右子树的结点示例

（4）要删除的结点 node 的左右子树均存在,则:

① 找到 node 的直接前趋结点 pre(即 node 的左子树的最右端结点),并设 pre 的双亲结点为 parent。

② 如果 pre 是 node 的左孩子(parent==node),则用 pre 结点替换 node 结点。

③ 如果 pre 不是 node 的左孩子,此时 pre 必定是 parent 的右孩子,则用 pre 的左子树作为 parent 的右子树,用 pre 替代 node。

上述操作的本质是用要删除结点的直接前趋结点来替代被删除结点,并保持二叉排序树的结构性质。当然,也可以用直接后继结点(右子树的最左端结点)来替代。

例如,在如图 7.11(a)所示的二叉排序树中删除关键字为 15 的结点,得到如图 7.11(b)所示的二叉排序树,图 7.11(a)中所标虚线箭头表示用箭尾结点替代箭头结点。

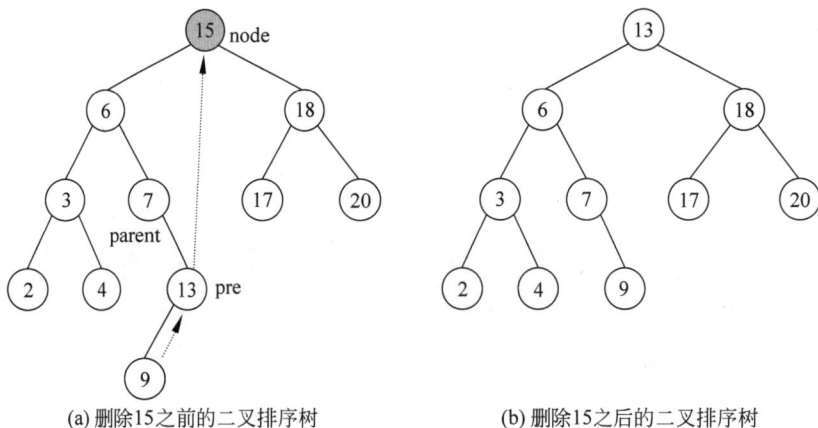

(a) 删除15之前的二叉排序树　　　　　　　　　(b) 删除15之后的二叉排序树

图 7.11　在二叉排序树中删除具有左右子树的结点示例

算法 7.6　在二叉排序树中删除关键字为 key 的结点。

该算法的 C 语言描述如下。

```
BTreeNode * deleteRoot(BTreeNode * node) {        //删除树(子树)的根结点
    BTreeNode * pre;
    if(node->right == NULL) {                     //无右子树,用左子树的根替代删除结点
        pre = node->left;
    }
    else if(node->left == NULL) {                 //只有右子树,用右子树的根替代删除结点
        pre = node->right;
    }
    //左右子树均存在,找到左子树最右端结点 pre,双亲结点为 parent
    else {
        BTreeNode * parent = node;
        pre = node->left;
        while(pre->right != NULL) {
            parent = pre;
            pre = pre->right;
        }
        //pre 是 node 的左孩子且 pre 没有右子树,以 node 的右子树作为 pre 的右子树
        if(parent == node) {
            pre->right = node->right;
        }
        //parent 是 pre 的双亲且不是 node,pre 是 parent 的右孩子,pre 没有右孩子
        else {
            parent->right = pre->left;       //pre 的左子树作为 parent 的右子树
            pre->left = node->left;          //node 的左右子树分别作为 pre 的左右子树
            pre->right = node->right;
        }
    }
    free(node);
    return pre;                                   //pre 替代 node 作为根结点
}

//删除关键字为 key 的结点
BTreeNode * deleteNode(BTreeNode * root, KeyType key) {
    BTreeNode * node = root, * parent = NULL;
    while(node != NULL) {
        if(key == node->data.key) break;
        parent = node;
        node = (key < node->data.key ? node->left : node->right);
    }
    if(node == NULL) {
        return root;
    }
    BTreeNode * subTree = deleteRoot(node);   //删除 node 结点
    if(parent == NULL) {
        return subTree;                       //删除的是根结点
    }
    if(key < parent->data.key) {
        parent->left = subTree;               //删除的是 parent 的左孩子
    }
    else {
        parent->right = subTree;              //删除的是 parent 的右孩子
    }
    return root;
}
```

该算法的 Java 语言描述如下。

```
public BTreeNode deleteRoot(BTreeNode node) {    //删除树(子树)的根结点
    if(node.getRight() == null) {                //无右子树,用左子树的根替代删除结点
        return node.getLeft();
    }
    if(node.getLeft() == null) {                 //只有右子树,用右子树的根替代删除结点
        return node.getRight();
    }
    //以下是左右子树均存在,找到左子树最右端结点 pre,双亲结点为 parent
    BTreeNode parent = node;
    BTreeNode pre = node.getLeft();
    while(pre.getRight() != null) {
        parent = pre;
        pre = pre.getRight();
    }
    //pre 是 node 的左孩子且 pre 没有右子树,以 node 的右子树作为 pre 的右子树
    if(parent == node) {
        pre.setRight(node.getRight());
    }
    //parent 是 pre 的双亲且不是 node,pre 是 parent 的右孩子,pre 没有右孩子
    else {
        parent.setRight(pre.getLeft());          //pre 的左子树作为 parent 的右子树
        pre.setLeft(node.getLeft());             //node 的左右子树分别作为 pre 的左右子树
        pre.setRight(node.getRight());
    }
    return pre;                                  //pre 替代 node 作为根结点
}

//删除关键字为 key 的结点
public BTreeNode deleteNode(BTreeNode root, KeyType key) {
    BTreeNode node = root, parent = null;
    while(node != null) {
        if(key == node.getData().getKey()) break;
        parent = node;
        if(key < node.getData().getKey()) {
            node = node.getLeft();
        }
        else {
            node = node.getRight();
        }
    }
    if(node == null) {
        return root;
    }
    BTreeNode subTree = deleteRoot(node);        //删除 node 结点
    if(parent == null) {
        return subTree;                          //删除的是根结点
    }
    if(key < parent.getData().getKey()) {
        parent.setLeft(subTree);                 //删除的是 parent 的左孩子
    }
    else {
        parent.setRight(subTree);                //删除的是 parent 的右孩子
    }
    return root;
}
```

删除算法需要的关键字比较次数不超过二叉排序树的高度,因此该算法平均情况下的时间复杂度为 $O(\log n)$,最坏情况下的时间复杂度为 $O(n)$。

7.5.2　平衡二叉树

1. 基本概念

具有 n 个结点的二叉排序树中的查找、插入和删除等操作的时间复杂度为 $O(h)$,其中,h 为二叉排序树的高度,平均情况下的时间复杂度为 $O(\log n)$,但在最坏情况下二叉排序树的高度 $h=n$,二叉排序树退化为一个单链表,时间复杂度降到 $O(n)$。因此,二叉排序树的高度越低,相关操作的时间复杂度越小,有必要将二叉排序树进行调整,使每一个结点的左右子树高度尽可能相同,进而使二叉排序树的高度尽可能降低。

将二叉树中一个结点的左右子树高度之差定义为该结点的**平衡因子**(balance factor)。如果一棵二叉树的所有结点的平衡因子的绝对值均不大于 1,则称该二叉树为**平衡二叉树**(balanced binary tree),也被称为 **AVL 树**。AVL 树的称呼来源于平衡二叉树概念的提出者苏联数学家 Adelse-Velskil 和 Landis。

例如,如图 7.12(a)所示的二叉树就是一棵平衡二叉树,所有结点的平衡因子绝对值均不大于 1,而如图 7.12(b)所示的二叉树则是一棵非平衡二叉树,存在平衡因子绝对值大于 1 的结点。示例图中每个结点的平衡因子均标注在结点的上方,失衡的结点用灰背景进行了标记。

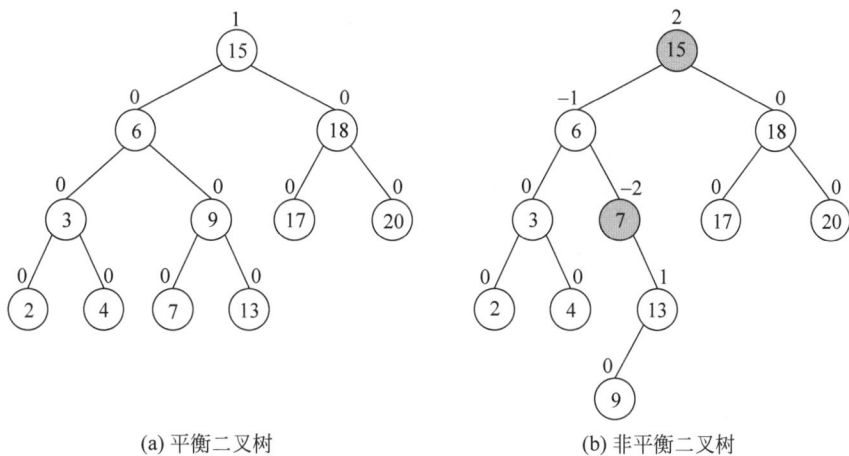

图 7.12　平衡二叉树与非平衡二叉树示例

2. 旋转操作

在一棵平衡二叉树上进行插入或者删除操作,有可能打破原来的平衡状态,使之变成一棵非平衡二叉树,例如,在如图 7.12(a)所示的平衡二叉树中插入一个关键字为 11 的结点,将会使得若干结点的平衡因子发生变化,其中根结点的平衡因子从 1 变为 2。

为了使得进行插入或者删除操作后失衡的二叉树重新变为平衡二叉树,需要对失衡结点通过旋转操作进行调整。注意,旋转操作前后二叉树的中序遍历序列必须保持不变。

旋转操作有如下两种类型。

1) 左旋(逆时针旋转)

图 7.13 展示了一棵树(子树)的左旋的操作方法,其中发生改变的边用粗实线进行了标记。

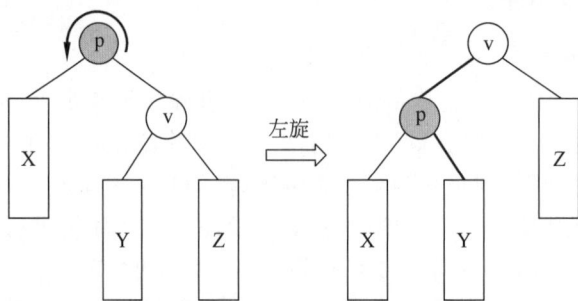

图 7.13　左旋(逆时针旋转)操作示例

2) 右旋(顺时针旋转)

右旋操作和左旋操作是对称的。图 7.14 展示了一棵树(子树)的右旋的操作方法,其中发生改变的边用粗实线进行了标记。

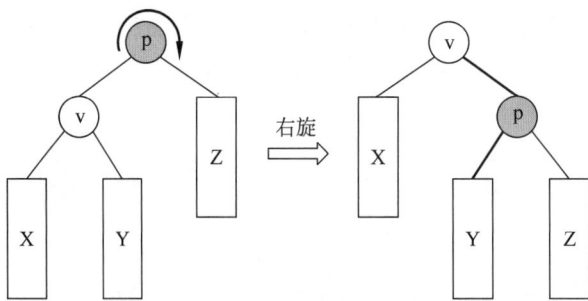

图 7.14　右旋(顺时针旋转)操作示例

3. 插入结点导致失衡的调整方法

由于插入或者删除一个结点直接导致某个层次号大的结点 g 失衡,进而可能间接导致 g 的某些祖先结点也失衡,这时应在 g 结点处进行调整使结点 g 平衡,进而使结点 g 的那些失衡的祖先结点也能够重新恢复平衡。

下面以插入操作为例,说明根据不同类型进行调整的不同方法。

1) LL 型

失衡类型:在结点 g 的左孩子的左子树插入结点。

调整方法:单向右旋。

图 7.15 展示了 LL 型调整方法,其中,结点 x 表示新插入结点,粗实线边表示调整后发生改变的边。

从图 7.15 可以看出,调整之前结点 g 的平衡因子为 2,调整后结点 g 的平衡因子变为 0,重新恢复了平衡。

2) RR 型

RR 型调整和 LL 型是对称的。

失衡类型:在结点 g 的右孩子的右子树插入结点。

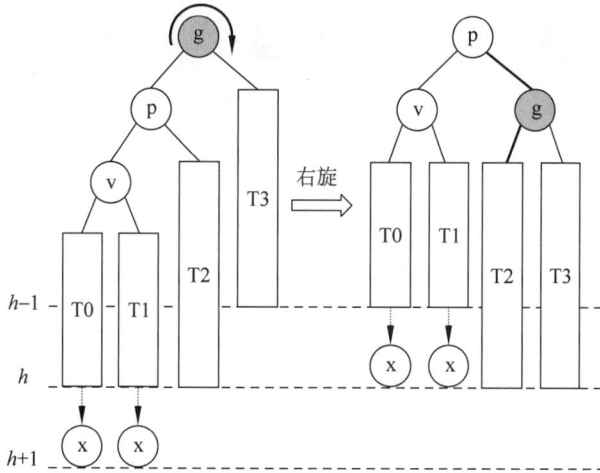

图 7.15 针对 LL 型的单向右旋调整示例

调整方法：单向左旋。

图 7.16 展示了 RR 型调整方法,其中,结点 x 表示新插入结点,粗实线边表示调整后发生改变的边。

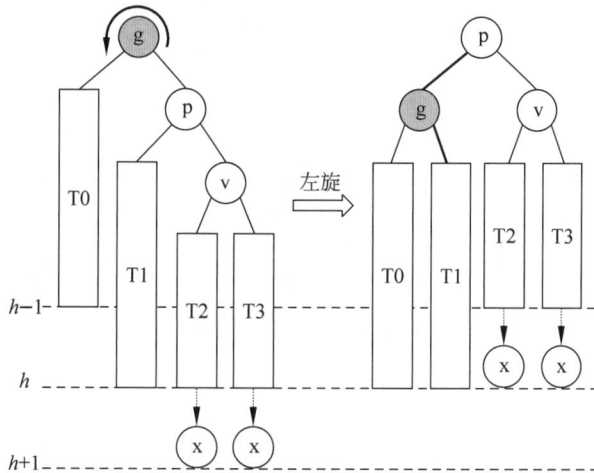

图 7.16 针对 RR 型的单向左旋调整示例

从图 7.16 可以看出,调整之前结点 g 的平衡因子为−2,调整后结点 g 的平衡因子变为 0,重新恢复了平衡。

3）LR 型

失衡类型：在结点 g 的左孩子的右子树插入结点。

调整方法：先左后右双向旋转(先在结点 g 的左孩子处左旋,后在结点 g 处右旋)。

图 7.17 展示了 LR 型调整方法,其中,结点 x 表示新插入结点,粗实线边表示调整后发生改变的边。

从图 7.17 可以看出,调整之前结点 g 的平衡因子为 2,调整后结点 g 的平衡因子变为 0,重新恢复了平衡。

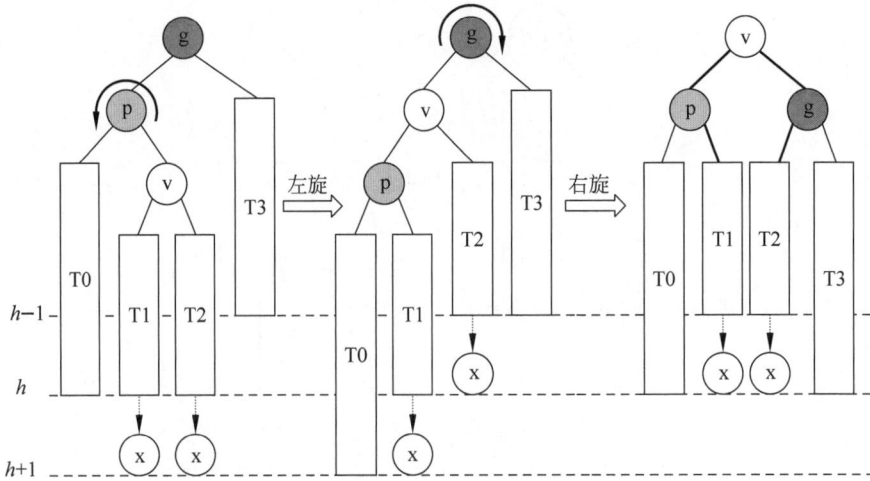

图 7.17　针对 **LR** 型的双向旋转调整示例

4）RL 型

RL 型调整和 LR 型是对称的。

失衡类型：在结点 g 右孩子的左子树插入结点。

调整方法：先右后左双向旋转（先在结点 g 的右孩子处右旋，后在结点 g 处左旋）。

图 7.18 展示了 RL 型调整方法，其中，结点 x 表示新插入结点，粗实线边表示调整后发生改变的边。

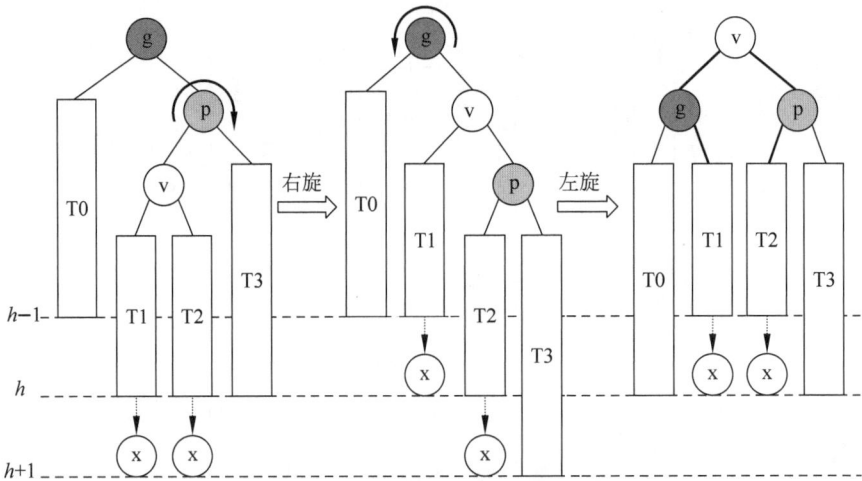

图 7.18　针对 **RL** 型的双向旋转调整示例

从图 7.18 可以看出，调整之前结点 g 的平衡因子为 -2，调整后结点 g 的平衡因子变为 0，重新恢复了平衡。

下面举例说明如何甄别失衡类型并选用调整方法。

例如，依次输入关键字序列 16、3、7、11、9、26、18，从空树开始逐步构建平衡的二叉排序树，构建过程如图 7.19 所示，其中，结点的平衡因子均标注在结点的上方。

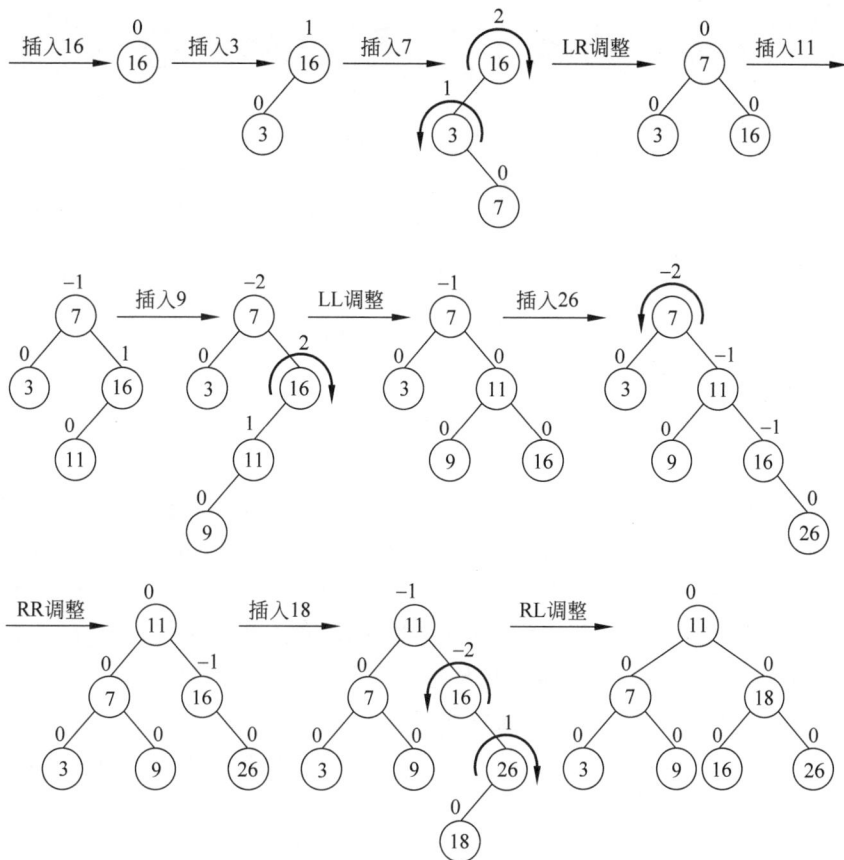

图 7.19　平衡的二叉排序树的构建示例

4. 删除结点导致失衡的调整方法

前面所讲 LL 型、RR 型、LR 型和 RL 型调整方法针对的是插入操作,删除操作导致结点 g 失衡与插入操作导致失衡的调整方法相同,但调整方法应根据失衡类型选择如下。

(1) LL 型:在结点 g 的右子树删除结点,使得 g 的左孩子的左子树过高导致失衡。

(2) RR 型:在结点 g 的左子树删除结点,使得 g 的右孩子的右子树过高导致失衡。

(3) LR 型:在结点 g 的右子树删除结点,使得 g 的左孩子的右子树过高导致失衡。

(4) RL 型:在结点 g 的左子树删除结点,使得 g 的右孩子的左子树过高导致失衡。

还有如下两种特殊情况。

(1) 在结点 g 的右子树删除结点,使得 g 的左孩子的左右子树均过高导致失衡,按 LL 型进行调整。

(2) 在结点 g 的左子树删除结点,使得 g 的右孩子的左右子树均过高导致失衡,按 RR 型进行调整。

例如,在如图 7.20 所示的平衡的二叉排序树中删除 38,按 LL 型进行调整。

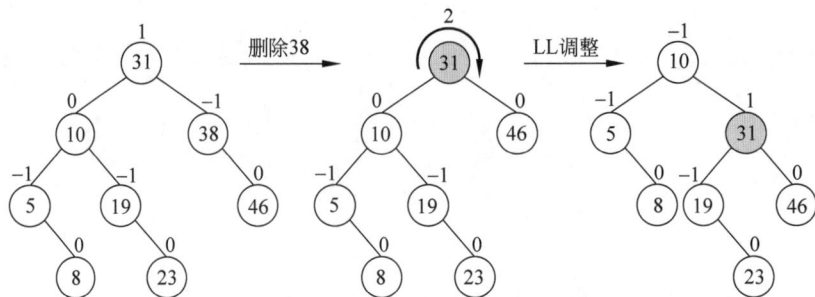

图 7.20 在平衡二叉树中删除结点的调整示例

7.6 B-树

现代计算机系统的存储系统通常分为两级：内存和外存。内存的访问速度快但容量小，外存的容量大但访问速度慢。计算机的处理机只能直接访问内存，不能直接访问外存，对于大量数据的处理，完全将待处理数据存放在内存中是不现实的，此时就需要将内存和外存相结合，构成二级存储系统，通过适当的调度算法，将部分数据从外存调入内存由处理机进行处理，在内存容量不足时将当前不需要处理的部分数据从内存调出到外存。

平衡的二叉排序树可以用来构造高效的查找表，但是，当数据量很大时，内存无法完全容纳整棵树，即使利用二级存储系统，其效率也会大大降低，B-树就是一种可以高效解决这个问题的数据结构。

B-树是由德国科学家鲁道夫·贝尔于 1970 年提出的，他同时也是红黑树的创造者。下面来学习 B-树。

7.6.1 B-树的定义

m 阶 **B-树**要么是空树，要么是满足如下性质的 m 叉树。

（1）树中每个结点至多有 m 棵子树。

（2）如果根结点不是叶子结点，则根结点至少有两棵子树。

（3）除根结点以外的所有非终端结点至少有 $\lceil m/2 \rceil$ 棵子树。

（4）所有非终端结点包含以下域：$(n, A_0, K_1, A_1, K_2, \cdots, K_n, A_n)$，其中，$n$ 为结点中关键字的个数，$K_i(i=1,2,\cdots,n)$ 为关键字且 $K_i < K_{i+1}(i=1,2,\cdots,n-1)$，$A_i(i=0,1,\cdots,n)$ 是指向子树根结点的指针，A_0 所指子树中所有结点的关键字均小于 K_1，$A_i(i=1,2,\cdots,n-1)$ 所指子树中所有结点的关键字 key 均满足 $K_i < key < K_{i+1}$，A_n 所指子树中所有结点的关键字均大于 K_n。

（5）所有的叶子结点都在同一层次，并且不带信息（这些结点实际上不存在，可以看作查找失败结点）。

B-树是一种平衡的树，能够让查找、插入及删除等操作，在对数时间内完成。B-树也为大块数据的访问操作做了优化，从而加快访问速度，常被应用在数据库和文件系统上。在实际应用中，对于大规模的 B-树，所有结点均存放于外存，只有根结点和一部分非终端结点的副本存放于内存，便于在内存中进行处理，在内存中不存在副本的外存结点则按需调入内存,当更改内存结点时需同步更新对应的外存结点。在 B-树上进行查找、插入及删除等操作,所需时间主要用于访问外存。

例如,如图 7.21 所示的树就是一棵 3 阶 B-树。

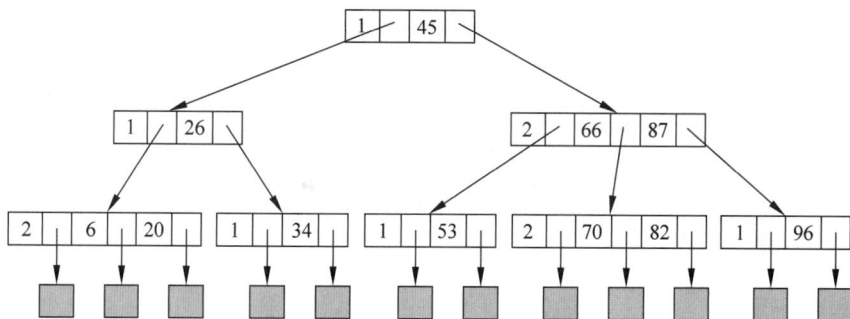

图 7.21　一棵 3 阶 B-树示例

7.6.2　B-树的操作

1. 关键字查找操作

在 B-树中查找某个给定的关键字的方法和二叉排序树中的查找方法类似。

(1) 在从根结点到某个叶子结点的路径上进行查找。

(2) 当到达某个非终端结点时,在该结点所有关键字构成的有序表中查找,找到则查找成功;如果未找到,则按照结点中对应的指针转到对应的子树继续查找。

(3) 当到达某个叶子结点时,说明树中没有对应的关键字,查找失败。

例如,图 7.22 给出了在一棵 B-树中查找关键字 70 和 40 的示例,其中,虚线箭头标记了查找路径,最终的结果是查找 70 成功,查找 40 失败。

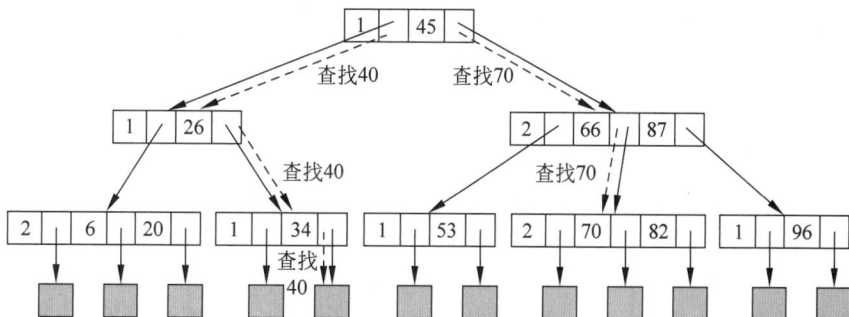

图 7.22　B-树中的查找示例

在 B-树中查找某个关键字,最多遍历从根结点到最后一层非终端结点的路径上的所有结点,需要访问的结点个数的上限是 B-树的高度,因此,B-树上的查找操作的时间复杂度为 $O(\log n)$,其中,n 是 B-树的结点个数。

2. 关键字插入操作

在二叉排序树上插入关键字是在叶子结点处进行的,在 B-树上插入关键字则是最后一层非终端结点中新增一个关键字。

设在一棵 m 阶 B-树中插入新关键字 key,首先要在 B-树中查找 key,如果查找成功则不再插入重复的关键字,如果查找失败,则访问的最后一个非终端结点 node 即为 key 应该插入的位置,然后将 key 插入 node 的关键字有序序列中。

m 阶 B-树的根结点至少有 1 个关键字,其余非终端结点至少有 $\lceil m/2 \rceil - 1$ 个关键字,所有非终端结点至多有 $m-1$ 个关键字,如果将 key 插入 node 后关键字个数不超过 $m-1$,则直接插入,否则需要对 node 进行"分裂"操作。

假设将 key 插入 node 之后 node 具有 m 个关键字,node 结点包含如下信息。

$$m, A_0, K_1, A_1, K_2, A_2, \cdots, K_m, A_m$$

此时,可以将 node 分裂为两个结点,结点包含的信息分别为

$$\lceil m/2 \rceil - 1, A_0, K_1, A_1, K_2, A_2, \cdots, K_{\lceil m/2 \rceil - 1}, A_{\lceil m/2 \rceil - 1}$$

和

$$m - \lceil m/2 \rceil, A_{\lceil m/2 \rceil}, K_{\lceil m/2 \rceil + 1}, A_{\lceil m/2 \rceil + 1}, \cdots, K_m, A_m$$

而关键字 $K_{\lceil m/2 \rceil}$ 则插入 node 的双亲结点中去,如果 node 原本就是根结点,则创建一个只包含关键字 $K_{\lceil m/2 \rceil}$ 的根结点;如果 node 的双亲结点由于关键字 $K_{\lceil m/2 \rceil}$ 的插入而使关键字个数超过 $m-1$,则以同样的方法继续分裂下去,直到 node 的某个祖先结点在插入关键字后关键字个数不超过 $m-1$ 为止。

例如,如图 7.23(a)所示的 3 阶 B-树(每个非终端结点至多有两个关键字)中依次插入关键字 10、55、45、85,过程如图 7.23(b)~图 7.23(h)所示。示例图中省略了每个结点的关键字个数域以及叶子结点,并且将插入关键字的结点以及需要分裂的结点用灰背景标记,插入的关键字用方框标记。

3. 关键字删除操作

对于 m 阶的 B-树,要求根结点至少有一个关键字,其余非终端结点至少有 $\lceil m/2 \rceil - 1$ 个关键字。要删除某个关键字 key,首先要找到 key 所在的结点,如果查找失败则不进行删除操作,如果查找成功则将 key 从所在结点 node 中删除,按如下情况进行处理。

1) node 不是最后一层非终端结点

假设待删除关键为 K_i,则将 K_i 与 A_i 所指子树中的最小关键字 X 互换(X 所在结点必定是最后一层非终端结点),或者与 A_{i-1} 所指子树中的最大关键字 X 互换,然后删除关键字 K_i,将问题转换为在最后一层非终端结点删除某个关键字的问题。

2) node 是最后一层非终端结点

如果 node 的关键字个数 $\geqslant \lceil m/2 \rceil$,则直接删除即可,否则,删除某个关键字后 node 的关键字个数将低于下限要求,需要从左兄弟或者右兄弟通过双亲结点"拆借"一个关键字过来,或者在无法"拆借"时和左兄弟或者右兄弟进行"合并"操作。

(1) node 的左兄弟 leftSibling 至少有 $\lceil m/2 \rceil$ 个关键字。

则从左兄弟和双亲结点 parent"拆借"一个关键字,如图 7.24 所示(其中,带序号虚线箭头所示为"拆借"顺序),leftSibling 所有关键字 $< K_{\text{mid}} <$ node 所有关键字,此时将 parent 的 K_{mid} 移至 node 作为 node 的最小关键字,将 leftSibling 的最大关键字 K_{max} 移至 parent 替代原来的 K_{mid},parent 的关键字个数保持不变,而 leftSibling 的关键字减少一个。

(2) node 的左兄弟 leftSibling 只有 $\lceil m/2 \rceil - 1$ 个关键字,或者 node 根本没有左兄弟,则无法"拆借",但 node 的右兄弟 rightSibling 至少有 $\lceil m/2 \rceil$ 个关键字。

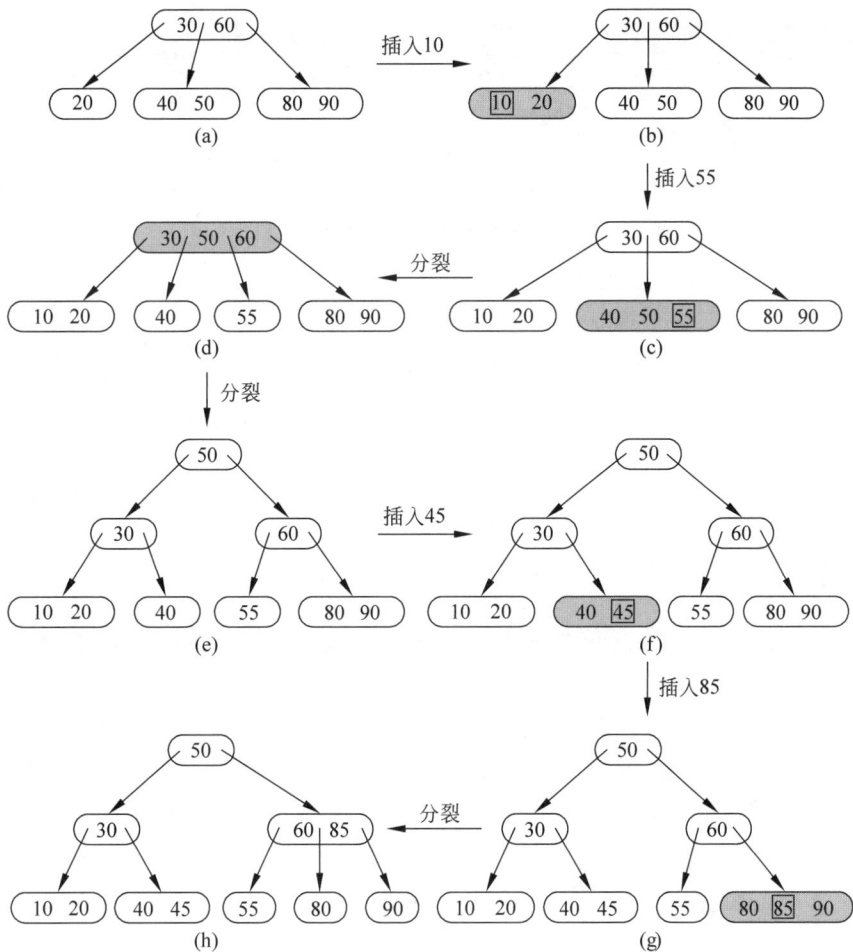

图 7.23 在 B-树中插入关键字示例

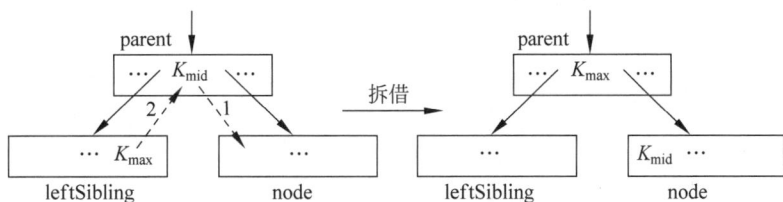

图 7.24 从左兄弟和双亲结点"拆借"关键字示例

则从右兄弟和双亲结点 parent"拆借"一个关键字,如图 7.25 所示(其中,带序号虚线箭头所示为"拆借"顺序),node 所有关键字$<K_{\text{mid}}<$rightSibling 所有关键字,此时将 parent 的 K_{mid} 移至 node 作为 node 的最大关键字,将 rightSibling 的最小关键字 K_{min} 移至 parent 替代原来的 K_{mid},parent 的关键字个数保持不变,而 rightSibling 的关键字减少一个。

(3) node 不存在至少有$\lceil m/2 \rceil$个关键字的左兄弟或右兄弟。

node 的相邻兄弟都只有$\lceil m/2 \rceil-1$个关键字,但至少有一个兄弟,不妨设 node 存在右兄弟 rightSibling,则将 node 和 rightSibling 进行"合并",如图 7.26 所示,将 node 所有关键字、parent 的 K_{mid} 和 rightSibling 所有关键字"合并"到一个结点,"合并"后的结点的关键

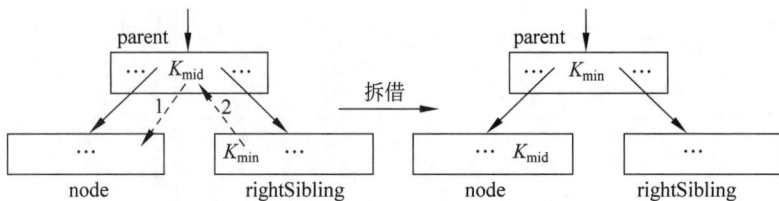

图 7.25　从右兄弟和双亲结点"拆借"关键字示例

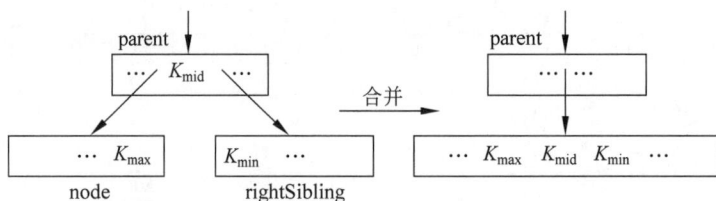

图 7.26　兄弟合并示例

字个数不超过 $m-1$。

对于第(3)种情况,parent 的关键字减少了一个,如果其关键字个数少于 $\lceil m/2 \rceil - 1$,则以同样的道理从左兄弟或右兄弟"拆借"一个关键字,或者与某个相邻兄弟"合并",如此进行下去,直至到达某个祖先结点的关键字个数不再少于 $\lceil m/2 \rceil - 1$,或者直至根结点为止。注意,此时的结点并非最后一层非终端结点,它还具有若干非空子树,在进行"拆借"或"合并"时要注意子树指针的处理。图 7.27(a)展示了从左兄弟"拆借"的方法,图 7.27(b)展示了和左兄弟"合并"的方法,至于从右兄弟"拆借"以及和右兄弟"合并"则和图示方法是对称的。

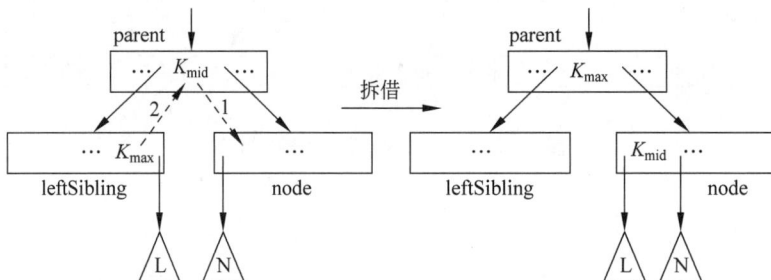

(a) 从左兄弟"拆借"

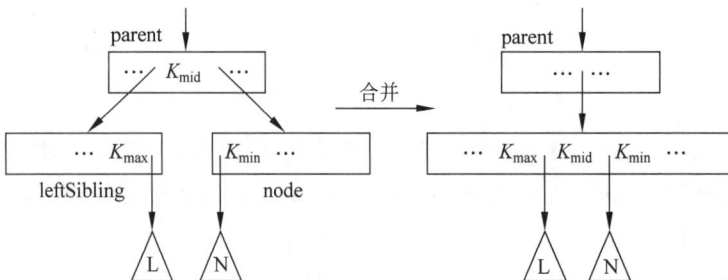

(b) 和左兄弟"合并"

图 7.27　非最后一层非终端结点从兄弟"拆借"及和兄弟"合并"示例

例如,在如图 7.28(a)所示的 3 阶 B-树中依次删除关键字 60、40、55、30、80,其过程如图 7.28(b)~图 7.28(h)所示,其中要删除的关键字用带框数字标记。

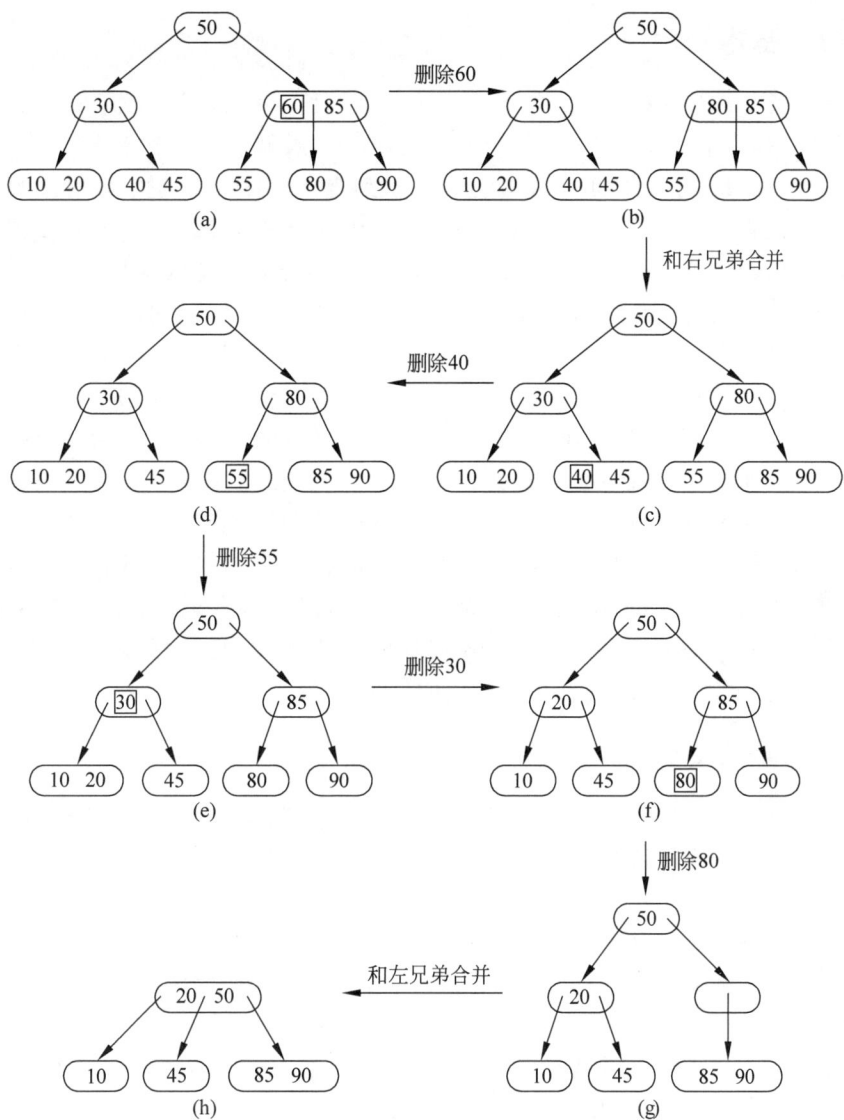

图 7.28 在 B-树中删除关键字示例

7.7 哈希查找

前面所讲算法中时间复杂度最差的是顺序查找,其查找操作的时间复杂度为 $O(n)$,而在平衡的排序二叉树或者 B-树中进行查找操作的时间复杂度为 $O(\log n)$,无论哪一种算法都是基于关键字比较操作。那么,有没有一种时间复杂度为 $O(1)$ 的查找表呢?

如果以顺序存储方式存储查找表,并建立关键字集合到查找表中位置集合之间的一一映射,那么,如果要查找关键字 key,就只需要通过关键字集合到位置集合的一一映射计算出对应的数据元素在查找表中的位置,从而在 $O(1)$ 时间内查找具有关键字 key 的数据元素。但是,上述方法要求查找表和关键字集合是等长的,而且建立关键字集合到查找表位置集合的一一映射往往是不现实的。

7.7.1　基本概念

如果只用较少的空间来存储查找表,假设查找表的长度为 n,可以退而求其次,建立关键字集合到位置集合 $\{0,1,2,\cdots,n-1\}$ 的一个子集的多对一映射 f,从而实现高性能的查找表。

哈希查找(**Hash 查找**,Hash search)也称为**散列查找**,它通过关键字映射到的位置对查找表中的数据元素进行访问,其中的映射函数称为**哈希函数**(Hash function)或**散列函数**,关键字 key 的哈希函数值 Hash(key) 称为关键字 key 的**哈希地址**(Hash address)或**散列地址**,存放数据元素的查找表称为**哈希表**(Hash table)或**散列表**。不同的关键字有可能具有相同的哈希地址,这种情况称为**冲突**(collision),产生冲突的多个不同关键字称为**同义词**(synonym)。哈希表中数据元素的个数与哈希表长度的比值称为**装填因子**(load factor)。

假设哈希函数为 Hash(key),哈希表长度为 n,对于任意的关键字 key 都有 Hash(key) $\in$ $\{0,1,\cdots,n-1\}$,而存入哈希表的数据元素有 m 个,需要根据 m 个数据元素关键字的哈希地址将每个数据元素装填到哈希表中,即可构建出对应的哈希表。

影响哈希查找时间性能的关键因素有两个,一是哈希函数,二是冲突的处理方法。应该选择函数值尽可能均匀分布的哈希函数,从而尽可能减少冲突。但冲突往往是不可避免的,一旦有冲突存在,不同关键字具有相同的哈希地址,而哈希表中同一个位置不可能存放多个数据元素,此时如何解决冲突问题也是至关重要的。

7.7.2　哈希函数

哈希函数的值域为 $\{0,1,2,\cdots\}$,希望关键字也是自然数,如果关键字不是自然数,可以通过适当的方法将关键字转换为自然数,例如,将字符串"AB"按照字符的编码转换为自然数 6566。

构造哈希函数的方法有很多,但构造一个好的哈希函数并不简单,所谓好的哈希函数应该尽可能使哈希函数值均匀分布。下面介绍几种常用的哈希函数构造方法。

1. 除留余数法

设哈希表长为 n,则除留余数法就是将关键字 key 除以 p 的余数作为哈希地址,表示为
$$\text{Hash(key)} = \text{key mod } p (p \leqslant n)$$

例如,哈希表长为 10,关键字集合为 $\{200,205,33,35,90,337,73\}$,选用 Hash(key) = key mod 10,得到哈希函数值集为 $\{0,5,3,5,0,7,3\}$,存在冲突。假如选用 Hash(key) = key mod 9,则 Hash 函数值集为 $\{2,7,6,8,0,4,1\}$,不存在冲突。如果换另外一组关键字 $\{200,201,33,135,99,337,54\}$,则选用 Hash(key) = key mod 10 不存在冲突,而选用 Hash(key) = key mod 9 则存在冲突。因此,如何选取 p 值才是最优的没有绝对的标准。

一般地,常常选择 p 值为不大于 n 且接近 n 的一个素数,或者没有较小素数因子的一个合数,例如,哈希表长为 15,则可以选择 $p=13$。

2. 直接定址法

设哈希表长为 n,则直接定址法的哈希函数为
$$\text{Hash(key)} = a \times \text{key} + b (a \,、b \text{ 是常数})$$
需要选择合适的 a 和 b,使得哈希函数值不小于 0 且不大于 $n-1$。

例如,有一个 1~100 岁的人口数量统计表,年龄 age 作为关键字,可以直接选择 Hash(age) =

age−1 作为哈希函数来构造哈希表(表长为 100)以及进行查找操作。

3. 数字分析法

数字分析法就是对实际关键字的组成数字进行分析,选取冲突较少的若干数字作为哈希地址。例如,有一个学生信息表,用学号作为关键字,如果选择表示入学年、生源类别等信息的前几位数字作为哈希地址,则冲突的可能性非常大,如果选择表示专业、班级、班内序号的后几位数字作为哈希地址,则冲突的可能性就比较小。

4. 平方取中法

平方取中法就是计算关键字的平方值后取中间几位作为哈希地址。例如,关键字为 3456,以该数值的平方的中间两位 34 作为哈希地址。

5. 折叠法

折叠法就是将关键字分隔成位数相同的几部分(最后一部分的位数可以和前几部分不同),然后取这几部分的叠加和舍去进位作为哈希地址。例如,在图书信息表中每一种图书都有一个书号 ISBN,可以通过折叠法构造出 4 位数的哈希地址。

6. 乘法散列

设哈希表长为 n,乘法散列的哈希函数为

$$\text{Hash(key)} = \lfloor n \times (a \times \text{key} - \lfloor a \times \text{key} \rfloor) \rfloor (0 < a < 1)$$

也就是用一个大于 0 且小于 1 的常量 a 乘以关键字,取乘积的小数部分乘以 n 再取整的值作为哈希地址。

著名的计算机科学家 Knuth(中文名为高德纳)认为常数 a 的较佳选择为 $a = (\sqrt{5}-1)/2 \approx 0.618\,033\,989$,也就是所谓的黄金分割数。

7.7.3 解决冲突的方法

一旦出现有多个不同的关键字具有相同的哈希地址这种情况,就表示存在冲突,必须想办法解决冲突。常用的解决冲突的方法如下。

1. 开放定址法

开放定址法(open addressing)的基本思想是在发生冲突时,寻找下一个空的哈希表单元,只要哈希表长度足够大,总能找到空的哈希表单元,并将数据元素存入该单元。开放定址法要求哈希表的长度至少与要存储的数据元素数量相等,即装填因子≤1。

要查找关键字 key,首先判断 Hash(key)地址处的数据元素的关键字是否与 key 相同,如果相同则查找成功,否则按照开放定址法的探测地址序列继续探测下一个地址,直到查找成功,或者查找失败(所有探测地址都探测一遍仍未探测到关键字等于 Key 的数据元素或探测到空的数据元素)。

开放定址法主要有线性探测、平方探测和双重哈希等探测技术。

1)线性探测法

线性探测(linear probing)是一种非常简单的探测技术,其特点是探测地址序列是从 Hash(key)开始的连续地址构成的序列。线性探测可能导致数据元素在哈希表中形成聚集,不仅可能出现同义词之间的冲突,还容易导致非同义词之间的冲突,影响哈希表的性能。

线性探测法在发生冲突后的探测地址序列为 $(H_1, H_2, \cdots, H_{n-1})$,其中,$n$ 为哈希表长,$H_i (i=1,2,\cdots,n-1)$ 为

$$H_i = (\text{Hash}(\text{key}) + i) \bmod n$$

例如,设 8 个数据元素的关键字依次为 11、20、9、25、18、12、32、13,取哈希表长度为 10 (装填因子为 8/10),哈希函数选择 Hash(key)=key mod 7,采用线性探测法解决冲突,则哈希表的构造方法如下。

按顺序依次将数据元素按其 Hash 地址填入哈希表,当遇到哈希表单元已经被占用时 (冲突),则依据线性探测法找到一个空的哈希表单元填入。

详细构造过程如下。

(1) 装填关键字为 11 的数据元素。

11 的哈希地址为 11 mod 7=4,对应的数据元素填入 HashTable[4],形成如下哈希表 HashTable。

地址	0	1	2	3	4	5	6	7	8	9
哈希表					11					

(2) 装填关键字为 20 的数据元素。

20 的哈希地址为 20 mod 7=6,对应数据元素填入 HashTable[6],形成如下哈希表 HashTable。

地址	0	1	2	3	4	5	6	7	8	9
哈希表					11		20			

(3) 装填关键字为 9 的数据元素。

9 的哈希地址为 9 mod 7=2,对应数据元素填入 HashTable[2],形成如下哈希表 HashTable。

地址	0	1	2	3	4	5	6	7	8	9
哈希表			9		11		20			

(4) 装填关键字为 25 的数据元素。

25 的哈希地址为 25 mod 7=4,出现冲突,探测下一个地址 5,对应数据元素填入 HashTable[5],形成如下哈希表 HashTable。

地址	0	1	2	3	4	5	6	7	8	9
哈希表			9		11	25	20			

(5) 装填关键字为 18 的数据元素。

18 的哈希地址为 18 mod 7=4,出现冲突,探测 5、6 两个地址依然冲突,直到地址 7,对应数据元素填入 HashTable[7],形成如下哈希表 HashTable。

地址	0	1	2	3	4	5	6	7	8	9
哈希表			9		11	25	20	18		

(6) 装填关键字为 12 的数据元素。

12 的哈希地址为 12 mod 7=5,出现冲突,探测 6、7 两个地址依然冲突,直到地址 8,对应数据元素填入 HashTable[8],形成如下哈希表 HashTable。

地址	0	1	2	3	4	5	6	7	8	9
哈希表			9		11	25	20	18	12	

（7）装填关键字为 32 的数据元素。

32 的哈希地址为 32 mod 7＝4，出现冲突，探测 5、6、7、8 这 4 个地址依然冲突，直到地址 9，对应数据元素填入 HashTable[9]，形成如下哈希表 HashTable。

地址	0	1	2	3	4	5	6	7	8	9
哈希表			9		11	25	20	18	12	32

（8）装填关键字为 13 的数据元素。

13 的哈希地址为 13 mod 7＝6，出现冲突，探测 7、8、9 这三个地址依然冲突，直到地址 0，对应数据元素填入 HashTable[0]，形成如下哈希表 HashTable。

地址	0	1	2	3	4	5	6	7	8	9
哈希表	13		9		11	25	20	18	12	32

如果在该哈希表中查找关键字 13，计算哈希地址为 6，但 HashTable[6] 的关键字为 20，不等于 13，继续探测地址为 7、8、9 的数据元素，关键字均不等于 13，直到地址为 0 的数据元素 HashTable[0] 才查找成功。

如果在该哈希表中查找关键字 34，计算哈希地址为 6，但 HashTable[6] 的关键字为 20，不等于 34，继续探测地址为 7、8、9、0 的数据元素，关键字均不等于 34，直到地址为 1 的数据元素 HashTable[1] 为空，得到"查找失败"的结果。

前面所讲的冲突是指多个不同的关键字具有相同的哈希地址，但在本例中出现了一种特殊的冲突情况，如 25 和 12，按照哈希函数来计算，25 的哈希地址为 4，12 的哈希地址为 5，原本是无冲突的非同义词，但由于 25 与之前装填的 11 产生了冲突从而使 25 装填到了地址为 5 的单元，使得后装填的 12 与 25 产生了冲突。这种情况在线性探测法构造的哈希表中很容易出现，导致数据元素在哈希表中形成聚集，影响哈希表的查找效率。

该哈希表中数据元素计算所得的哈希地址与实际装填地址如表 7.1 所示。

表 7.1 计算所得哈希地址与实际装填地址

关键字	11	20	9	25	18	12	32	13
哈希地址	4	6	2	4	4	5	4	6
实际装填地址	4	6	2	5	7	8	9	0
比较次数	1	1	1	2	4	4	6	5

可以得到等概情况下查找成功的平均查找长度为$(1+1+1+2+4+4+6+5)/8=24/8=3$。

线性探测法构造的哈希表在等概情况下查找成功的平均查找长度为

$$\text{ASL}_{\text{SUCC}} = \sum_{i=0}^{m} ((\text{Addr}(\text{key}_i) - \text{Hash}(\text{key}_i) + 1) \bmod n)/m$$

其中，m 为关键字个数，n 为哈希表长度，$\text{Hash}(\text{key}_i)$ 为 key_i 的哈希地址，$\text{Addr}(\text{key}_i)$ 为关键字为 key_i 的数据元素的实际装填地址。

该哈希表通过哈希函数 Hash(key) ＝ key mod 7 能够计算出的哈希地址有 7 个，分别是 0、1、2、…、6，从某个哈希地址开始需要探测一圈仍然未探测到待查关键字，或者探测到空的单元，才能判断出查找失败。

对于如下哈希表：

地址	0	1	2	3	4	5	6	7	8	9
哈希表	13		9		11	25	20	18	12	32

只针对查找失败情况，哈希地址为 0 的关键字需要比较两次（地址 0 和 1），哈希地址为 1 的关键字需要比较一次（地址 1），哈希地址为 2 的关键字需要比较两次（地址 2 和 3），以此类推，哈希地址为 6 的关键字需要比较 6 次（地址 6、7、8、9、0、1）。查找失败需要进行关键字比较的次数如表 7.2 所示。

表 7.2 查找失败需要进行关键字比较的次数

哈希地址	0	1	2	3	4	5	6
比较次数	2	1	2	1	8	7	6

得等概情况下查找失败的平均查找长度为 $(2+1+2+1+8+7+6)/7 = 27/7$。

算法 7.7 在线性探测法构造的哈希表中查找关键字 **key**，返回对应数据元素在哈希表中的位置，查找失败则返回 **-1**。

该算法的 C 语言描述如下。

```
int hashSearch(HashTable * table, KeyType key) {
    int hashAddr = Hash(key);
    for(int i = 0; i < table->length; i++) {
        int probingAddr = (hashAddr + i) % table->length;
        if(table->elements[probingAddr].key == NULL) {     //查找失败
            return -1;
        }
        if(table->elements[probingAddr].key == key) {       //查找成功
            return probingAddr;
        }
    }
    return -1;                                              //查找失败
}
```

该算法的 Java 语言描述如下（需定义在 HashTable 类中）。

```
public int hashSearch(ElemType key) {
    int hashAddr = Hash(key);
    for(int i = 0; i < length; i++) {
        probingAddr = (hashAddr + i) % length;
        if(elements[probingAddr].key == null) {            //查找失败
            return -1;
        }
        if(elements[probingAddr].key == key) {              //查找成功
            return probingAddr;
        }
    }
    return -1;                                              //查找失败
}
```

2）平方探测法

平方探测法（quadratic probing）也称为二次探测法，设 n 为哈希表长，则平方探测法在发生冲突后的探测地址为

$$H_i = (\text{Hash(key)} + d_i) \bmod n$$

其中，d_i 称为增量，和线性探测法的增量序列 $(1, 2, \cdots, n-1)$ 不同，平方探测法的增量序列

为$(\pm1,\pm4,\pm9,\cdots)$,即

$$d_i=\pm i^2(i=1,2,\cdots,\lceil n/2\rceil^2)$$

采用平方探测法的哈希表的长度一般取值为$4p+3$形式的素数,否则,可能会出现存在空的哈希表单元却探测不到,或者同一单元探测多次的情况。如果哈希表长n为素数,则连同0在内探测增量能够遍历从0到$n-1$的所有数值。

例如,假设关键字key的哈希地址为0,如果取哈希表长为10,探测增量只有±1、±4、±9、±16、±25,则发生冲突后的探测地址序列为$(1,9,4,6,9,1,6,4,5)$,地址为2、3、7、8的单元探测不到,而地址为1、4、6、9的单元被重复探测。如果取哈希表长为11,则发生冲突后的探测地址序列为$(1,10,4,7,9,2,5,6,3,8)$,所有单元都能探测一遍,不会出现遗漏和重复探测情况。

例如,设8个数据元素的关键字依次为11、20、9、25、18、12、32、13,取哈希表长为11(装填因子为8/11),哈希函数选择Hash(key) = key mod 11,采用平方探测法解决冲突,则哈希表构造如下。

地址	0	1	2	3	4	5	6	7	8	9	10
哈希表	11	12	13	25			32	18		20	9

其中,关键字11、20、25、18、12、13的哈希地址依次为0、9、3、7、1、2,和实际地址一致,进行查找时均需进行一次关键字比较。关键字9的哈希地址为9,但该单元已被关键字20占用,取探测增量1探测到地址10,占用该单元,实际地址为10,查找关键字9需要进行两次关键字比较(地址9和10)。关键字32的哈希地址为10,但该单元已被关键字9占用,取探测增量序列1、-1、4依次探测地址为0、9、3的单元仍然被其他关键字占用,直到取探测增量-4得到探测地址为6的单元是空闲的,才将关键字32装填到地址为6的单元,查找关键字32需要进行5次关键字比较。

该哈希表在等概情况下查找成功的平均查找长度为$(1+1+1+1+1+1+2+5)/8=13/8$。

在查找关键字key时,如果哈希地址Hash(key)以及一系列探测地址处的数据元素关键字均不等于key,或者探测到空单元,则查找失败。

前面的哈希表在等概情况下查找失败需要的关键字比较次数如表7.3所示。

表7.3 在等概情况下查找失败需要的关键字比较次数

哈希地址	冲突后的探测增量序列	冲突后的探测地址序列	关键字比较次数
0	1,-1,4	1,10,4(空单元)	4
1	1,-1,4	2,0,5(空单元)	4
2	1,-1,4,-4,9,-9	3,1,6,9,0,4(空单元)	7
3	1	4(空单元)	2
4(空单元)			1
5(空单元)			1
6	1,-1	7,5(空单元)	3
7	1	8(空单元)	2
8(空单元)			1
9	1,-1	10,8(空单元)	3
10	1,-1,4,-4,9	0,9,3,6,8(空单元)	6

因此,在等概情况下查找失败的平均查找长度为$(4+4+7+2+1+1+3+2+1+3+$

6)/11＝34/11。

算法 7.8 在平方探测法构造的哈希表中查找关键字 **key** 的处理逻辑如下(未给出 C 语言和 Java 语言描述,请读者自行考虑)。

```
function hashSearch(hashTable, key) {
    hashAddr = Hash(key);
    if(hashTable[hashAddr].key == NULL) {            //查找失败
        return - 1;
    }
    if(hashTable[hashAddr].key == key) {             //查找成功
        return hashAddr;
    }
    for(i = 1; i < hashTable.length; i ++) {
        d = (i + 1) / 2;
        d = (i % 2 == 1 ? d * d : - d * d);
        probingAddr = (hashAddr + d + hashTable.length) % hashTable.length;
        if(hashTable[probingAddr].key == NULL) {     //查找失败
            return - 1;
        }
        if(hashTable[probingAddr].key == key) {      //查找成功
            return probingAddr;
        }
    }
    return - 1;                                      //查找失败
}
```

3) 双重哈希法

双重哈希法(double hashing)采用两个哈希函数,Hash1(key)用于计算关键字 key 的初始哈希地址,Hash2(key)用于冲突后的探测增量计算,设 n 为哈希表长,则冲突后的探测地址为

$$H_i = (\text{Hash1}(key) + i \times \text{Hash2}(key)) \bmod n \, (i = 1, 2, 3, \cdots, n - 1)$$

为了保证整个哈希表单元都能被探测到,Hash2(key)必须与哈希表长互素,即 Hash2(key)的值和哈希表长不存在大于 1 的公约数。可以取哈希表长 $n = 2^p$ (p 为正整数)而 Hash2(key)的值始终为奇数;也可以取哈希表长 n 为一个素数,取 Hash2(key)始终满足 $0 < \text{Hash2}(key) < n$。

算法 7.9 在双重哈希法构造的哈希表中查找关键字 **key** 的处理逻辑如下(未给出 C 语言和 Java 语言描述,请读者自行考虑)。

```
function hashSearch(hashTable, key) {
    hashAddr = Hash1(key);
    probingOffset = Hash2(key);
    for(i = 0; i < hashTable.length; i ++) {
        probingAddr = (hashAddr + probingOffset) % hashTable.length;
        if(hashTable[probingAddr].key == NULL) {     //查找失败
            return - 1;
        }
        if(hashTable[probingAddr].key == key) {      //查找成功
            return probingAddr;
        }
    }
    return - 1;                                      //查找失败
}
```

4）伪随机数法

设哈希表长为 n，则伪随机数法（pseudo-random probing）就是采用满足 $0<d_i<n(i=1,2,\cdots,n-1)$ 的伪随机序列作为冲突后的探测增量序列。

2. 链地址法

链地址法（separate chaining，也称为分离链接法）的基本思想是将所有同义词所对应的数据元素都存放在一个链表中。链地址法不会出现非同义词之间的冲突，无"聚集"现象，链表中的结点空间动态申请，因此更适用于表长不确定的情况。

一般来说，用链地址法构造的哈希表由以下两部分构成。

（1）头指针表：采用顺序表存储，每个元素 P_i 存储对应链表的首结点指针，该链表中所有结点关键字的哈希地址均为 $i(i=0,1,2,\cdots,n-1,n$ 为该顺序表的长度），该顺序表的长度 n 可以小于关键字的个数。

（2）链表：共有 n 个链表，链表的每个结点均包含数据元素（含关键字）和指向下一个结点的指针。

要查找关键字 key，首先判断 Hash(key)地址处的头指针表元素是否为空指针，如果是空指针则查找失败，否则到对应的链表中查找关键字 key，如果对应的链表中存在关键字等于 key 的结点，则查找成功，否则查找失败。

例如，设 8 个数据元素的关键字序列为 11、20、9、25、18、12、32、13，哈希函数选择 Hash(key)＝key ％ 7，采用链地址法解决冲突，则哈希表构造如下。

根据给定的哈希函数，得到具有各种哈希地址的关键字如表 7.4 所示。

表 7.4　不同哈希地址所对应的关键字

哈希地址	0	1	2	3	4	5	6
关键字			9		11、25、18、32	12	20、13

可见有两组同义词：关键字 11、25、18 和 32 的哈希地址均为 4，关键字 20 和 13 的哈希地址均为 6。关键字 9 和 12 都不存在同义词。

构造的哈希表如图 7.29 所示。

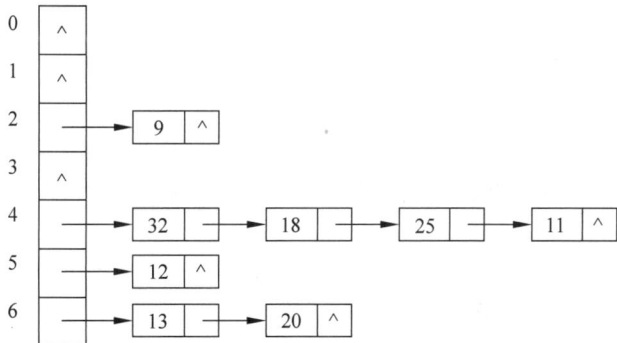

图 7.29　链地址法构造的哈希表示例

从图 7.29 可知，查找 9、32、12、13 各需比较 1 次，查找 18、20 各自需比较 2 次，查找 25 需比较 3 次，查找 11 需比较 4 次，则等概情况下查找成功的平均查找长度＝(1×4＋2×2＋3＋4)/8＝15/8。

对于查找失败的情况,哈希地址为2时需比较1次,哈希地址为4时需比较4次,哈希地址为5时需比较1次,哈希地址为6时需比较2次,哈希地址为0、1或3时需比较0次(空指针判断不算关键字比较操作),共需比较8次,则等概情况下查找失败的平均查找长度=8/7。无论是何种关键字序列,等概情况下链地址法查找失败的平均查找长度均等于关键字个数与哈希函数可能的取值个数的比值。

算法7.10 在链地址法构造的哈希表中查找关键字 key,返回所在结点指针,查找失败则返回空指针。

该算法的 C 语言描述如下。

```
SLinkNode * hashSearch(HashTable table, KeyType key) {
    int hashAddr = Hash(key);
    SLinkNode * nodePtr = table[hashAddr];
    while(nodePtr != NULL) {
        if(nodePtr -> data.key == key) {          //查找成功
            return nodePtr;
        }
        nodePtr = nodePtr -> next;
    }
    return NULL;                                    //查找失败
}
```

该算法的 Java 语言描述如下(需定义在 HashTable 类中)。

```
public SLinkNode hashSearch(ElemType key) {
    int hashAddr = Hash(key);
    SLinkNode node = table[hashAddr];
    while(node != null) {
        if(node.getData().getKey() == key) {      //查找成功
            return node;
        }
        node = node.getNext();
    }
    return null;                                    //查找失败
}
```

3. 公共溢出区法

采用公共溢出区法的哈希表由基本表和溢出表组成,当没有冲突时,将数据元素按照哈希地址装填到基本表中,当发生冲突时,将数据元素装填到溢出表中。

如果要在哈希表中查找关键字 key,首先计算 key 的哈希地址,如果对应的单元为空则查找失败,否则将该单元的关键字与 key 进行比较,如果相等则查找成功,否则到溢出表中进行查找。

7.7.4 插入、删除与扩容

在实际应用中,哈希表在构造完成后并非只进行查找操作,往往需要插入新的数据元素或者删除原有的数据元素。

1. 插入操作

在哈希表中插入具有关键字 key 的数据元素,首先查找关键字 key,只有查找失败时才能进行插入操作,插入新数据元素时如果发生冲突,则按照解决冲突的方法进行处理。

2. 删除操作

在哈希表中删除具有关键字 key 的数据元素,首先查找关键字 key,只有查找成功时才能进行删除操作。

删除操作情况比较复杂。

(1)对于链地址法,只需找到 key 所在的结点,将该结点从链表中删除即可。

(2)对于开放定址法,则不能直接删除。

例如,设关键字为 key 的数据元素存放在哈希表的 p 号单元,和 key 有冲突的另一个关键字 anotherkey 所对应的数据元素存放在 t 号单元,如果直接删除关键字为 key 的数据元素,哈希表的 p 号单元将变为空,则在以后查找关键字 anotherkey 时将会判断为查找失败。

一种解决方法是删除某一数据元素后对哈希表进行调整,但很可能"牵一发而动全身",效率比较低。

还可以选择"标记法"解决方案,就是在哈希表的每一个单元设置一个"删除标记",当删除某个数据元素时,将对应单元的"删除标记"置为 true。在进行查找操作时,如果探测到"删除标记"为 true 的单元就跳过去继续查找。在插入一个数据元素时,如果对应单元的"删除标记"为 true,则将插入的数据元素存放在该单元并将"删除标记"清除为 false。为了提高哈希表的效率,应该定期清理"删除标记",或者利用现有的数据元素重新构建哈希表。

3. 哈希表扩容

哈希表的装填因子是影响哈希表性能的关键因素之一。一般来说,装填因子越小,哈希表的查找、插入、删除操作越快,但需要更多的空间;装填因子越大,哈希表的查找、插入、删除操作越慢,但需要更少的空间。因此,在构造哈希表时需要选择适合的装填因子,以便平衡哈希查找的时间和空间效率。一般来说,设计得当的哈希表的查找、插入、删除操作的时间复杂度可降至 $O(1)$。

当哈希表中数据元素数量增加到一定程度时,相互冲突的关键字个数可能是比较大的数值,导致查找效率大大降低,此时,为了保持哈希表的性能,需要对哈希表进行扩容。

哈希表的扩容往往需要考虑如下因素。

(1)触发条件。

一般预设一个装填因子阈值,当装填因子达到或超过该阈值时,触发哈希表扩容。

(2)扩容空间。

当触发扩容时,需要申请一块新的存储空间,其大小一般是原空间的两倍。

(3)再哈希。

对原哈希表中的数据元素重新散列到新的存储空间,构造新的哈希表替代原哈希表。

哈希表的扩容操作是一个比较耗时的操作,但为了维持哈希表的性能,适当的扩容是必要的,但频繁扩容也是不可取的。

小结

本章的知识点归纳总结如下。

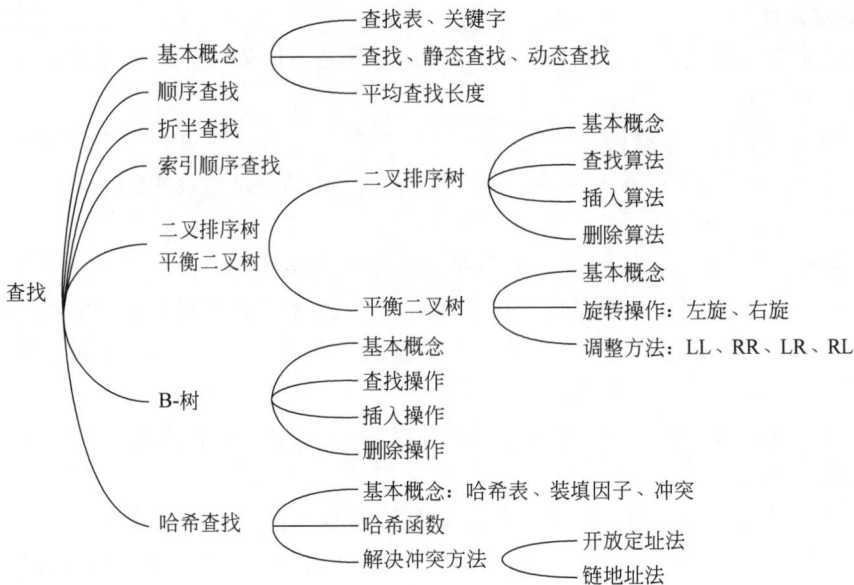

本章需要重点掌握的内容有：

（1）查找和查找表的基本概念。

（2）顺序查找和折半查找算法。

（3）二叉排序树的概念和查找、插入、删除算法。

（4）平衡二叉树插入结点或删除结点失衡后的调整方法。

（5）根据哈希函数和解决冲突的方法构建哈希表，以及哈希表的查找算法。

（6）等概情况下各种查找方法的平均查找长度的计算。

习题 7

1. 有一个有序表的关键字序列为$\{1,3,7,13,25,39,47,65,79,83,92,99\}$，画出折半查找判定树，求等概情况下查找成功和查找失败的平均查找长度。

2. 从空树开始，依次插入关键字为 50、40、30、35、38 和 39 的数据元素，画出构造平衡的二叉排序树的过程，并标注各个结点的平衡因子。

3. 设一组数据元素的关键字序列为$\{12,23,45,57,20,3,78,31,15,36\}$，散列表为 HT$[0..12]$，散列函数为 Hash(Key)＝Key ％ 13，用线性探测法解决冲突，请画出散列表，并计算等概率情况下查找成功和查找失败的平均查找长度。

4. 设一组数据元素的关键字序列为$\{12,23,45,57,20,3,78,31,15,36\}$，散列表为 HT$[0..6]$，散列函数为 Hash(Key)＝Key ％ 7，用链地址法解决冲突，请画出散列表，并计算等概率情况下查找成功和查找失败的平均查找长度。

第8章

排　序

在日常生活与工作中,经常会遇到排序问题。例如,将一群人按身高从矮个到高个排成一列纵队,将学生的纸质毕业论文按学号排好,将学生信息表中的学生信息按学位绩点从高到低排序,将英语四级考试的答题卡按考生号顺序排好,等等。每年发布的世界各国 GDP 数据是按 GDP 降序排列的,我国自改革开放以来,从 GDP 排名并不靠前,到 2010 年跃居世界第二,排名逐年前移,而且前移的速度越来越快。前面所讲章节也有涉及排序的内容,例如,折半查找就要求查找表元素按照关键字有序排列,构造最小生成树的克鲁斯卡尔算法也要求按权值对所有的边非递减排序。本章的主要学习内容就是几种常用的、重要的、应用广泛的排序方法。

8.1　基本概念

排序(sorting)就是将一个由若干数据元素组成的序列,重新排列为一个按照关键字有序的序列。

假设有一个由 n 个数据元素构成的序列,经过排序后的序列为(R_0, R_1, R_2,…, R_{n-1}),其中,R_i 的关键字为 $R_i.\text{key}$。如果排序后的序列满足 $R_0.\text{key} \leqslant R_1.\text{key} \leqslant \cdots \leqslant R_{n-1}.\text{key}$,则将该排序操作称为按关键字非递减排序。如果排序后的序列满足 $R_0.\text{key} \geqslant R_1.\text{key} \geqslant \cdots \geqslant R_{n-1}.\text{key}$,则将该排序操作称为按关键字非递增排序。以下所讲排序实例均默认为非递减排序,并且为了便于表达和理解均将元素本身直接作为关键字来使用。

注意,从概念上来说,非递减排序并非等价于从小到大排序或者升序排序,非递减排序后相邻两项中后一项的值不小于前一项的值,而从小到大(升序)排序后相邻两项中后一项的值大于前一项的值。同理,非递增排序和从大到小(降序)排序也不是相同的概念。但在平常的交流沟通中,为了便于理解,将非递减排序称为升序排序,将非递增排序称为降序排序也未尝不可。

如果按照一系列数据元素的主关键字进行非递减或非递增排序,由于不同数据元素的主关键字是不同的,所以排序后的序列是唯一的。如果按照数据元素的次关键字进行排序,由于可能存在多个不同的数据元素具有相同的关键字,则排序结果不是唯一的。

如果待排序序列存在多个具有相同关键字的数据元素,假设 $R_i.\text{key}=R_j.\text{key}(0 \leqslant i \leqslant n-1, 0 \leqslant j \leqslant n-1, i \neq j)$,若在排序前 R_i 排在 R_j 之前,排序后 R_i 必然排在 R_j 之前,则称该排序方法为**稳定**的(stable),否则称该排序方法为**不稳定**的(unstable)。稳定的排序方法能够保证具有相同关键字的数据元素在排序后依然能保持原来的先后顺序,而不稳定的排序方法则不能保证这一点。

根据排序操作涉及的存储器的差异,将排序分为**内排序**(internal sorting)和**外排序**(external sorting)两大类。内排序的整个排序过程都在内存中进行,而外排序则需要借助外存才能完成,一般用于待排序数据量非常大,难以完全依靠内存来完成排序的场景。

内排序的方法有很多,根据排序思想和原则,可以将排序方法分为插入排序、交换排序、选择排序、归并排序等几大类。

8.2 插入排序

插入排序的基本思想是:在一个有序的子序列中,将一个新的数据元素插入该子序列的适当位置,形成一个更长的有序子序列,如此进行下去,直到整个序列是一个有序序列。

此类排序方法包含直接插入排序、折半插入排序和希尔排序等方法。

8.2.1 直接插入排序

对长度为 n 的序列$(R_0, R_1, R_2, \cdots, R_{n-1})$进行非递减直接插入排序的基本过程如下。

(1) 子序列(R_0)是一个长度为 1 的有序子序列。

(2) 对于 R_1 直至 R_{n-1} 的每一个数据元素 R_i,将它插入长度为 i 的有序子序列$(R_0, R_1, R_2, \cdots, R_{i-1})$中,形成长度为 $i+1$ 的有序子序列。

(3) 如此进行下去,最终将获得长度为 n 的有序序列$(R_0, R_1, R_2, \cdots, R_{n-1})$。

其中第(2)步的实现方法是:从 R_{i-1} 开始往前依次对 $R_j(j=i-1, i-2, \cdots, 0)$判断,如果 $R_j > R_i$,则 R_i 必然应该排在 R_j 之前,将 R_j 后移一个位置,如果 $j == -1$ 或者 $R_j \leqslant R_i$,则 R_i 应插入 $j+1$ 位置。

例如,假设待排序序列为(30, 20, 60, 40, 10, 90, 70, 50),则对该序列进行非递减直接插入排序的过程如图 8.1 所示,其中,【】表示已经获得的有序子序列,箭头表示插入。

算法 8.1 直接插入排序(非递减)。

```java
//用 Java 描述需将 ElemType r[]换成 ElemType[] r
void insertionSort(ElemType r[], int n) {
    for(int i = 1; i < n; i ++) {
        ElemType x = r[i];
        int j = i - 1;
        while(j >= 0 && r[j] > x) {
            r[j + 1] = r[j];
            j --;
        }
        r[j + 1] = x;
    }
}
```

```
初始序列  【30】 20   60   40   10   90   70   50

第1趟   【20   30】 60   40   10   90   70   50

第2趟   【20   30   60】 40   10   90   70   50

第3趟   【20   30   40   60】 10   90   70   50

第4趟   【10   20   30   40   60】 90   70   50

第5趟   【10   20   30   40   60   90】 70   50

第6趟   【10   20   30   40   60   70   90】 50

第7趟   【10   20   30   40   50   60   70   90】
```

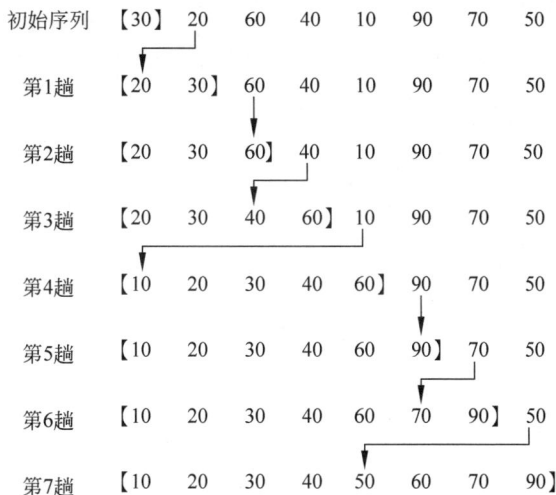

图 8.1　直接插入排序示例

直接插入排序仅使用一个辅助单元,其空间复杂度为 $O(1)$。假设待排序序列长度为 n,在最好情况下,原始序列已经有序,则直接插入排序需要进行 $n-1$ 次比较操作,数据元素移动次数可降为 0;在最坏情况下,原始序列逆序排列,则直接插入排序需要进行 $n(n-1)/2$ 次比较操作及 $(n+4)(n-1)/2$ 次数据元素移动操作;在平均情况下,在插入 R_i 时也平均需要 $i/2$ 次比较操作及 $i/2+2$ 次数据元素移动操作,总的比较和移动次数是 $n^2/4$ 量级,因此,直接插入排序算法的最好时间复杂度为 $O(n)$,最差和平均时间复杂度为 $O(n^2)$。

直接插入排序是稳定的排序方法。在初始序列已经基本有序的情况下,直接插入排序方法具有很好的时间和空间性能。

直接插入排序方法不仅适用于顺序表,也适用于链式线性表。链表上的直接插入排序不涉及数据元素的移动,仅涉及比较操作。

8.2.2　折半插入排序

直接插入排序的每一趟操作都涉及在一个有序的子序列中确定新元素的插入位置,而插入位置是通过将新插入元素与有序子序列中的元素逐个进行比较而得到的。

折半插入排序在这一方面进行了改进,在确定新元素插入位置时采用了折半查找方法,然后将有序序列最后一个元素直到插入位置元素依次后移一个位置,再将新元素插入该位置。

算法 8.2　折半插入排序(非递减)。

```
//用 Java 描述需将 ElemType r[]换成 ElemType[] r
//折半查找 x 应该插入的位置
int binSearch(ElemType r[], int n, ElemType x) {
    int low = 0, high = n-1, mid;
    while(low <= high) {
        mid = (low + high) / 2;
        if(x >= r[mid]) {
            low = mid + 1;
        }
        else {
```

```
                high = mid – 1;
            }
        }
        return low;
    }

    //折半插入排序
    void binInsertionSort(ElemType r[], int n) {
        for(int i = 1; i < n; i++) {
            ElemType x = r[i];
            int pos = binSearch(r, i, x);
            for(int j = i–1; j >= pos; j – – ) {
                r[j + 1] = r[j];
            }
            r[pos] = x;
        }
    }
```

折半插入排序需要的比较操作次数比直接插入排序少,但元素移动次数并未减少,因此,折半插入排序的时间复杂度仍然为 $O(n^2)$,空间复杂度为 $O(1)$,并且是稳定的排序方法。

折半插入排序适用于顺序表,但不适用于链式线性表,因为在链式线性表上无法进行折半查找操作。

8.2.3 希尔排序

希尔(Shell)排序又称为"缩小增量排序",也是一种对直接插入排序的改进方法,在时间性能上也有较大提高。

直接插入排序方法简单,且在序列长度较小时具有较高的性能,尤其是在待排序序列已经基本有序的情况下具有更高的性能,时间复杂度可接近于 $O(n)$。希尔排序就是通过尽量缩小待排序序列长度,或者让待排序序列基本有序来提高插入排序的性能的。

希尔排序的基本思想如下。

(1) 将待排序序列分为若干子序列,使用直接插入排序使每个子序列成为有序子序列,由于每个子序列长度较小,因此具有较高的性能。

(2) 在整个序列"基本有序"后,再对所有元素进行一次直接插入排序。

根据上述思想,希尔排序的过程如下。

(1) 选择一个增量序列 $(d_0, d_1, d_2, \cdots, d_{k-1})$,其中,当 $i < j$ 时 $d_i > d_j$,$d_{k-1} = 1$,即该序列是一个缩小增量序列且最后一个增量为 1。

(2) 对序列进行 k 趟的直接插入排序,其中第 i 趟($i = 0, 1, 2, \cdots, k-1$)是以 d_i 为位置增量,将整个序列分为 d_i 个子序列,分别对每个子序列进行直接插入排序。

在进行第 $k-1$ 趟排序时(增量缩小到 1),整个序列已经"基本有序",再进行一次整个序列的直接插入排序。

例如,假设待排序序列为(30,20,60,40,10,90,70,50,25,20),则对该序列按照增量序列(5,3,1)进行非递减希尔排序的过程如图 8.2 所示,其中有两个 20,后一个 20 加注了下画线以区分于前一个 20。

从如图 8.2 所示的示例中可以看到,初始序列中的两个 20 在排序后改变了它们之间的

```
初始序列      30  20  60  40  10  90  70  50  25  20

增量为5的5个子序列  30  20  60  40  10  90  70  50  25  20

第1趟排序后    30  20  50  25  10  90  70  60  40  20

增量为3的3个子序列  30  20  50  25  10  90  70  60  40  20

第2趟排序后    20  10  40  25  20  50  30  60  90  70

增量为1的1个子序列  20  10  40  25  20  50  30  60  90  70

第3趟排序后    10  20  20  25  30  40  50  60  70  90
```

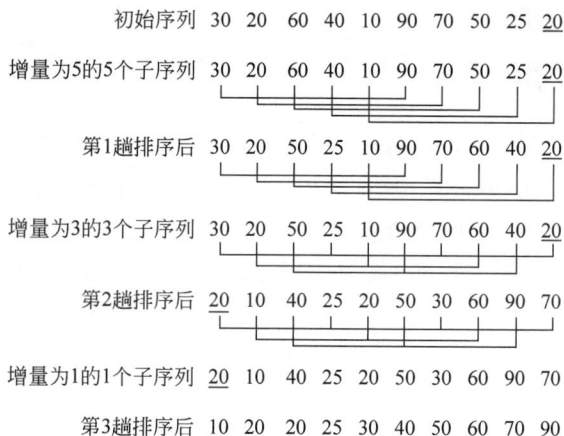

图 8.2 希尔排序示例

先后顺序,因此,希尔排序是不稳定的排序方法。

算法 8.3 希尔排序(非递减)。

```java
//用 Java 描述需将 ElemType r[]换成 ElemType[] r
//以 d 为增量的直接插入排序
void shellInsert(ElemType r[], int n, int d) {
    for(int i = d; i < n; i ++) {
        int x = r[i];
        int j = i - d;
        while(j >= 0 && x < r[j]) {
            r[j + d] = r[j];
            j -= d;
        }
        r[j + d] = x;
    }
}

//采用增量序列 d[0]～d[k-1]的希尔排序
void shellSort(ElemType r[], int n, int d[], int k) {
    for(int i = 0; i < k; i ++) {
        shellInsert(r, n, d[i]);
    }
}
```

分析希尔排序的时间复杂度是一个非常复杂的问题,因为该方法的性能与增量序列的选择密切相关,如何选择增量序列才能使希尔排序的时间复杂度达到最佳,这仍然是一个尚未完全解决的问题,但已经有了一些结论。例如,当趟数 $k \leqslant \lfloor \log(n+1) \rfloor$,选择增量序列 $(2^k-1, 2^{k-1}-1, \cdots, 1)$ 时,希尔排序的时间复杂度为 $O(n^{3/2})$。在实际应用中,应该选择互素的增量从大到小排列构成增量序列,并且最后一个增量必须为 1。

希尔排序适用于顺序表,但不适用于链式线性表。

8.3 交换排序

交换排序的基本原则是通过两两比较待排序元素,如果比较结果与排序要求不符,则对比较的两个元素进行交换。交换排序主要有冒泡排序和快速排序两种方法,其中,快速排序是应用最广泛的一种排序方法。

8.3.1　冒泡排序

对长度为 n 的序列 $(R_0, R_1, R_2, \cdots, R_{n-1})$ 进行非递减冒泡排序的基本过程如下。

（1）从 R_0 到 R_{n-1} 顺序进行扫描，对相邻两个元素进行比较，如果前一个元素大于后一个元素则进行交换，以类似于"大气泡逐步上升"的形式，最终将最大元素交换到 R_{n-1}。

（2）从 R_0 到 R_{n-2} 顺序进行扫描，对相邻两个元素进行比较，如果前一个元素大于后一个元素则进行交换，以类似于"大气泡逐步上升"的形式，最终将最大元素交换到 R_{n-2}。

（3）以此类推，共进行 $n-1$ 趟，最后一趟是对 R_0 和 R_1 进行比较，如果 $R_0 > R_1$ 则进行交换，最终使整个序列成为有序序列。

例如，假设待排序序列为 $(30, 20, 60, 40, 10, 90, 70, 50)$，则对该序列进行非递减冒泡排序的过程如图 8.3 所示，其中，【】表示下一趟的待冒泡处理子序列。

初始序列	【30	20	60	40	10	90	70	50】
第1趟	【20	30	40	10	60	70	50】	90
第2趟	【20	30	10	40	60	50】	70	90
第3趟	【20	10	30	40	50】	60	70	90
第4趟	【10	20	30	40】	50	60	70	90
第5趟	【10	20	30】	40	50	60	70	90
第6趟	【10	20】	30	40	50	60	70	90
第7趟	10	20	30	40	50	60	70	90

图 8.3　冒泡排序示例

算法 8.4　冒泡排序（非递减）。

```java
//用 Java 描述需将 ElemType r[]换成 ElemType[] r
void bubbleSort(ElemType r[], int n) {
    for(int i = n - 1; i > 0; i -- ) {
        for(int j = 0; j < i; j ++) {
            if(r[j] > r[j + 1]) {
                ElemType tmp = r[j];
                r[j] = r[j + 1];
                r[j + 1] = tmp;
            }
        }
    }
}
```

从如图 8.3 所示示例可以看出，第 5 趟排序没有发生任何交换操作，说明整个序列已经是有序序列，第 6 趟和第 7 趟已经没有必要，可以据此对冒泡排序做一定的优化。

在每一趟实际操作之前设置一个"交换标志"为 false，只要这一趟操作发生了元素的交换就将"交换标志"置为 true。当这一趟操作结束后，如果"交换标志"仍然为 false，则说明这个序列已经有序，就结束排序。

假设待排序序列长度为 n，则冒泡排序的空间复杂度为 $O(1)$，优化之前的算法需要进行 $n(n-1)/2$ 次比较操作和最多 $n(n-1)/2$ 次交换操作，因此最好、最差和平均时间复杂度均为 $O(n^2)$，优化后的算法的最好时间复杂度为 $O(n)$（初始序列已然有序或几乎是有序的），但最差和平均时间复杂度仍为 $O(n^2)$。

冒泡排序是稳定的排序方法。冒泡排序适用于顺序表，也适用于链式线性表。

8.3.2 快速排序

快速排序算法是英国计算机科学家托尼·霍尔（1934 年生，1980 年获得图灵奖）于 1962 年提出的，是一个获得广泛应用的排序算法。

快速排序体现了分治法思想，假设要做非递减排序，则快速排序的基本思想如下。

（1）如果一个子序列长度为 1，则对该子序列无须排序。

（2）否则，在待排序序列中选择一个枢轴（pivot）元素，并将待排序序列分为左子序列、枢轴元素和右子序列三部分，其中，左子序列中的所有元素均不大于枢轴元素，右子序列中的所有元素均不小于枢轴元素。

（3）对左、右两个子序列采用同样的方法进行快速排序，左、右两个子序列均排好序后，整个序列必然有序。

上述思想是递归形式描述的，整个序列要划分为左子序列、枢轴元素和右子序列三部分，每个子序列再分为左子序列、枢轴元素和右子序列，如此划分下去，直到子序列只包含一个元素或者长度为 0 为止。

快速排序的核心操作是将一个序列划分为左子序列、枢轴元素和右子序列三部分，假设对序列 $(R_{\text{low}}, R_{\text{low}+1}, R_{\text{low}+2}, \cdots, R_{\text{high}})$ 进行子序列划分，具体做法如下。

（1）以 R_{low} 为枢轴元素，将 R_{low} 暂存到 x。

（2）从 high 位置往前扫描，跳过不小于 x 的元素，遇到小于 x 的元素则调整到 R_{low}，即不小于枢轴的元素留在后面，小于枢轴的元素调到前面。

（3）从 low 位置往后扫描，跳过不大于 x 的元素，遇到大于 x 的元素则调整到 R_{high}，即不大于枢轴的元素留在前面，大于枢轴的元素调到后面。

（4）循环执行步骤（2）和（3），直到 low≥high。

（5）此时枢轴位置为 low，将 x 赋值给 R_{low}。

选择枢轴元素时，可以选择任意元素和 R_{low} 交换，然后再以 R_{low} 为枢轴元素。

例如，设初始序列为（30，20，60，40，10，80，15，50），以 30 为枢轴元素进行一趟非递减快速排序的过程如图 8.4 所示，其中，枢轴位置用【】标识。

算法 8.5 快速排序（非递减）。

```java
//用Java描述需将ElemType r[]换成ElemType[] r
//以r[low]为枢轴元素对r[low..high]完成一轮划分，返回最终的枢轴位置
int quickPartition(ElemType r[], int low, int high) {
    ElemType x = r[low];
    while(low < high) {
        while(low < high && r[high] >= x) {
            high -- ;
        }
        r[low] = r[high];
        while(low < high && r[low] <= x) {
            low ++;
        }
        r[high] = r[low];
    }
```

枢轴元素x=30

【30】 20 60 40 10 80 15 50
low   high

(a) 初始状态

遇到大于x的元素调到low位置

【15】 20 60 40 10 80 15 50
low   high

(b) 从high位置往前扫描

遇到大于x的元素调到high位置

15 20 60 40 10 80 【60】 50
      low   high

(c) 从low位置往后扫描

遇到小于x的元素调到low位置

15 20 【10】 40 10 80 60 50
      low   high

(d) 从high位置往前扫描

遇到大于x的元素调到high位置

15 20 10 40 【40】 80 60 50
         low high

(e) 从low位置往后扫描

遇到小于x的元素调到low位置

15 20 10 【40】 40 80 60 50
         low   high

(f) 从high位置往前扫描

将x赋值到枢轴位置

15 20 10 【30】 40 80 60 50
         low   high

(g) low≥high,枢轴位置为low

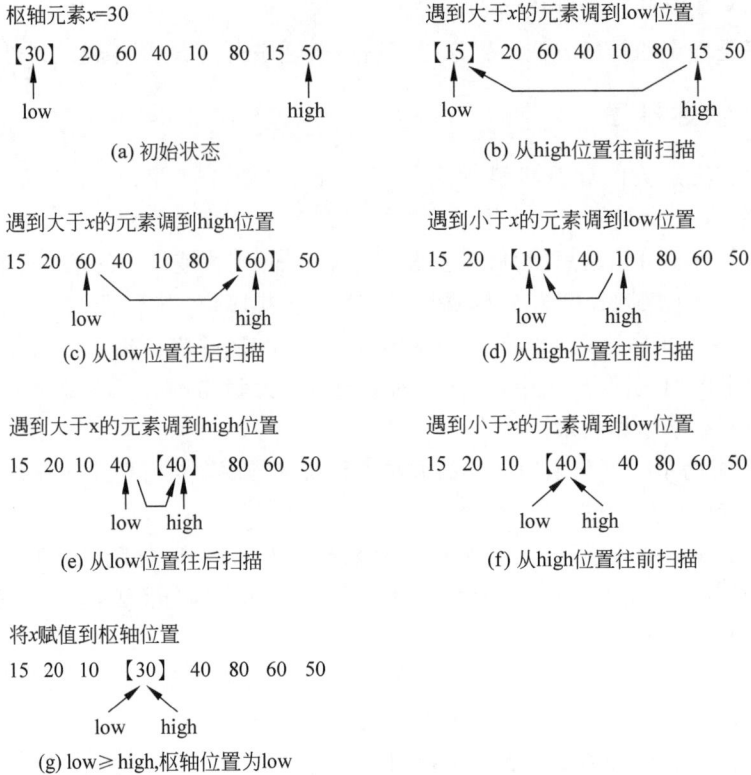

图 8.4 一趟快速排序示例

```
    r[low] = x;
    return low;
}

//对 r[low..high]进行快速排序
void quickSort(ElemType r[], int low, int high) {
    if(low < high) {
        int pos = quickPartition(r, low, high);     //确定枢轴位置
        quickSort(r, low, pos - 1);                 //对左子序列进行快速排序
        quickSort(r, pos + 1, high);                //对左子序列进行快速排序
    }
}
```

如果对有两个 30 的序列(40，30，50，30)进行非递减快速排序,排序结果为(30，30，40，50),两个 30 的先后顺序发生了改变,可见快速排序是不稳定的排序方法。

对长度为 n 的序列进行一趟子序列划分的时间复杂度为 $O(n)$。在最坏情况下,每一趟的子序列划分都是严重不均衡的,枢轴之前的左子序列为空,或者枢轴之后的右子序列为空,共需要 n 趟才能完成排序,则最坏情况下快速排序的时间复杂度为 $O(n^2)$。在最好情况下,每一趟的子序列划分都是均衡的,即左子序列和右子序列的长度相等或者差值为 1,此时总共需要 $\log_2 n$ 层划分,则最好情况下快速排序的时间复杂度为 $O(n\log n)$。平均情况下快速排序的时间复杂度也为 $O(n\log n)$。

上述快速排序算法是一个递归算法,需要用到栈空间作为辅助空间,在最坏情况下栈的最大高度为 n,在最好情况下栈的最大高度约为 $\log_2 n$,因此,快速排序的最坏空间复杂度为

$O(n)$,最好和平均空间复杂度为$O(\log n)$。

为了避免出现最坏情况,可以在每一趟子序列划分时随机选择枢轴元素。

另外,也可以自定义栈,参考二叉树的非递归先序遍历算法,得到快速排序的非递归算法。

8.4 选择排序

假设对一个序列进行非递减排序,可以在整个序列中选出最小元素作为排序结果序列的第一个元素,然后在剩余序列中再选出最小元素作为排序结果序列的第二个元素,以此类推,最后是在剩余的两个元素中选出最小元素作为排序结果序列倒数第二个元素,剩下最后一个元素自然是最大元素,排在序列的最后位置,这就是选择排序的基本思想。

选择排序也存在多种具体算法,例如,简单选择排序、树状选择排序和堆排序,不同算法所采用的在一个序列或子序列中选出最小元素的方法是不同的。

8.4.1 简单选择排序

简单选择排序的基本思想非常简单,假设对序列$(R_0, R_1, R_2, \cdots, R_{n-1})$进行非递减排序,其基本过程如下。

(1)第1趟:从$(R_0, R_1, R_2, \cdots, R_{n-1})$中选出最小元素和$R_0$交换。

(2)第2趟:从$(R_1, R_2, \cdots, R_{n-1})$中选出最小元素和$R_1$交换。

(3)以此类推,第$k+1$趟$(k=0, 1, 2, \cdots, n-2)$是从$(R_k, R_{k+1}, R_{k+2}, \cdots, R_{n-1})$中选出最小元素和$R_k$交换,最终完成排序。

例如,设初始序列为$(30, 20, 60, 40, 10, 80, 15, 50)$,则非递减简单选择排序的过程如图8.5所示,其中,选择最小元素的范围用【】标识,min标识选择范围内最小元素位置,k标识需要和最小元素交换的位置。

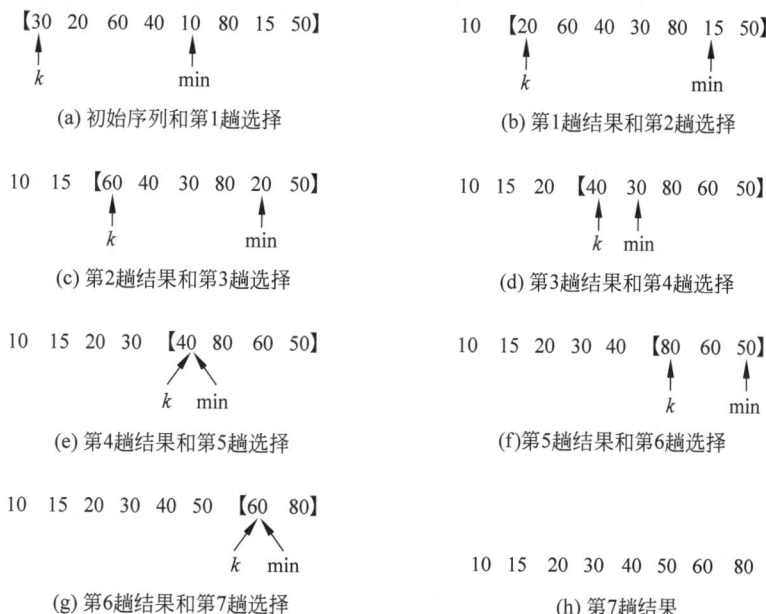

(a) 初始序列和第1趟选择

(b) 第1趟结果和第2趟选择

(c) 第2趟结果和第3趟选择

(d) 第3趟结果和第4趟选择

(e) 第4趟结果和第5趟选择

(f) 第5趟结果和第6趟选择

(g) 第6趟结果和第7趟选择

(h) 第7趟结果

图8.5 简单选择排序示例

算法 8.6　简单选择排序（非递减）。

```java
//用 Java 描述需将 ElemType r[ ]换成 ElemType[ ] r
void selectionSort(ElemType r[ ], int n) {
    for(int k = 0; k < n - 1; k ++) {
        int min = k;
        for(int i = k + 1; i < n; i ++) {
            if(r[i] < r[min]) {
                min = i;
            }
        }
        if(k != min) {
            ElemType tmp = r[min];
            r[min] = r[k];
            r[k] = tmp;
        }
    }
}
```

简单选择排序只需要一个元素的辅助空间，空间复杂度为 $O(1)$，但所需的比较次数为 $n(n-1)/2$，最坏情况下每一趟都需要 1 次的元素交换，共需要交换 $n-1$ 次，所以该算法最好、最坏和平均时间复杂度均为 $O(n^2)$。

简单选择排序是不稳定的排序方法，例如，对序列（90，90，30，20）进行非递减简单选择排序，排序结果为（20，30，90，90），原来的两个 90 在排序后的排列顺序发生了改变。

简单选择排序适用于顺序表，也适用于链式线性表。

8.4.2　树状选择排序

简单选择排序在每一趟选择最小元素时，都没有充分利用之前的比较结果，因此需要的比较次数较多，如果把每一趟的比较结果记录下来，已经比较过的两个元素在之后的排序过程中不再需要重复比较，就可以大大减少比较次数，提高排序效率。树状选择排序就是基于这种思想对简单选择排序进行改进的一种选择类排序方法。

树状选择排序和锦标赛有很大相似之处，因此也称为锦标赛排序。

假设对长度为 n 的序列进行非递减排序，树状选择排序选择最小元素的基本思想如下。

（1）对待排序序列中的元素两两进行比较，选出较小者进入下一轮比较，轮空者直接进入下一轮比较。

（2）在 $\lceil n/2 \rceil$ 个较小者中再两两进行比较，再选出较小者进入下一轮比较。

（3）以此类推，直到选出整个序列中的最小元素。

上述过程可以用具有 n 个叶子结点（每个叶子结点保存一个元素）的完全二叉树来表示，从最后一层开始直到根结点，两个互为兄弟的结点元素进行比较，较小元素记录在它们的双亲结点中，最终根结点元素就是最小元素。

例如，设初始序列为（30，20，60，40，10，80，15），则非递减树状选择排序选出最小元素的过程如图 8.6 所示，其中两两比较后选出的较小者记录到双亲结点用虚线箭头标识。

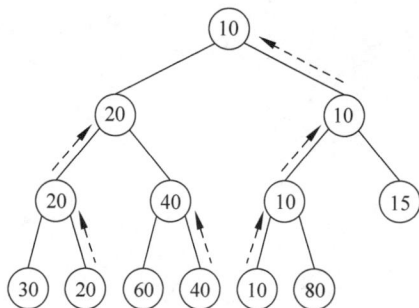

图 8.6 树状选择排序选出最小元素示例

将最小元素输出到结果序列后,将最小元素所在叶子结点元素设为∞,然后从该结点开始逆行向上,经过的结点元素与其兄弟结点元素进行比较,选出较小者更新双亲结点元素,直至根结点,根结点即为次小元素并输出到结果序列。以此类推,直到全部元素均被输出到结果序列为止,即得到排序后的有序序列。此过程如图 8.7 所示,最后剩余一个最大元素 80 也输出到结果序列。

树状选择排序为了找出最小元素需要进行 $n-1$ 次比较,此后每次找出剩余元素中的最小元素需要的比较次数均为完全二叉树的高度,因此总的时间复杂度为 $O(n\log n)$。树状选择排序需要额外的 $n-1$ 个分支结点的辅助空间,因此其空间复杂度为 $O(n)$。

8.4.3 堆排序

堆排序算法是弗洛伊德(Floyd)和威廉姆斯(Williams)于 1964 年提出的,是一种高效的、应用广泛的排序算法。其中,弗洛伊德也是前面学过的多源最短路径算法的提出者。

1. 堆的概念

具有 n 个元素的序列 $(k_1, k_2, k_3, \cdots, k_n)$,当且仅当满足 $k_i \leqslant k_{2i}$ 且 $k_i \leqslant k_{2i+1}(i=1, 2, \cdots, \lfloor n/2 \rfloor)$ 时,称为**小顶堆**(min-heap);当且仅当满足 $k_i \geqslant k_{2i}$ 且 $k_i \geqslant k_{2i+1}(i=1, 2, \cdots, \lfloor n/2 \rfloor)$ 时,称为**大顶堆**(max-heap)。小顶堆和大顶堆都是**堆**(heap)。

可以用具有 n 个结点的完全二叉树来表示具有 n 个元素的堆,根结点表示的就是堆顶元素,也是整个序列的首元素。从堆的概念可以看出,小顶堆可以用任意分支结点元素均小于或等于左右孩子结点元素的完全二叉树来表示,而大顶堆可以用任意分支结点元素均大于或等于左右孩子结点元素的完全二叉树来表示。如图 8.8 所示,其中,图 8.8(a)就是一个小顶堆,图 8.8(b)是一个大顶堆。

小顶堆的堆顶元素就是整个序列的最小元素,而大顶堆的堆顶元素就是整个序列的最大元素。由此可得出堆排序的基本思想如下。

(1)将 n 个元素的序列建成一个小顶堆(或大顶堆)。

(2)输出堆顶元素,即输出序列的最小(或最大)元素,然后将剩余元素的序列再次调整为一个小顶堆(或大顶堆)。

(3)重复(2),直到剩余一个元素即为原序列的最大(或最小)元素,则可得到一个有序序列。

从上述思想可以看出,堆排序需要解决以下两个关键问题。

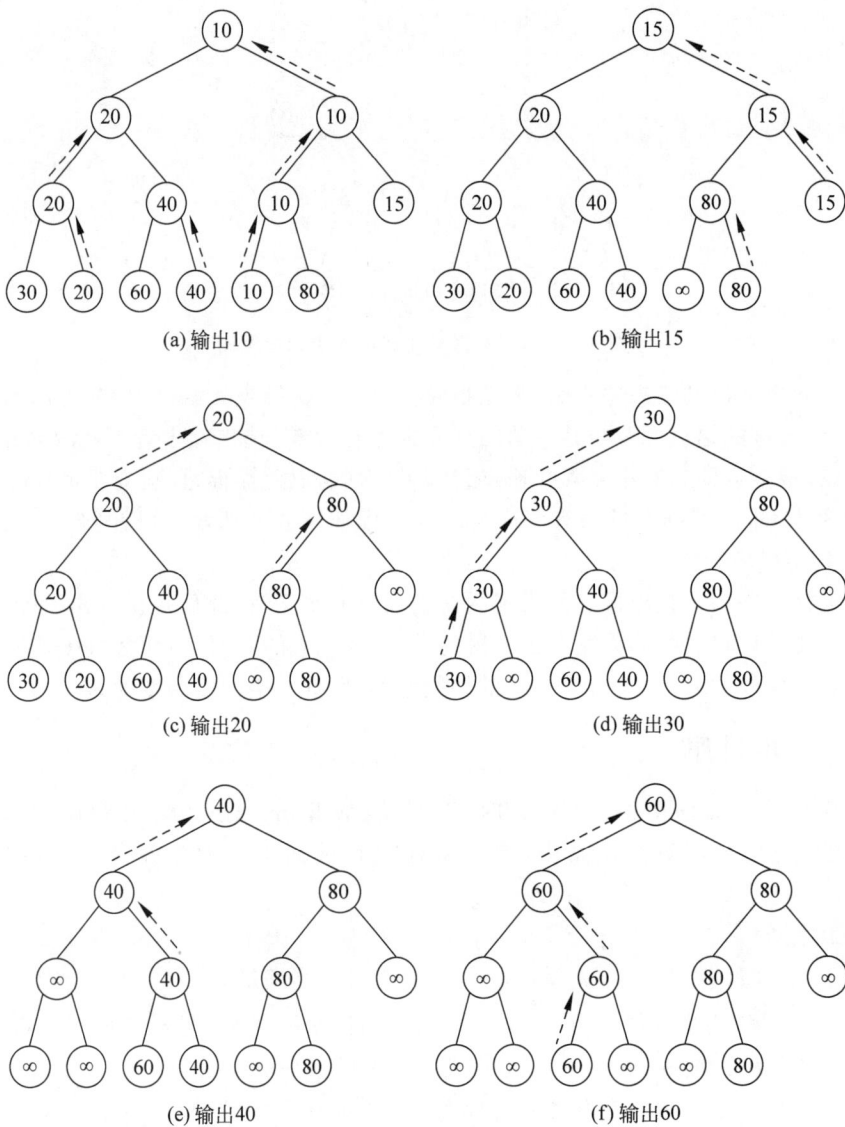

(a) 输出10

(b) 输出15

(c) 输出20

(d) 输出30

(e) 输出40

(f) 输出60

图 8.7　树状选择排序示例

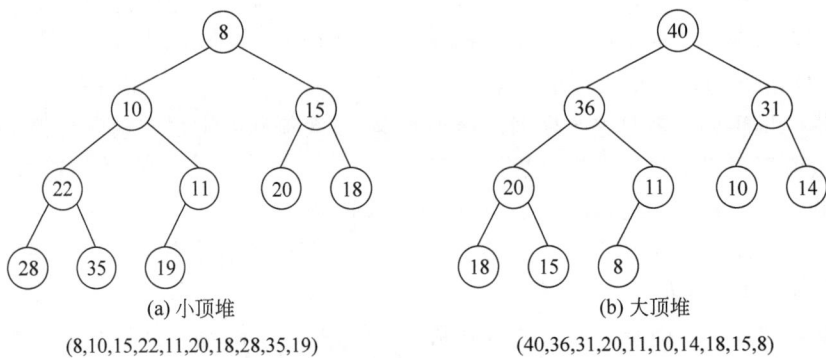

(a) 小顶堆

(8,10,15,22,11,20,18,28,35,19)

(b) 大顶堆

(40,36,31,20,11,10,14,18,15,8)

图 8.8　小顶堆和大顶堆示例

（1）如何将一个序列建成堆。

（2）在输出堆顶元素后,如何将剩余序列重新调整为堆。

2. 堆调整

从堆所对应的完全二叉树角度来看,堆调整的前提条件是根结点的左子树和右子树都已经是堆,只有根结点和它的左右孩子可能不满足堆的条件要求,例如,如图8.9所示的完全二叉树,其根结点的左右子树均是大顶堆,但整个完全二叉树则不是大顶堆。

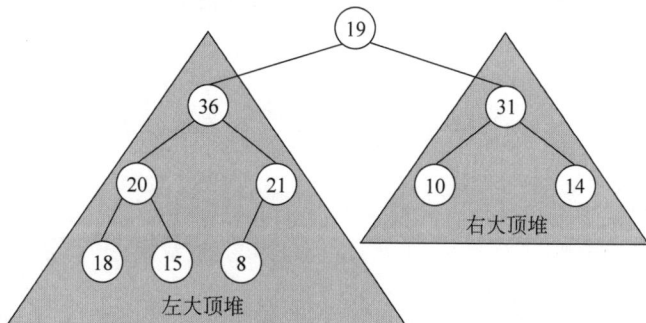

图8.9 左右子树均是大顶堆的完全二叉树示例

在根结点的左右子树均是大顶堆的前提下,对完全二叉树进行调整,使整个完全二叉树调整为大顶堆的方法如下。

在从根结点开始,沿着元素值大的孩子结点向下直到叶子结点的路径上,将所有结点元素调整为非递增顺序,就是将该路径上大于根结点元素值的所有元素上移到双亲结点,在最后一个元素上移的结点填入原根结点元素。

可以用如下通俗易懂的例子来理解大顶堆的调整方法。

在一个大顶堆结构的组织中,每个人都必须是本人和他的直属下级中能力最强者,否则他的直属下级中能力最强者就要升级为领导,他则降级为下级,以此类推,最终降级到符合大顶堆组织原则的适当位置。

设有一个序列(19,36,31,20,21,10,14,18,15,8),其对应的完全二叉树如图8.10(a)所示,其中,根结点的左子树和右子树均为大顶堆,调整后整个序列成为一个如图8.10(b)所示的大顶堆。为了更清晰地表明调整的过程,在图中将元素的上移路径用粗实线箭头进行了标识。

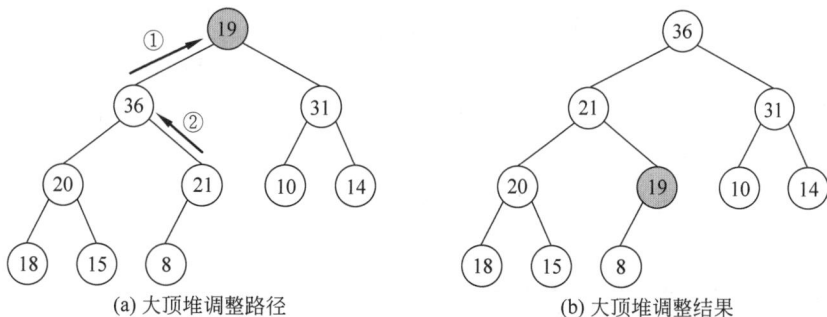

图8.10 大顶堆调整过程示例

小顶堆的调整方法与大顶堆的调整方法类似,只不过把"大于"变"小于"即可。

算法 8.7 设序列 $(r_{low}, r_{low+1}, \cdots, r_{high})$ $(1 \leqslant low < high)$ 除 r_{low} 以外其余元素均满足大顶堆的条件要求,将该序列调整为大顶堆。

```java
//用 Java 描述需将 ElemType r[]换成 ElemType[] r
void heapAdjust(ElemType r[], int low, int high) {
    ElemType rootElem = r[low];               //用 rootElem 暂存根结点元素
    //一直向下直到叶子,每次先走向左孩子
    for(int j = 2 * low; j <= high; j *= 2) {
        //如果有右孩子并且右孩子的元素值大于左孩子的元素值,则转向右孩子
        if(j < high && r[j] < r[j + 1]) {
            j ++;
        }
        if(rootElem >= r[j]) break;           //若 rootElem >= 孩子结点元素则结束循环
        r[low] = r[j];                        //将孩子中值大的元素上移到双亲结点
        low = j;
    }
    r[low] = rootElem;                        //rootElem 调到空出的结点
}
```

3. 建初堆

要将任意一个序列 $(r_1, r_2, \cdots, r_n)$ 建成一个大顶堆,需要利用前面所讲的堆调整算法。从序号为 $\lfloor n/2 \rfloor$ 的结点开始往前直至序号为 1 的结点(根结点),对每一个结点进行处理,将以该结点为根的子树(树)调整为大顶堆,由于处理过程是自下而上、从右向左进行的,每次处理序号为 i 的结点时,其左右子树已经被调整为大顶堆,因此满足堆调整算法的前提条件要求。

例如,设有一个序列 $(8, 19, 10, 15, 11, 31, 14, 28)$,将其建成一个大顶堆的过程如图 8.11 所示,其中下一步需进行堆调整的子树用虚线框做了标识。

算法 8.8 将序列 $(r_1, r_2, \cdots, r_n)$ 建成堆。

```java
//用 Java 描述需将 ElemType r[]换成 ElemType[] r
void heapCreate(ElemType r[], int n) {
    for(int i = n/2; i > 0; i -- )
        heapAdjust(r, i, n);            //将以 i 号结点为根的子树调整为堆
}
```

4. 堆排序

对序列 $(r_1, r_2, \cdots, r_n)$ 进行非递减堆排序的基本过程如下。

(1) 将该序列建成一个大顶堆,r_1 必然是最大元素。

(2) 将 r_1 和 r_n 互换,最大元素交换到了 r_n。

(3) 将长度为 $n-1$ 的序列 $(r_1, r_2, \cdots, r_{n-1})$ 重新调整为大顶堆。

(4) 将 r_1 和 r_{n-1} 互换,然后再将长度为 $n-2$ 的序列 $(r_1, r_2, \cdots, r_{n-2})$ 重新调整为大顶堆。

(5) 以此类推,直到完成排序。

如果进行非递增堆排序,只需在建堆和调整时按照小顶堆进行处理即可。

算法 8.9 堆排序。

```java
//用 Java 描述需将 ElemType r[]换成 ElemType[] r
void heapSort(ElemType r[], int n) {
    heapCreate(r, n);
    for(int i = n; i > 1; i -- ) {
```

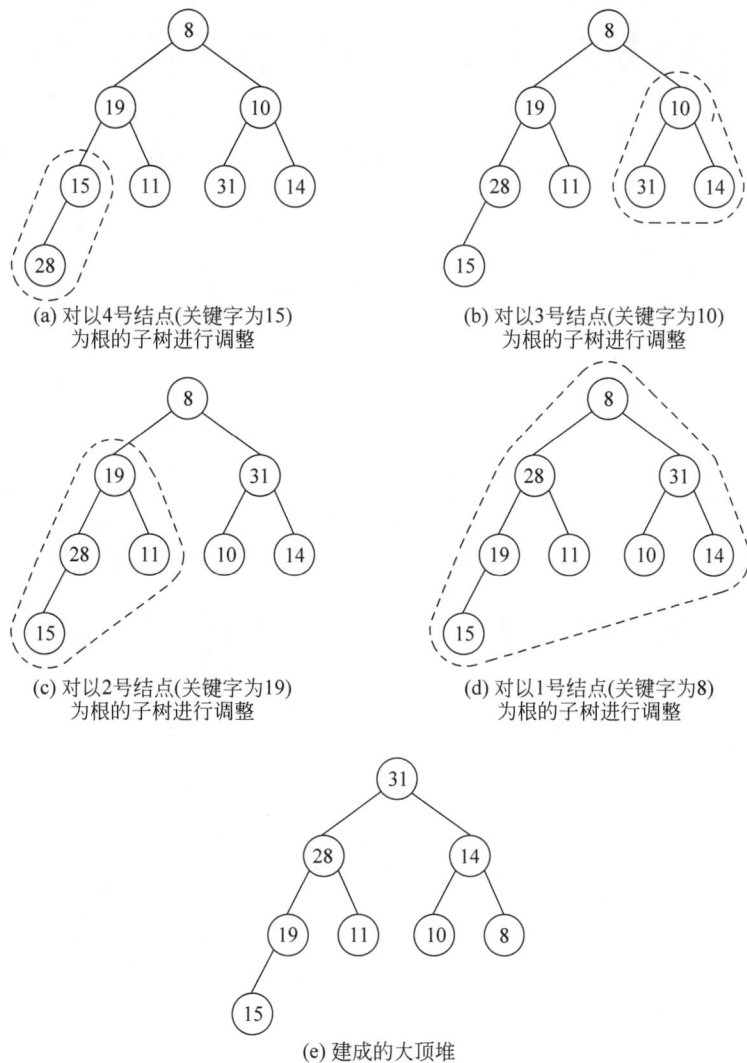

(a) 对以4号结点(关键字为15)
为根的子树进行调整

(b) 对以3号结点(关键字为10)
为根的子树进行调整

(c) 对以2号结点(关键字为19)
为根的子树进行调整

(d) 对以1号结点(关键字为8)
为根的子树进行调整

(e) 建成的大顶堆

图 8.11 大顶堆建堆过程示例

```
ElemType tmp = r[1];
r[1] = r[i];
r[i] = tmp;
heapAdjust(r, 1, i-1);
    }
}
```

为了建立堆排序序列和完全二叉树的对应关系,上述堆调整、建初堆和堆排序算法涉及的元素编号是从 1 开始编号的,所以对具有 n 个元素的数组进行排序时,下标范围是 $1\sim n$,如果要对一个数组 r 指定范围的元素 $r[u]\sim r[v]$ 进行排序,只需要对下标进行相应的处理,将元素编号 $1\sim v-u+1$ 依次映射到数组下标 $u\sim v$ 即可,即编号为 $i(i=1,2,\cdots,v-u+1)$ 的序列元素对应的数组元素为 $r[i+u-1]$。

例如,对序列$(8,19,10,15,11,31,14,28)$进行非递减堆排序的过程如图 8.12 所示,其中虚线边所连结点不再参与堆调整。

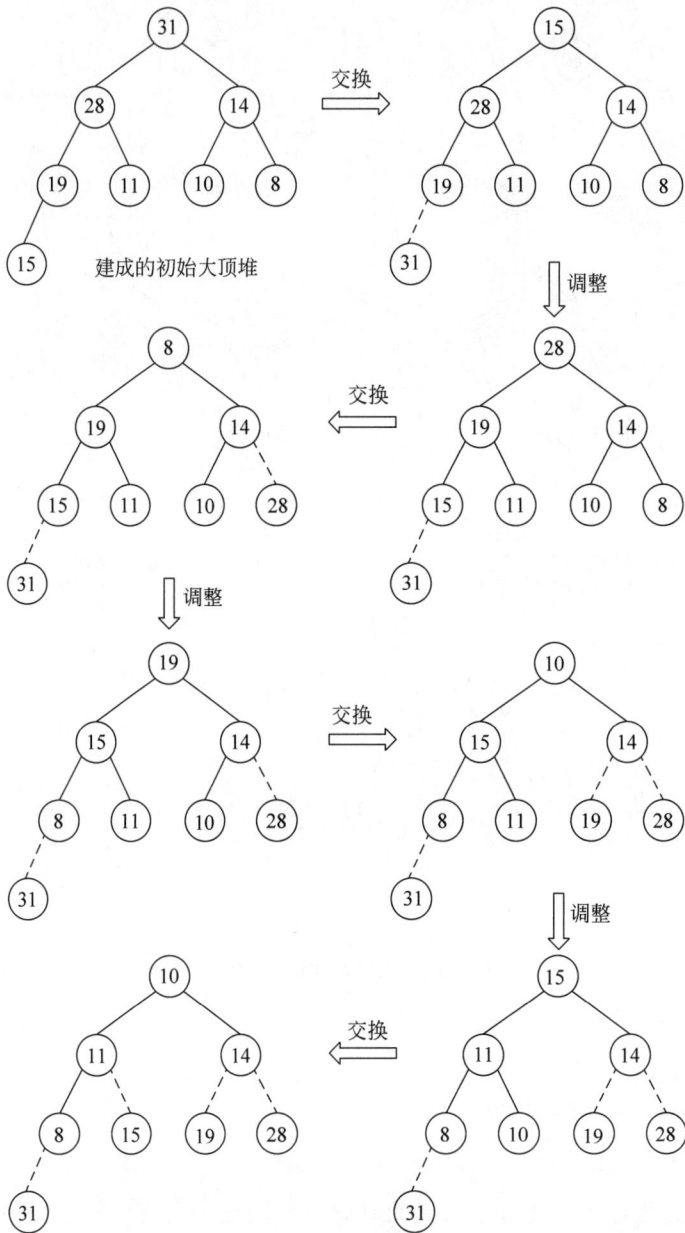

图 8.12 堆排序示例

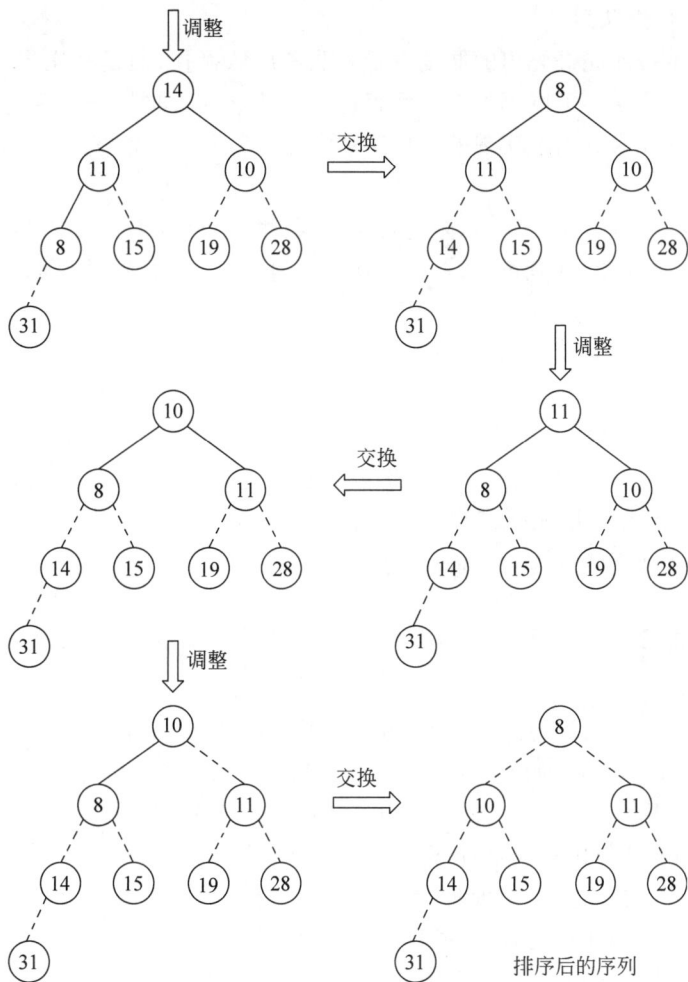

调整 交换 调整 交换 调整 交换

排序后的序列

图 8.12 （续）

堆排序是不稳定的排序方法，例如，对序列 $(90,\underline{90},70)$ 进行非递减堆排序，排序结果为 $(70,90,90)$，两个 90 在排序后的先后顺序发生了变化。

堆排序只需要一个元素的辅助空间，因此，其空间复杂度为 $O(1)$。

设长度为 n 的待排序序列所对应的完全二叉树的高度为 h，在对以第 i 层分支结点 $(i=h-1,h-2,\cdots,1)$ 为根的子树(树)进行调整时，最多需要 $2(h-i)$ 次比较和 $h-i$ 次上移操作，而第 i 层最多有 2^{i-1} 个结点，则建初堆的时间复杂度为

$$O\Big(\sum_{i=1}^{h-1}2^{i-1}(h-i)\Big)=O\Big(\sum_{j=1}^{h-1}2^{h-j}j\Big)=O\Big(2^h\sum_{j=1}^{h-1}\frac{j}{2^j}\Big)=O(n)$$

注：$\sum_{j=1}^{\infty}\dfrac{j}{2^j}=2$。

每输出一个元素，都要对剩余元素重新调整为堆，时间复杂度为 $O(\log n)$，因此总的时间复杂度为 $O(n\log n)$。

堆排序的最差、最好和平均时间复杂度都是 $O(n\log n)$，这是堆排序相对于快速排序的最大优点。

5. 将堆用于优先队列

优先队列并不按照先进先出的原则进行入队和出队操作,而是每次出队的元素都是队列中优先级最高的元素。可以用根据各元素优先级建立的大顶堆来实现优先队列,堆顶元素是优先级最高的元素。用堆实现的优先队列的出队和入队操作方法如下。

1) 出队操作

假设优先队列中现有 n 个元素,则将堆顶元素(第 1 号元素)出队,然后将堆中排在最后位置的元素(第 n 号元素)移到堆顶,并根据优先级进行调整,重新调整为具有 $n-1$ 个元素的大顶堆。

出队操作的时间复杂度为 $O(\log n)$。

2) 入队操作

假设优先队列中现有 n 个元素,将新入队元素 e 排在队列尾部,然后在从该元素向上直到堆顶元素的路径上,将优先级低于 e 的优先级的元素下移,e 上移,直到 e 不能继续上移,得到具有 $n+1$ 个元素的大顶堆。

入队操作的时间复杂度为 $O(\log n)$。

8.5 归并排序

归并排序也是分治法思想的一种典型应用,其中,二路归并排序的基本过程如下。

(1) 划分:将待排序序列划分为长度相等或相近的两个子序列。

(2) 治理:如果子序列的长度大于 1,则递归地对子序列进行同样道理的归并排序。

(3) 组合:将已得到的两个有序子序列合并为一个有序序列。

二路归并排序的核心操作是将两个有序子序列合并为一个有序序列,假设有序序列中的元素都按照非递减顺序排列,则该操作的基本过程如下。

(1) 将两个序列的首元素进行比较,将其中较小者输出到结果序列。

(2) 对剩余元素构成的两个子序列的首元素进行比较,将其中的较小者输出到结果序列,以此类推,直到其中一个子序列已不存在剩余元素,然后将另一个子序列的剩余元素依次输出到结果序列。

算法 8.10 将数组 r 中的两个非递减子序列 $r[\text{low} .. \text{mid}]$ 和 $r[\text{mid}+1 .. \text{high}]$ 合并为一个非递减序列 $r[\text{low} .. \text{high}]$。

```
//用 Java 描述需将 ElemType r[]换成 ElemType[] r
void merge(ElemType r[], int low, int mid, int high) {
    //下面一行的 Java 写法:ElemType[] tmp = new ElemType[high-low+1];
    ElemType * tmp = (ElemType *)malloc((high-low+1) * sizeof(ElemType));
    int i = low, j = mid+1, k = 0;
    while(i <= mid && j <= high) {
        if(r[i] < r[j]) {
            tmp[k++] = r[i++];
        }
        else {
            tmp[k++] = r[j++];
        }
    }
    while(i <= mid) {
```

```
            tmp[k++] = r[i++];
        }
        while(j <= high) {
            tmp[k++] = r[j++];
        }
        for(i = 0; i < k; i ++) {
            r[low + i] = tmp[i];
        }
        free(tmp);              //在 Java 中用不到释放
    }
```

假设两个子序列的元素总数为 n，则每个元素都通过一次赋值操作移到 tmp 数组，每一次移动元素都只需一次比较操作，最后所有元素再从 tmp 数组移回原数组，所以算法 merge 的时间复杂度为 $O(n)$。在算法 merge 的基础上，就可以实现二路归并排序了。

算法 8.11 对序列 $r[\text{low}..\text{high}]$ 进行二路归并排序（非递减）。

```
//用 Java 描述需将 ElemType r[]换成 ElemType[] r
void mergeSort(ElemType r[], int low, int high) {
    if(low < high) {
        int mid = (low + high) / 2;
        mergeSort(r, low, mid);             //对前一半子序列进行归并排序
        mergeSort(r, mid + 1, high);        //对后一半子序列进行归并排序
        merge(r, low, mid, high);           //将两个有序子序列合并为一个有序序列
    }
}
```

假设待排序序列长度为 n，二路归并排序算法对子序列的划分过程可以用一棵平衡二叉树来表示，该树的高度近似为 $\log_2 n$，每一层的合并操作的时间复杂度为 $O(n)$，因此总的时间复杂度为 $O(n\log n)$。该算法还需要长度为 n 的辅助数组，同时递归过程还需要 $\log_2 n$ 量级的栈空间，因此总的空间复杂度为 $O(n)$。归并排序是稳定的排序方法。

二路归并算法还可以自底向上来实现，不需要额外的栈空间，并且时间复杂度依然为 $O(n\log n)$。

算法 8.12 自底向上的二路归并算法。

```
//用 Java 描述需将 ElemType r[]换成 ElemType[] r
void mergeSort(ElemType r[], int low, int high) {
    for(int i = 1; i < (high - low + 1); i *= 2) {
        for(int j = low; j <= high - i; j += i * 2) {
            int h = j + i * 2 - 1;
            if(h > high) h = high;
            merge(r, j, j + i - 1, h);
        }
    }
}
```

8.6 基于比较的排序方法的对比

前面所讲各类排序算法都是基于比较的排序方法，它们都是通过比较元素之间的大小来确定各元素之间的相对排列顺序。下面从时间复杂度、空间复杂度和稳定性等方面对各种常用的排序方法进行对比，如表 8.1 所示。

表 8.1　各种常用排序方法的对比

排序方法	时间复杂度		空间复杂度		稳定性	直接适用于链式线性表
	最坏	平均	最坏	平均		
直接插入排序	$O(n^2)$	$O(n^2)$	$O(1)$	$O(1)$	稳定	是
折半插入排序	$O(n^2)$	$O(n^2)$	$O(1)$	$O(1)$	稳定	否
冒泡排序	$O(n^2)$	$O(n^2)$	$O(1)$	$O(1)$	稳定	是
快速排序	$O(n^2)$	$O(n\log n)$	$O(n)$	$O(\log n)$	不稳定	可
简单选择排序	$O(n^2)$	$O(n^2)$	$O(1)$	$O(1)$	不稳定	是
堆排序	$O(n\log n)$	$O(n\log n)$	$O(1)$	$O(1)$	不稳定	否
归并排序	$O(n\log n)$	$O(n\log n)$	$O(n)$	$O(n)$	稳定	可

在实际应用中,一般情况下,快速排序是实际性能最好的排序方法。当序列长度较大时,归并排序所需时间一般少于堆排序,但它需要较大的辅助存储空间。

上述排序方法都适用于顺序存储线性表,其中,直接插入排序、冒泡排序和简单选择排序都能够适用于链式线性表,折半插入排序和堆排序则不能直接适用于链式线性表。快速排序和归并排序也可以适用于链式线性表,但实现要复杂一些,读者可自行思考实现方法。

基于比较的排序方法的排序过程可以用一棵二叉判定树来描述,其中的分支结点表示元素之间的比较,左分支表示"是",右分支表示"否",叶子结点表示各种可能的结果序列。可知,对于长度为 n 的序列,其可能的结果序列的个数为 $n!$,则对于一个给定的待排序序列,完成排序所需比较次数恰好是从根结点到结果序列所对应的叶子结点的路径长度。

根据二叉树所学知识,含有 $n!$ 个叶子结点的二叉判定树的最小高度 $h \geqslant \log_2 n!$,因此,基于比较的排序方法在最坏情况下的时间复杂度的下界为 $O(n\log n)$。

8.7　计数排序和基数排序

基于比较的排序方法在最坏情况下的时间复杂度的下界为 $O(n\log n)$,但是,当待排序序列满足某些特定条件时,可以突破这个时间下界,在线性时间完成排序。

8.7.1　计数排序

计数排序不是基于比较的排序方法,它的优势在于在对一定范围内的整数进行排序时,时间复杂度可降低到 $O(n+k)$(其中,k 是待排序整数可能的取值个数,n 是待排序序列的长度),快于任何基于比较的排序方法,但需要 $O(k)$ 的辅助空间。当 $O(k)>O(n\log n)$ 时其性能反而不如基于比较的排序方法。

计数排序的基本思想如下。

(1) 对于每一个可能的元素值,统计取值为该值的元素个数,形成长度为 k 的计数表,这可以通过待排序序列的一轮扫描,在 $O(n)$ 时间内完成。

（2）通过对计数表的一轮扫描，根据各个不同元素的个数将各元素写回原序列，这可以在 $O(k)$ 时间内完成。

例如，如果对 12 个一位十进制正整数进行非递减排序，待排序序列长度 $n=12$，各元素取值为 0、1、2、$\cdots$、9 的可能性均存在，元素的可能的取值个数 $k=10$。假设实际待排序序列为 (8,2,9,3,4,1,0,3,2,6,9,3)，则其计数排序过程如图 8.13 所示。

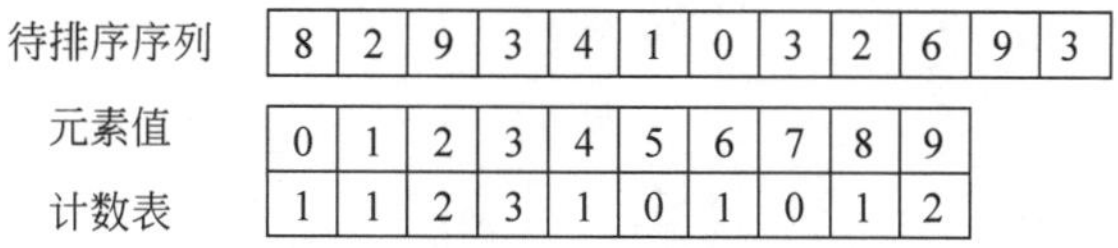

(a) 扫描待排序序列获得计数表

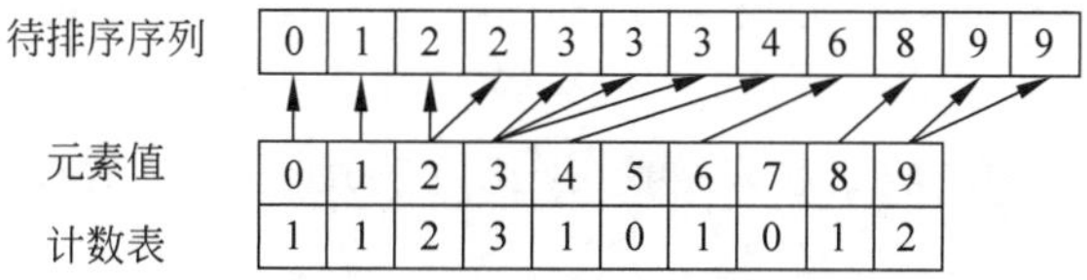

(b) 根据计数表将元素值写回原序列

图 8.13 计数排序示例

8.7.2 基数排序

基数排序不需要进行关键字之间的比较，而是对待排序序列进行若干趟的"分配"与"收集"来实现排序，属于分配类排序。

基数排序的序列的每个元素具有多个子关键字，每个子关键字都有各自的取值范围，每个子关键字的可能的取值个数称为基数。例如，要对 n 个两位十进制正整数进行排序，可以将每个正整数看作由两个子关键字组成：十位数字和个位数字，则基数为 10；再如，要对 n 个长度为 3 的小写字母串进行排序，可以将每个字符串看作由三个子关键字组成：首字母、中间字母和尾字母，则基数为 26。

基数排序在进行分配与收集时采用"最低子关键字优先"原则，即首先根据最低子关键字进行分配与收集，然后按照次低子关键字进行分配与收集，以此类推，最后按照最高子关键字进行分配与收集。

例如，对序列 (34,56,12,68,36,25,51,63,38,16,22,24) 进行升序排序，根据基数 10 准备 10 个子表（桶），先按个位数字后按十位数字总共进行两轮分配与收集，每一轮处理都将每个元素根据子关键字的取值尾插到对应的子表（桶）中，然后再按照子表（桶）的编号顺序将所有元素收集回原序列，其排序过程如下。

（1）先按个位数字进行分配和收集。

分配：

0 号桶：	1 号桶：51
2 号桶：12,22	3 号桶：63
4 号桶：34,24	5 号桶：25
6 号桶：56,36,16	7 号桶：
8 号桶：68,38	9 号桶：

收集：(51,12,22,63,34,24,25,56,36,16,68,38)

（2）再按十位数字分配和收集。

分配：

0 号桶：	1 号桶：12,16
2 号桶：22,24,25	3 号桶：34,36,38
4 号桶：	5 号桶：51,56
6 号桶：63,68	7 号桶：
8 号桶：	9 号桶：

收集：(12,16,22,24,25,34,36,38,51,56,63,68)

再如，我们手里有一副没有大小王的 52 张扑克牌，顺序已经打乱，要将这 52 张扑克牌按照花色及点数理顺，按照梅花、方块、红桃和黑桃顺序排列，每种花色的牌再按照点数 1~13（A 定为 1，J 定为 11，Q 定为 12，K 定为 13）顺序排列。可以先按点数将扑克牌分为 1~13 共 13 堆，然后按点数顺序收集起来，再按照花色摆成 4 堆，然后按花色顺序收集起来，整副扑克即理顺了。

假设待排序序列长度为 n，子关键字个数为 d，基数为 r，共需设置 r 个子表（桶），每个子表（桶）用单链表来实现，则每一轮分配的时间复杂度为 $O(n)$，每一轮收集的时间复杂度为 $O(r)$，共进行 d 轮，则基数排序的时间复杂度为 $O(d(n+r))$，但它需要长度为 r 的头指针表和 n 个结点的辅助空间，空间复杂度较高。在某些特殊情况下，尤其是当 d 和 r 远远小于 n，d 和 r 几乎可以忽略不计时，基数排序具有非常高的效率。

8.8　外排序

当待排序的数据量极大时，不能一次性装入内存进行排序，只能放在读写速度较慢的外存储器上。外排序就是将读写速度快的内存和存储容量大的外存相结合实现的排序方法。

外排序通常采用一种"排序-归并"策略。

1. 排序

将单个大的数据文件分为 m 段，每段都能够调入内存进行内排序，然后再写回外存，形成 m 个初始归并段（也称为顺串）。

2. 归并

将 m 个初始归并段进行归并操作，归并结果输出到外存，形成单个大的有序数据文件。

如果对 m 个初始归并段采用二路归并方法，得到 $\lceil m/2 \rceil$ 个更大的归并段，将这些归并段写回外存中，然后再次进行两两归并，直到形成单个归并文件，这样的方法需要反复读写外存，效率很低。

可以采用多路归并方法替换二路归并方法，如图 8.14 所示。

在排序阶段，先读入能放在内存中的数据量，将其排序输出到一个临时文件，最终将待排序数据组织为多个有序的临时文件，然后在归并阶段将这些临时文件组合为一个大的有序文件。

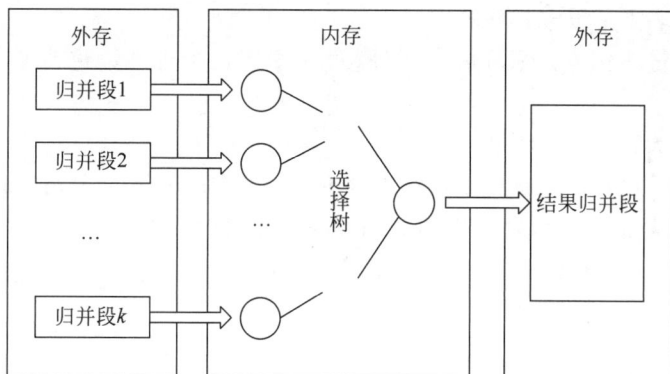

图 8.14　多路归并示例

小结

本章的知识点归纳总结如下：

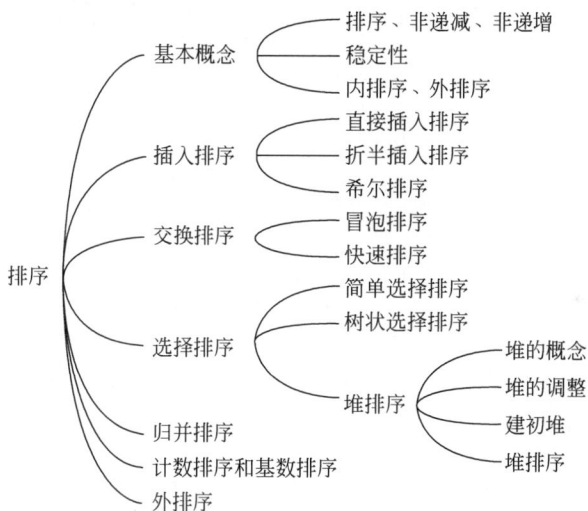

本章需要重点掌握的内容有：

（1）关于排序的基本概念。

（2）简单的排序算法：直接插入排序、折半插入排序、希尔排序、简单选择排序、冒泡排序。

（3）快速的排序算法：快速排序、堆排序、归并排序。

（4）各种排序算法的时间复杂度、空间复杂度和稳定性比较。

习题 8

1. 设计单链表上的直接插入排序算法。

2. 设计单链表上的简单选择排序算法。

3. 设计单链表上的冒泡排序算法。

4. 设计以单链表作为分配和收集的桶,对 n 个三位十进制数进行非递减基数排序的算法。

5. 设计基于大顶堆的优先队列。

6. 用两种方法设计求一维整型数组中含重复元素在内的第 k 大元素的算法(假设 k 是合理的值,$1 \leqslant k \leqslant$ 数组长度),要求平均时间复杂度不超过 $O(n \log k)$。例如,数组 $\{1,3,6,2,3,7,3,2\}$ 中第 2 大元素为 6,第 4 大元素为 3。

参 考 文 献

[1] 严蔚敏,吴伟民.数据结构(C 语言版)[M].北京:清华大学出版社,2021.

[2] 李春葆.数据结构教程[M].北京:清华大学出版社,2022.

[3] 刘畅,姚学峰.数据结构[M].上海:上海交通大学出版社,2016.

[4] 孙琳,姚超.数据结构(Java 语言描述)[M].北京:人民邮电出版社,2023.

[5] 马克·艾伦·维斯.数据结构与算法分析:Java 语言描述[M].冯舜玺,陈越,译.3 版.北京:机械工业出版社,2016.